数据库技术丛书

SQL应用及误区分析

张振磊 编著

图书在版编目（CIP）数据

SQL 应用及误区分析 / 张振磊编著 . —北京：机械工业出版社，2018.5
（数据库技术丛书）

ISBN 978-7-111-59730-8

I. S… II. 张… III. 关系数据库系统 IV. TP311.132.3

中国版本图书馆 CIP 数据核字（2018）第 080919 号

SQL 应用及误区分析

出版发行：机械工业出版社（北京市西城区百万庄大街 22 号 邮政编码：100037）
责任编辑：缪 杰 责任校对：殷 虹
印 刷：北京市兆成印刷有限责任公司 版 次：2018 年 5 月第 1 版第 1 次印刷
开 本：186mm×240mm 1/16 印 张：15.5
书 号：ISBN 978-7-111-59730-8 定 价：59.00 元

凡购本书，如有缺页、倒页、脱页，由本社发行部调换
客服热线：（010）88379426 88361066 投稿热线：（010）88379604
购书热线：（010）68326294 88379649 68995259 读者信箱：hzit@hzbook.com

Foreword 推 荐 序

经过作者一年多的努力，《SQL应用及误区分析》一书终于和广大读者见面了。

不知不觉，我们已经迈入大数据时代。当今，作为大数据源头，信息系统生产的数据量每年都在呈几何增长。由于SQL的不合理使用导致的信息系统性能问题困扰着众多IT从业者。本书正是基于这个背景来编写：不仅让读者学会SQL的使用，最大效能地用好SQL是本书的更进一步目的。

本书系统介绍了SQL的核心知识，既包含基础的增删改查，又包含视图、索引、约束、触发器、存储过程和函数等，同时详解了重要事务知识。本书有两大特色：一是对所有知识点进行了详细的举例论证；二是对常见的使用误区进行了深入解读。相信读者在以后的产品开发中能最大程度地避免不必要的认知误区和实践失误。

本书同时结合市场占有率较高的SQL Server数据库和Oracle数据库进行举例。对两种关系型数据库的差异性进行了专门和独到的比较，尤其让开发者在构建适合多种关系型数据库信息系统的过程中充分受益。

近些年随着大数据的崛起，NoSQL数据库和Hadoop技术已经非常活跃，然而其主旨还是应对非结构化数据。SQL技术在近50年的发展过程中已经深入人心，不仅没有没落，反而更受关注，更需要审视和进步。如今NewSQL的出现也标志着NoSQL与SQL已经从对立面向融合体转变。SQL作为关系型数据库的标准语言，应当被所有IT从业者所充分掌握。

本书作者张振磊是一个资深、严谨、钻研型的技术男，创新思维、推崇技术、善于分享、精益求精，这正是我推荐本书的原因。无论在数据库还是系统架构领域，作者都投入了很大的精力去探究实践，像他这样既能拿到Oracle认证专家又能拿到系统架构师认证、有着数百次一线项目开发和实施经验的年轻人，的确少数。本书完全就是10年间数百次项目实践经验沉淀的产物，着实宝贵。

希望本书能广受欢迎，给广大IT从业者带来兴奋愉悦、全新气息的学习资源。更期待这种学习资源能影响到更多的项目，体现更大的价值。

应晶

浙江大学教授

2018年3月

前　言 *Preface*

在信息管理系统中，SQL 语句是非常重要的组成部分。虽然用户不会直接使用 SQL 语句操作信息管理系统，但是，信息管理系统必须使用 SQL 语句去响应用户的请求。作为信息管理系统的创造者和维护者，每一位相关 IT 人员都应该能熟练使用 SQL。随着社会的进步以及信息技术的革新，新的信息管理系统业务逻辑变得越来越复杂，业务数据量变得越来越庞大，SQL 语句应该引起信息技术从业者的足够重视。好的 SQL 语句能够帮助信息管理系统更稳健地运行，相反，差的 SQL 语句则将极大地降低信息管理系统运行的效率，从而影响用户的体验。

编者自 2008 年从江南大学计算机科学与技术专业毕业后，一直从事医院信息管理系统（HIS）的研发与技术支持工作。在近 10 年的项目实战中，遇到了无数次由于不合理地使用 SQL 语句而造成的各种问题。有些性能问题甚至直到系统运行数年，数据量达到一定程度，已经影响用户日常使用了才被发现。项目组中很多技术支持人员及工程人员对 SQL 语句没有足够的重视，以至于很多不合理的 SQL 语句年复一年地出现在软件产品中，降低了产品的质量。一个好的程序员不是熟练使用开发语言就可以了，还要对 SQL 语句乃至数据库知识有深入的了解。编者凭借多年的项目实战经验，并结合扎实的理论知识编写了此书，希望能够帮助更多的读者学会 SQL 语句，并能正确、高效地使用它，从而保障信息管理系统高质量、高效率地运行。

不同于一些纯理论书，本书在编写过程中一直秉承理论结合实践的原则来介绍 SQL 语句的应用。并且，用切身体会来分析平常遇到的一些 SQL 语句的使用误区，以便读者更好地理解 SQL 语句，也希望能够帮助读者在以后的工作中避免陷入误区。本书所讲的知识完全来自于编者近年来数百次的项目实战。由于本书是一本介绍 SQL 语句的书籍，一些举例尽量使用标准 SQL。标准 SQL 以外的 SQL 相关知识，分别以 SQL Server 数据库的 T-SQL 和 Oracle 数据库的 PL/SQL 来讲解。之所以选择 SQL Server 数据库和 Oracle 数据库来讲解，是因为在信息管理系统领域，SQL Server 数据库和 Oracle 数据库具有非常高的市场占有率，而且很多读者平时接触最多的也是 SQL Server 数据库和 Oracle 数据库。

本书讲解过程中用到的是 Oracle 数据库管理系统中 SCOTT 模式下的关系模型。该关系模型主要包含 4 张表，分别是 EMP（员工表）、DEPT（部门表）、SALGRADE（月薪等级表）以及 BONUS（奖金表）。SCOTT 模型是 Oracle 数据库安装过程中默认安装的一个非常精简并且容易理解的关系模型，非常适合 SQL 语句的学习。本书分别给出了这 4 张表在 SQL Server 数据库与 Oracle 数据库中的建表语句，以及基础数据导入的 SQL 脚本，后续 SQL 语句的举例也基本围绕这 4 张表展开。

本书共分为 14 章，由易到难，逐步讲解 SQL 语句的应用。其中，第 1 章是 SQL 概述；第 2 章简单介绍 SCOTT 模式；第 3～6 章分别介绍 SQL 常用的增删改查功能；第 7～12 章分别介绍常用的数据库对象，包含视图、索引、约束、触发器、存储过程和函数；第 13 章介绍非常重要的事务知识；第 14 章通过示例比较 SQL Server 数据库和 Oracle 数据库的差异。

本书在编写过程中得到了创业软件股份有限公司多位领导和同事的支持和帮助，感谢高级副总裁沈建苗、人力资源总经理于瑶以及研发中心各位同事。

由于编者的精力和水平有限，书中错误和疏漏之处在所难免，敬请广大读者批评指正。也可将问题以邮件形式发送到编者邮箱：zhangzl@bsoft.com.cn。

目　录 *Contents*

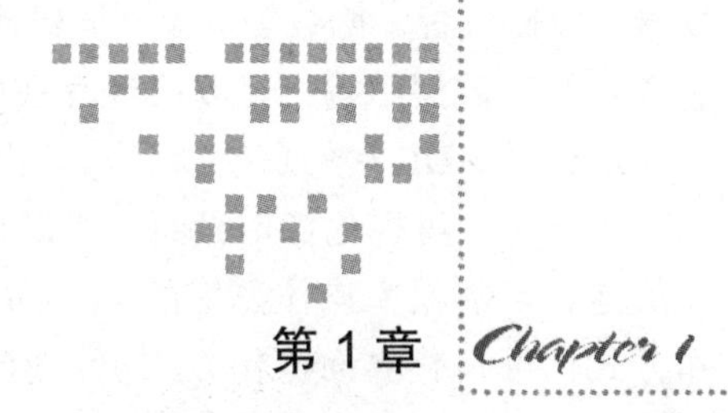

第1章 *Chapter 1*

SQL概述

SQL是结构化查询语言（Structured Query Language）的简称，是一种关系型数据库操纵语言，是所有关系型数据库都采用的标准语言。SQL最早由IBM名士荣誉获得者Don Chamberlin于1974年提出。1979年，极具商业头脑的Oracle公司总裁Larry Ellison首先将SQL投入Oracle产品中，从而使SQL具有了商业用途。1986年，ANSI将SQL作为关系型数据库的标准语言。1987年，SQL成为国际标准。至今，SQL经久不衰。

SQL语言可以分为4类，分别是DML（数据操纵语言）、DDL（数据定义语言）、TCL（事务控制语言）和DCL（数据控制语言）。接下来，分别对这4类语言进行简单的介绍。

1.1 DML

对数据库中数据的操作无非以下几种：新增数据到数据库中、删除数据库中不想继续保留的数据、修改数据库中已经存在的数据，以及从数据库中检索数据。这些操作共同组成了数据操纵语言（DML），即我们平时所讲的增删改查（CRUD）。DML是使用频率最高的一类SQL语言。IT从业者几乎天天跟DML打交道。这一部分内容也是与系统的业务逻辑关系最密切的，所以DML语言是本书着重要讲的内容。

1.2 DDL

为了将数据有条不紊地保存到数据库中，必须定义一定的规则。表、索引、视图、触发器、存储过程、函数等对象共同组成了数据库中的数据结构，这些数据结构共同为数据服务。新建数据结构、修改已经存在的数据结构以及删除不再使用的数据结构几种操作共同组成了 DDL（数据定义语言）。由于现在常用的关系型数据库都自带管理工具，管理工具中包含了可视化操作界面，所以很多读者都是用可视化操作界面创建数据库对象的。一般地，对数据库操作熟练的 IT 人员都喜欢用 DDL 来创建数据库对象，毕竟命令行操作方式比可视化界面操作方式更快速、更方便。并且，可视化界面上的操作，最终还是要转换成 DDL 命令执行的。

当然了，这部分命令不是必须掌握的，因为前台可视化界面也可以进行操作，对于不擅长记忆命令的读者，前台可视化界面也是不错的选择。而且 DDL 远没有 DML 使用得频繁，很多工程人员甚至技术支持人员都很少使用 DDL 命令，但是研发人员接触 DDL 命令的机会还是很多的。

1.3 TCL

DML 只是用于数据的更改，真正管理数据更改的是 TCL，它决定了 DML 对数据的更改是提交到数据库还是回滚到修改之前的状态。而且，在大部分情况下，一个操作往往由多个 SQL 语句组成，并且，逻辑上要求这些 SQL 语句成为一个整体，要么同时提交，要么同时回滚。TCL 对数据更改的管理叫作事务控制。事务控制在复杂的业务逻辑中显得格外重要。第 13 章将会详细介绍事务及 TCL 知识。

1.4 DCL

DCL 是用于权限控制的，负责对要访问数据库和数据库中数据对象的用户进行授权或回收权限。假如第三方公司要访问我们的数据库，出于安全考虑，我们一般会创建一个只有部分权限的用户给第三方公司使用。而且，随着需求的变更，我们也可能会收回部分原来分配给第三方公司的权限。像这种权限的分配、收回就由 DCL 操作。这部分命令使用得很少，但是，平时做接口的时候还是会用到的，所以，也需要掌握。如果有的读者从来没创建过用户，每次都是直接把自己的产品使用的用户名与密码提供给第三方公司使用，这就说明这些读者还没有意识到数据安全的重要性。

1.5 总结

从 1974 年被 IBM 公司提出，SQL 至今已发展了 40 多年，作为关系型数据库采用的国际标准，它已被所有软件从业者所熟悉。程序员使用的开发语言可能不同，但是 SQL 却是一样的。

SQL 的关键字非常有限，语法也比较精简，很容易掌握，所以几乎所有程序员都会使用 SQL。随着社会的进步和信息技术的革新，数据量逐年呈指数级增长。很多旧系统性能变得越来越低，新开发的系统如果不加以注意，以后随着数据量的增长，势必也会引起系统性能的降低。当下，不是会用 SQL 就可以了，用好 SQL 已经成为程序员面临的新的挑战。

Chapter 2 第2章

SCOTT模式

在Oracle数据库中，一个用户所拥有的所有对象的集合叫作一个模式。Oracle数据库默认使用用户名作为该用户的模式名，所以SCOTT既是用户名又是模式名。Oracle数据库中模式的概念对应于SQL Server数据库中的DBO。SQL语句的介绍肯定会用到数据库中的结构对象。本书在后续的讲解过程中选用了Oracle数据库的SCOTT模式作为举例的场景，该模式相对比较简单，而且容易理解。Oracle数据库自带该模式，也是为了方便Oracle用户的学习与练习。

SCOTT用户是Oracle数据库安装过程中默认安装的用户，该用户对应的SCOTT模式包含了4张表，分别是EMP（员工表）、DEPT（部门表）、SALGRADE（月薪等级表）以及BONUS（奖金表）。至于为什么取SCOTT这个名称，可能有的读者不知道原因。SCOTT是Oracle公司成立之初的一位核心员工，他担任Oracle公司的分析师职务。Oracle能够用SCOTT的名字来命名一个模式，说明在Oracle产品开发之初,SCOTT充当了非常重要的角色。

记住名词的最好方法就是弄清楚它的含义。熟悉Oracle数据库的读者都知道，Oracle数据库安装的时候默认使用ORCL作为服务名。可能一些比较懂Oracle数据库的读者也没有思考过，Oracle数据库为什么选择ORCL而不是Oracle作为服务名。爱屋及乌，要熟悉一个产品，也要熟悉这个产品的生产厂家。ORCL是Oracle公司的股票交易代码，知道这个原因，就不难理解Oracle公司为什么选用ORCL作为数据库的默认服务名了。

接下来分别介绍这4张表的含义，并将分别给出这4张表在SQL Server数据库和Oracle数据库中的建表语句（DDL）及表记录的导入脚本（DML）。导入脚本在本章不理解也可以，本章只是为了完成讲解环境的搭建。本章用到的插入命令在第3章中有详细的讲解，如果读者的计算机上安装过Oracle数据库的话，可以不执行本章的SQL命令，因为Oracle数据库已经默认安装了SCOTT模式，表结构有稍微变动的，可以只修改个别变动的表结构。如果提示 SCOTT 用户被锁定，是因为 Oracle 安装过程中没有对 SCOTT 用户解锁，只要先对 SCOTT 用户解锁，就可以使用 SCOTT 用户登录 Oracle 数据库了。

2.1　DEPT

DEPT 保存了 Oracle 公司成立之初的 4 个部门的信息，表结构定义如表 2-1 所示。为了方便后续章节大数据量的测试，DEPTNO 的长度由 Oracle 数据库安装时的 2 位调整为 8 位。

表　2-1

列　名	含　义	类　型
DEPTNO	部门号	number(8)
DNAME	部门名	varchar2(14)
LOC	部门地	varchar2(13)

DEPT 表在 SQL Server 数据库中的创建语句如图 2-1 所示。

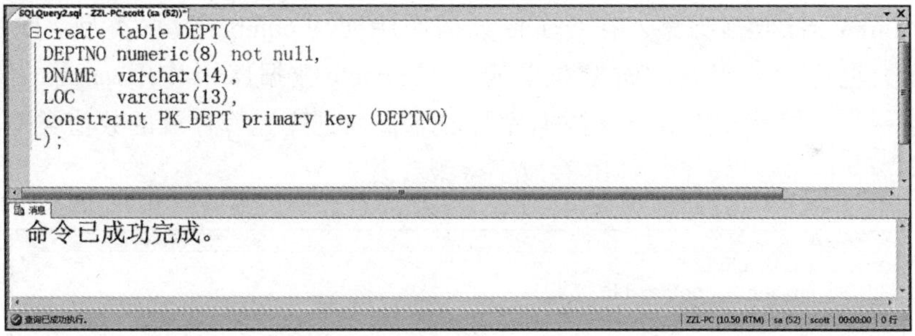

```
create table DEPT(
DEPTNO numeric(8) not null,
DNAME  varchar(14),
LOC    varchar(13),
constraint PK_DEPT primary key (DEPTNO)
);
```

命令已成功完成。

图　2-1

可能有的读者对建表语句不是很了解，这里稍微介绍一下。

图 2-1 所示的语句是标准的 DDL 语句。

- create table：关键字，标识要创建一张表。
- DEPT：表名。
- DEPTNO、DNAME、LOC：列名。
- numeric、varchar：列的数据类型，后面括号中的数字是列值的最大长度。
- not null：关键字，标识 DEPTNO 列不允许插入空值，是非空约束。
- constraint：关键字，标识要建立一种约束。
- primary key：关键字，标识约束类型为主键约束。
- PK_DEPT：标识主键约束的名称。
- (DEPTNO)：标识主键约束建立在 DEPTNO 列上。

约束的知识在第 9 章会有详细的讲解，此处直接执行即可。

SQL Server 数据库导入 DEPT 表记录的脚本，如图 2-2 所示。这个脚本中的命令是标准的 DML 的插入命令。执行此脚本，是为了插入基础数据，方便后续章节的讲解。更详细的新增命令在第 3 章会进行介绍，此处可以不理解，直接执行命令即可。

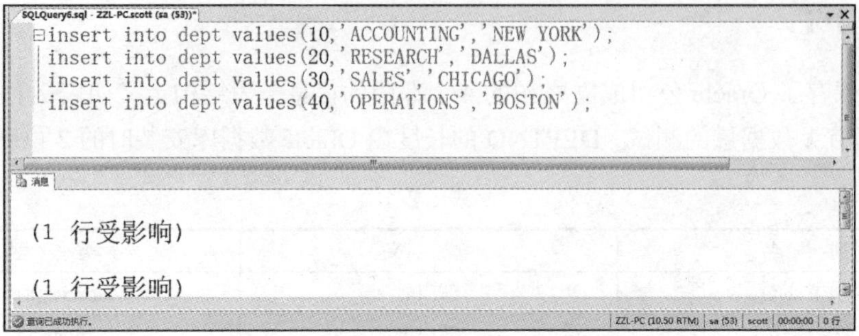

```
insert into dept values(10,'ACCOUNTING','NEW YORK');
insert into dept values(20,'RESEARCH','DALLAS');
insert into dept values(30,'SALES','CHICAGO');
insert into dept values(40,'OPERATIONS','BOSTON');
```

(1 行受影响)

(1 行受影响)

图 2-2

在 Oracle 数据库中创建 DEPT 表的语句如图 2-3 所示。Oracle 数据库的数据类型与 SQL Server 数据库的数据类型在叫法上略有差别。同样的 DEPT 表，DEPTNO 在 SQL Server 数据库中使用 numeric 数据类型，在 Oracle 数据库中使用 number 数据类型。DNAME 列在 SQL Server 数据库中使用 varchar 数据类型，在 Oracle 数据库中使用 varchar2 数据类型。虽然叫法不一样，但是 SQL Server 数据库与 Oracle 数据库允许存放的数值类型是一样的，DEPTNO 存放数值型数据，DNAME 存放字符型数据。

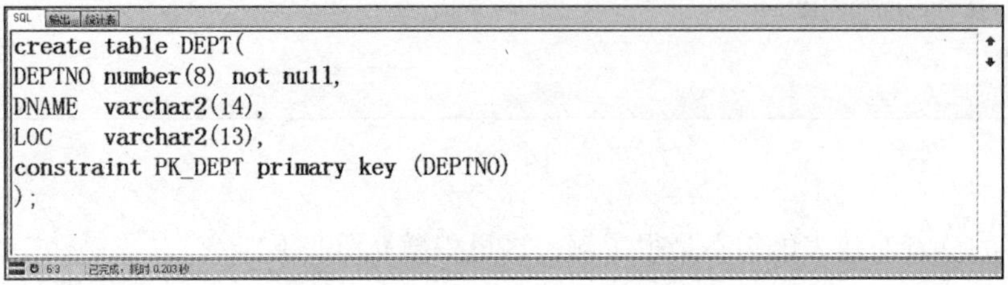

```
create table DEPT(
DEPTNO number(8) not null,
DNAME  varchar2(14),
LOC    varchar2(13),
constraint PK_DEPT primary key (DEPTNO)
);
```

图 2-3

在 Oracle 数据库中导入 DEPT 表记录的脚本，如图 2-4 所示。

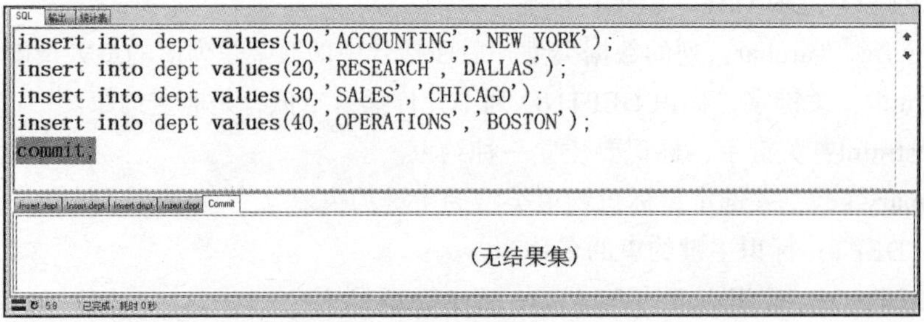

```
insert into dept values(10,'ACCOUNTING','NEW YORK');
insert into dept values(20,'RESEARCH','DALLAS');
insert into dept values(30,'SALES','CHICAGO');
insert into dept values(40,'OPERATIONS','BOSTON');
commit;
```

(无结果集)

图 2-4

2.2 EMP

EMP保存了Oracle公司成立之初的14位员工的信息。表结构定义如表2-2所示。为了方便后续章节大数据量的测试，这里将EMPNO的长度由Oracle数据库安装时的4位调整为8位。

表 2-2

列　名	含　义	类　型
EMPNO	员工工号	number（8）
ENAME	员工姓名	varchar2（10）
JOB	员工工种	varchar2（9）
MGR	直接领导	number（8）
HIREDATE	入职日期	date
SAL	员工月薪	number（7,2）
COMM	员工佣金	number（7,2）
DEPTNO	员工部门	number（8）

EMP表在SQL Server数据库中的创建语句如图2-5所示。为了后续演示需要，给HIREDATE列增加默认值约束，默认值为当前日期。约束的概念在第9章会进行详细的介绍，此处如果不理解，可以先不深究。

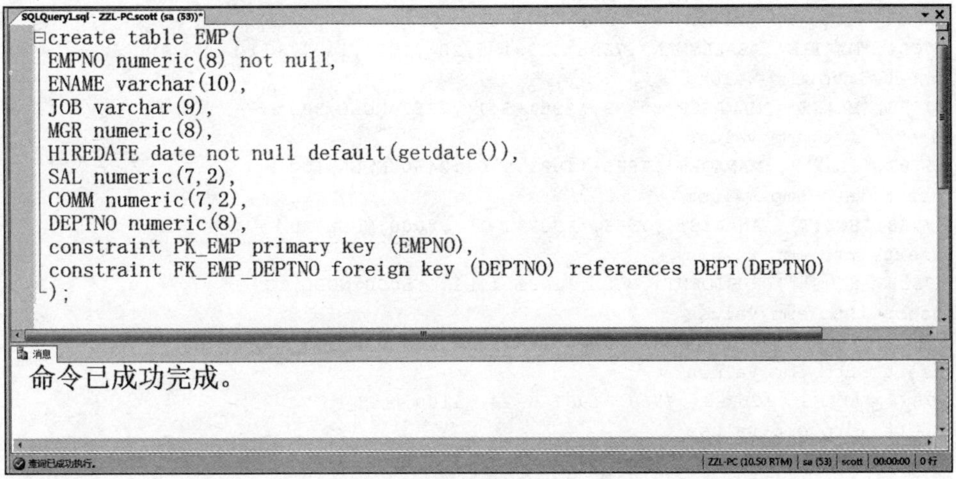

```
SQLQuery1.sql - ZZL-PC.scott (sa (53))*
create table EMP(
EMPNO numeric(8) not null,
ENAME varchar(10),
JOB varchar(9),
MGR numeric(8),
HIREDATE date not null default(getdate()),
SAL numeric(7,2),
COMM numeric(7,2),
DEPTNO numeric(8),
constraint PK_EMP primary key (EMPNO),
constraint FK_EMP_DEPTNO foreign key (DEPTNO) references DEPT(DEPTNO)
);

消息
命令已成功完成。

查询已成功执行。 | ZZL-PC (10.50 RTM) | sa (53) | scott | 00:00:00 | 0 行
```

图 2-5

在SQL Server数据库中导入EMP表记录的脚本，如图2-6所示。

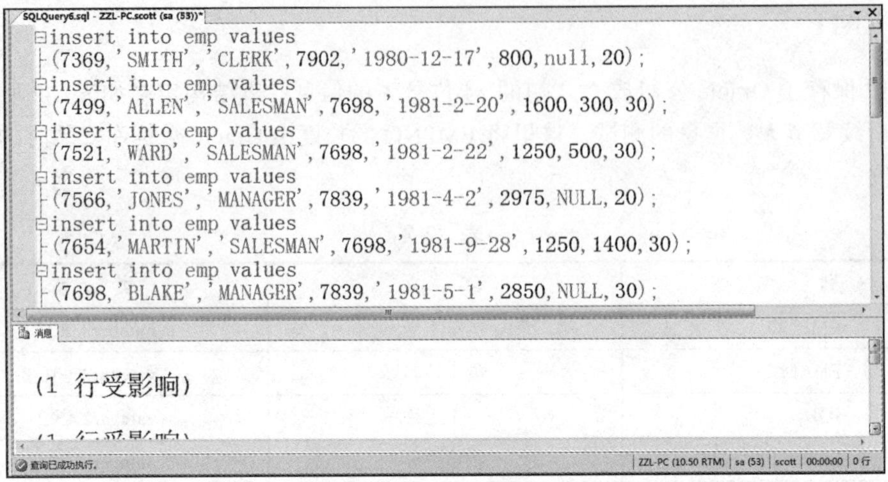

```
SQLQuery6.sql - ZZL-PC.scott (sa (53))*
insert into emp values
(7369,'SMITH','CLERK',7902,'1980-12-17',800,null,20);
insert into emp values
(7499,'ALLEN','SALESMAN',7698,'1981-2-20',1600,300,30);
insert into emp values
(7521,'WARD','SALESMAN',7698,'1981-2-22',1250,500,30);
insert into emp values
(7566,'JONES','MANAGER',7839,'1981-4-2',2975,NULL,20);
insert into emp values
(7654,'MARTIN','SALESMAN',7698,'1981-9-28',1250,1400,30);
insert into emp values
(7698,'BLAKE','MANAGER',7839,'1981-5-1',2850,NULL,30);

消息
(1 行受影响)

查询已成功执行。   ZZL-PC (10.50 RTM) | sa (53) | scott | 00:00:00 | 0 行
```

图 2-6

在 SQL Server 数据库中导入 EMP 表记录完整脚本，如下所示。

```
insert into emp values
(7369,'SMITH','CLERK',7902,'1980-12-17',800,null,20);
insert into emp values
(7499,'ALLEN','SALESMAN',7698,'1981-2-20',1600,300,30);
insert into emp values
(7521,'WARD','SALESMAN',7698,'1981-2-22',1250,500,30);
insert into emp values
(7566,'JONES','MANAGER',7839,'1981-4-2',2975,NULL,20);
insert into emp values
(7654,'MARTIN','SALESMAN',7698,'1981-9-28',1250,1400,30);
insert into emp values
(7698,'BLAKE','MANAGER',7839,'1981-5-1',2850,NULL,30);
insert into emp values
(7782,'CLARK','MANAGER',7839,'1981-9-6',2450,NULL,10);
insert into emp values
(7788,'SCOTT','ANALYST',7566,'1987-4-19',3000,NULL,20);
insert into emp values
(7839,'KING','PRESIDENT',NULL,'1981-11-17',5000,NULL,10);
insert into emp values
(7844,'TURNER','SALESMAN',7698,'1980-9-8',1500,0,30);
insert into emp values
(7876,'ADAMS','CLERK',7788,'1987-5-23',1100,0,20);
insert into emp values
(7900,'JAMES','CLERK',7698,'1981-12-3',950,NULL,30);
insert into emp values
(7902,'FORD','ANALYST',7566,'1981-12-3',3000,NULL,20);
insert into emp values
(7934,'MILLER','CLERK',7782,'1982-1-23',1300,NULL,10);
```

EMP 表在 Oracle 数据库中的创建语句如图 2-7 所示。

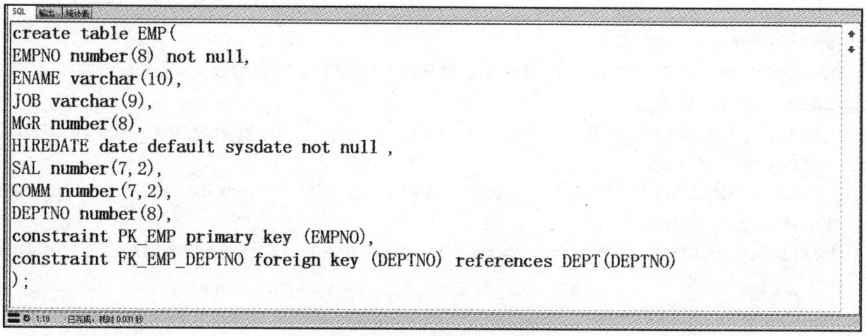

```
create table EMP(
EMPNO number(8) not null,
ENAME varchar(10),
JOB varchar(9),
MGR number(8),
HIREDATE date default sysdate not null ,
SAL number(7,2),
COMM number(7,2),
DEPTNO number(8),
constraint PK_EMP primary key (EMPNO),
constraint FK_EMP_DEPTNO foreign key (DEPTNO) references DEPT(DEPTNO)
);
```

图 2-7

在Oracle数据库中导入EMP表记录的脚本，如图2-8所示。

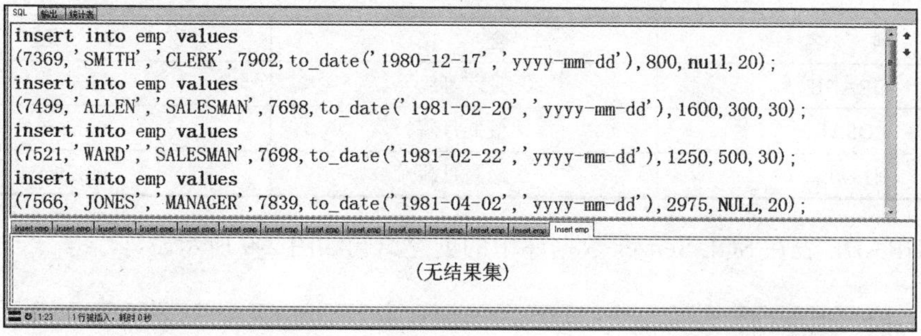

```
insert into emp values
(7369,'SMITH','CLERK',7902,to_date('1980-12-17','yyyy-mm-dd'),800,null,20);
insert into emp values
(7499,'ALLEN','SALESMAN',7698,to_date('1981-02-20','yyyy-mm-dd'),1600,300,30);
insert into emp values
(7521,'WARD','SALESMAN',7698,to_date('1981-02-22','yyyy-mm-dd'),1250,500,30);
insert into emp values
(7566,'JONES','MANAGER',7839,to_date('1981-04-02','yyyy-mm-dd'),2975,NULL,20);
```

（无结果集）

图 2-8

在Oracle数据库中导入EMP表记录完整脚本，如下所示。

```
insert into emp values
(7369,'SMITH','CLERK',7902,to_date('1980-12-17','yyyy-mm-dd'),800,null,20);
insert into emp values
(7499,'ALLEN','SALESMAN',7698,to_date('1981-02-20','yyyy-mm-dd'),1600,300,30);
insert into emp values
(7521,'WARD','SALESMAN',7698,to_date('1981-02-22','yyyy-mm-dd'),1250,500,30);
insert into emp values
(7566,'JONES','MANAGER',7839,to_date('1981-04-02','yyyy-mm-dd'),2975,NULL,20);
insert into emp values
(7654,'MARTIN','SALESMAN',7698,to_date('1981-09-28','yyyy-mm-dd'),1250,1400,30);
insert into emp values
(7698,'BLAKE','MANAGER',7839,to_date('1981-05-01','yyyy-mm-dd'),2850,NULL,30);
insert into emp values
(7782,'CLARK','MANAGER',7839,to_date('1981-06-09','yyyy-mm-dd'),2450,NULL,10);
insert into emp values
(7788,'SCOTT','ANALYST',7566,to_date('1987-04-19','yyyy-mm-dd'),3000,NULL,20);
insert into emp values
(7839,'KING','PRESIDENT',NULL,to_date('1981-11-17','yyyy-mm-dd'),5000,NULL,10);
insert into emp values
```

```
(7844,'TURNER','SALESMAN',7698,to_date('1981-09-08','yyyy-mm-dd'),1500,0,30);
insert into emp values
(7876,'ADAMS','CLERK',7788,to_date('1987-05-23','yyyy-mm-dd'),1100,NULL,20);
insert into emp values
(7900,'JAMES','CLERK',7698,to_date('1981-12-03','yyyy-mm-dd'),950,NULL,30);
insert into emp values
(7902,'FORD','ANALYST',7566,to_date('1981-12-03','yyyy-mm-dd'),3000,NULL,20);
insert into emp values
(7934,'MILLER','CLERK',7782,to_date('1982-01-23','yyyy-mm-dd'),1300,NULL,10);
```

2.3 SALGRADE

SALGRADE 保存了 Oracle 公司员工的月薪等级信息。表结构定义如表 2-3 所示。

表 2-3

列　名	含　义	类　型
GRADE	月薪等级	number
LOSAL	最低月薪	number
HISAL	最高月薪	number

SALGRADE 表在 SQL Server 数据库中的创建语句如图 2-9 所示。

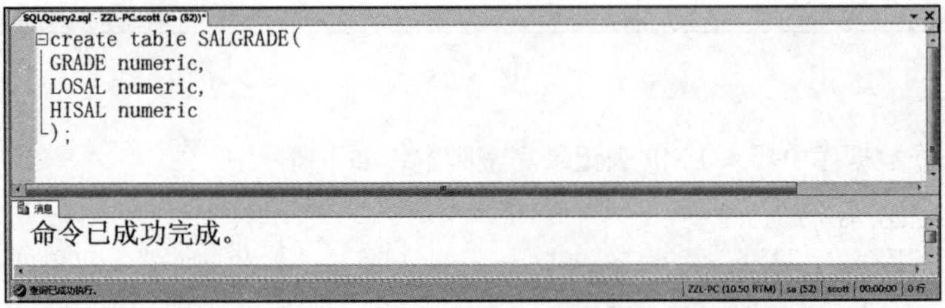

```
create table SALGRADE(
GRADE numeric,
LOSAL numeric,
HISAL numeric
);
```

命令已成功完成。

图 2-9

在 SQL Server 数据库中导入 SALGRADE 表记录的脚本，如图 2-10 所示。

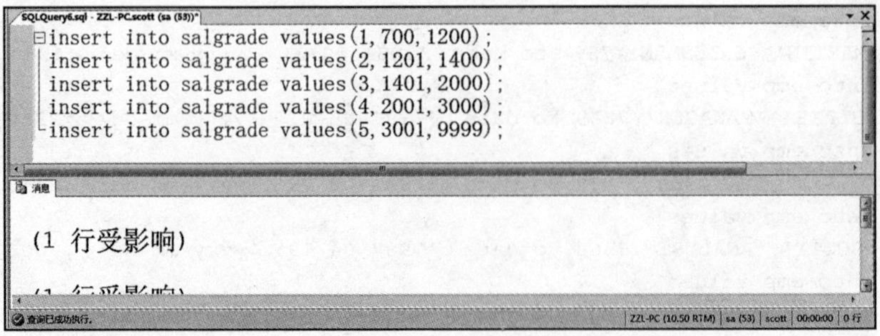

```
insert into salgrade values(1, 700, 1200);
insert into salgrade values(2, 1201, 1400);
insert into salgrade values(3, 1401, 2000);
insert into salgrade values(4, 2001, 3000);
insert into salgrade values(5, 3001, 9999);
```

(1 行受影响)

图 2-10

SALGRADE 表在 Oracle 数据库中的创建语句如图 2-11 所示。

```
create table SALGRADE(
GRADE number,
LOSAL number,
HISAL number
);
```

图　2-11

在 Oracle 数据库中导入 SALGRADE 表记录的脚本，如图 2-12 所示。

```
insert into salgrade values(1,700,1200);
insert into salgrade values(2,1201,1400);
insert into salgrade values(3,1401,2000);
insert into salgrade values(4,2001,3000);
insert into salgrade values(5,3001,9999);
commit;
```

(无结果集)

图　2-12

2.4 BONUS

BONUS 保存了 Oracle 公司员工的奖金信息。表结构定义如表 2-4 所示。

表　2-4

列　名	含　义	类　型
ENAME	员工姓名	varchar2（10）
JOB	员工工种	varchar2（9）
SAL	员工月薪	number
COMM	员工佣金	number

BONUS 表在 SCOTT 模式下是一张空表，这张表的表结构设计应该是有问题的。按照范式来讲，在员工表中已经保存了员工姓名、员工工种、员工月薪、员工佣金的信息。退一万步考虑，假如这张表的存在是为了考虑一个员工可能从事过多个工种的场景，那么也应该使用 EMPNO 列而不是 ENAME 列。编者怀疑 Oracle 创建这么一张表是作为一个反例来使用。虽然 BONUS 表是一张空表，但是为了 SCOTT 模式的完整性，这里还是给出 BONUS 表的建表语句。

BONUS 表在 SQL Server 数据库中的创建语句如图 2-13 所示。

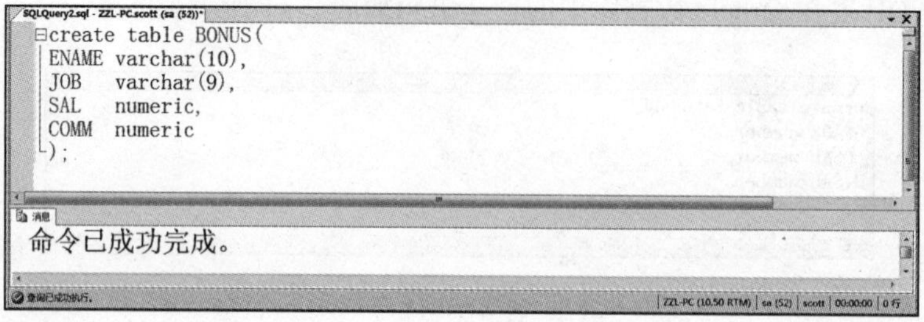

SQLQuery2.sql - ZZL-PC.scott (sa (52))*

```
create table BONUS(
ENAME varchar(10),
JOB   varchar(9),
SAL   numeric,
COMM  numeric
);
```

消息

命令已成功完成。

查询已成功执行。 ZZL-PC (10.50 RTM) | sa (52) | scott | 00:00:00 | 0 行

图 2-13

BONUS 表在 Oracle 数据库中的创建语句如图 2-14 所示。

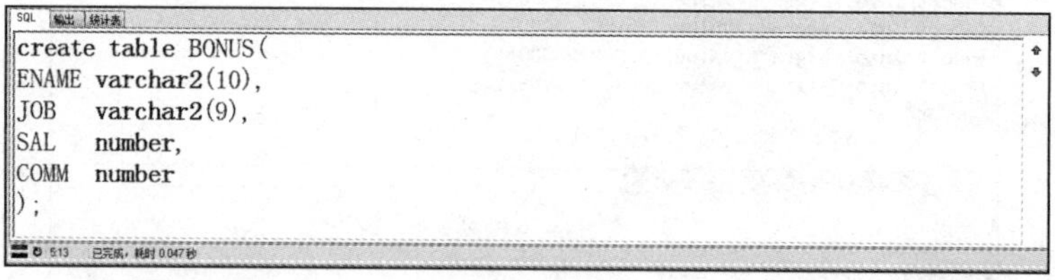

SQL 输出 统计表

```
create table BONUS(
ENAME varchar2(10),
JOB   varchar2(9),
SAL   number,
COMM  number
);
```

5:13 已完成，耗时 0.047 秒

图 2-14

2.5 总结

SQL 是一种关系型数据库操纵语言。所以，SQL 语言的应用举例必须基于关系型数据库。关系型数据库也是当下绝大部分信息管理系统采用的数据库。Oracle 设计的 SCOTT 模式虽然非常精简，但是它所包含的员工表和部门表，基本上可以应对所有的 SQL 举例。这也是此书基于 SCOTT 模式进行举例的原因。

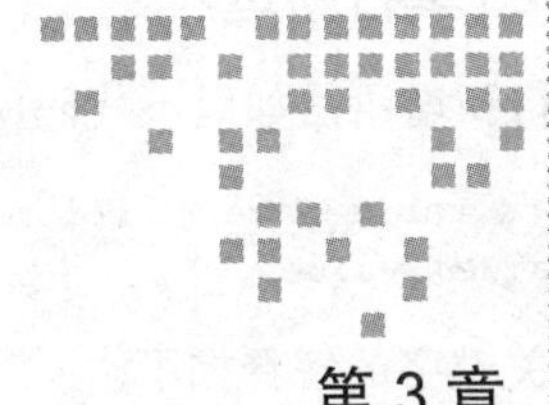

第3章 Chapter 3

新增语句

当读者新建一个表对象后，数据结构就存在了。但是，表中并不存在任何数据。我们要想真正使用这张表，必须向表里面插入记录行。数据结构只是定义了所存数据的规则，真正有价值的是数据本身。任何一个发布的信息管理系统，都会配一套数据库或者数据库安装程序。数据库的安装脚本中一般都会封装基础数据的插入脚本，但是，安装的业务表一般都是空表。用户可以通过信息管理系统录入业务数据，再由信息管理系统转换成SQL中的INSERT命令插入业务表中。系统管理员也可以通过编写SQL语句，绕过信息管理系统，直接将数据插入表中。

本章主要讲解DML中插入数据的SQL语句。根据新增方式，SQL新增语句可以分为以下3种形式：

- 单行新增
- 建表新增
- 查询结果新增

下面结合举例分别对这3种新增方法进行详细的讲解。

3.1 单行新增

单行新增一次只向表中插入一条记录。单行新增主要包括两种方式，一种通过关键字values完成，另一种通过关键字select完成。接下来，分别对values单行新增和select单行新增进行详细介绍。

3.1.1 values 单行新增

values 单行新增语法如以下代码所示。

```
insert into table_name [(column[,column...])]
values(value[,value...]);
```

代码中各关键字的解释如下。

- insert into：关键字，标识当前命令属于 SQL 插入命令。
- table_name：代表要插入数据的表名。
- column：代表列名。
- values：关键字，后面跟列值。
- value：代表列值。

注：列值与列名要一一对应。

接下来，通过几个例子来帮助读者掌握 values 单行新增的用法。

例 3-1：将员工工号为 3030 的员工插入员工表中，同时指定列名和列值。

SQL Server 数据库的写法如图 3-1 所示。

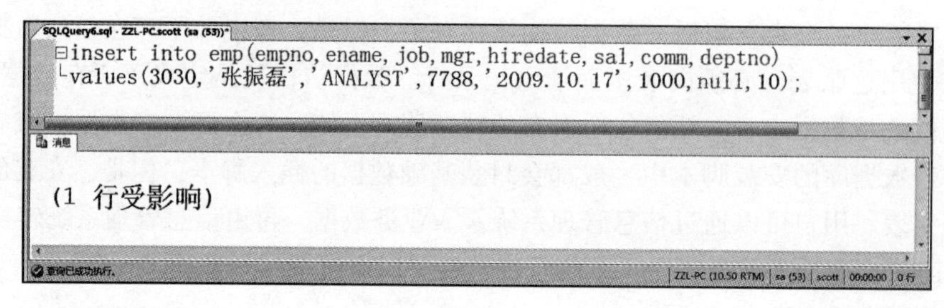

图 3-1

Oracle 数据库的写法如图 3-2 所示。

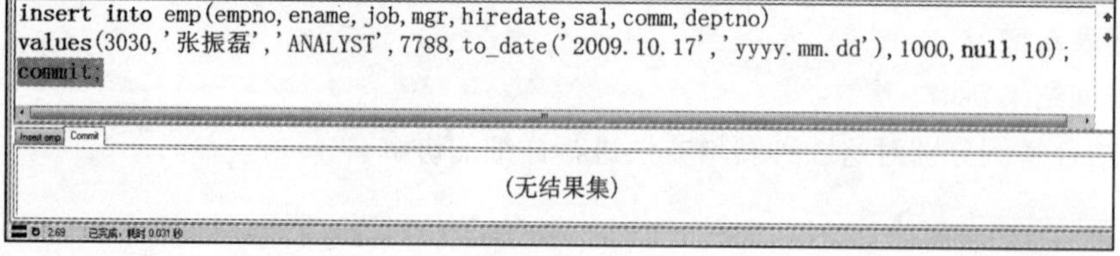

```
insert into emp(empno, ename, job, mgr, hiredate, sal, comm, deptno)
values(3030,'张振磊','ANALYST',7788,to_date('2009.10.17','yyyy.mm.dd'),1000,null,10);
commit;
```

(无结果集)

图 3-2

例 3-2：将员工工号为 3031 的员工插入员工表中，省略列名，只指定列值。

table_name 后面如果不带任何列名，表示要向所有列里面插入数据，values 后面必须跟齐所有列对应的值。并且，列值的顺序与表结构中列属性的顺序要完全一致。

SQL Server 数据库的写法如图 3-3 所示。

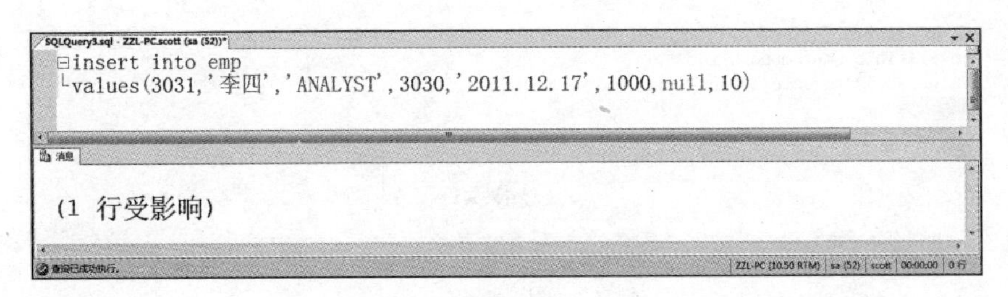

图 3-3

Oracle 数据库的写法如图 3-4 所示。

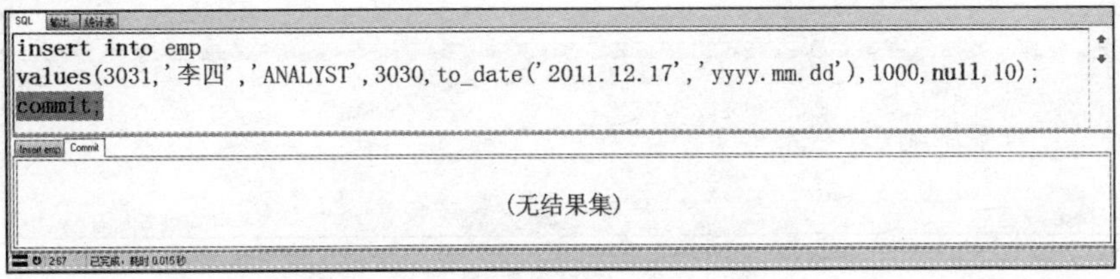

```
insert into emp
values(3031,'李四','ANALYST',3030,to_date('2011.12.17','yyyy.mm.dd'),1000,null,10);
commit;
```

（无结果集）

图 3-4

例 3-3：将员工工号为 3032 的员工插入员工表中，只指定非空列的列名及列值。

对于非空列，如果没有创建默认值约束，在插入的时候，values 后面必须指定要插入的列值。在 EMP 表中，EMPNO、HIREDATE 两列建有非空约束，HIREDATE 建有默认值约束。所以，EMPNO 列必须指定要插入的列值，而 HIREDATE 列可以指定列值也可以不指定列值，指定的时候插入指定的列值，不指定的时候，插入默认值；也可以指定 DEFAULT 插入默认值。

对于 SQL Server 数据库，缺省列指定固定值的写法如图 3-5 所示。

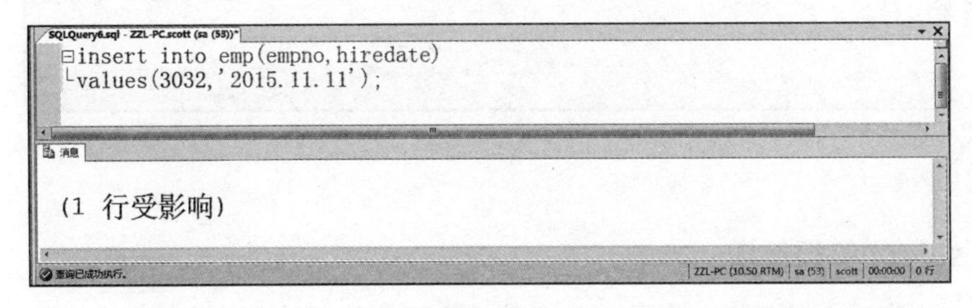

图 3-5

对于 Oracle 数据库，缺省列指定固定值的写法如图 3-6 所示。

例 3-4：将员工工号为 3033 的员工插入员工表中，用关键字 default 指定包含默认值约束的列值。

SQL Server 数据库与 Oracle 数据库中缺省列指定 default 的共同写法如图 3-7 所示。

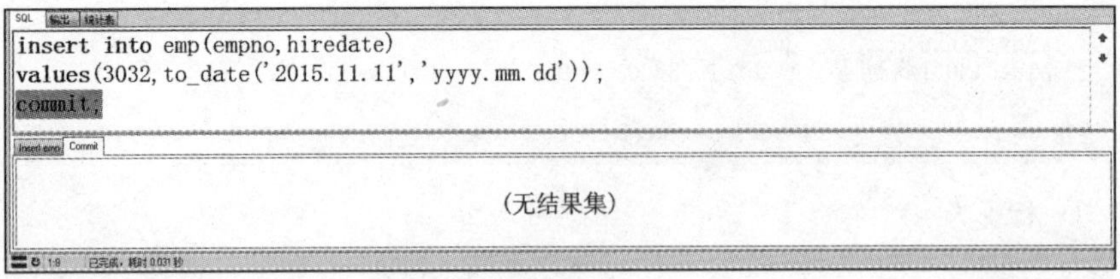

```
insert into emp(empno,hiredate)
values(3032,to_date('2015.11.11','yyyy.mm.dd'));
commit;
```

(无结果集)

图 3-6

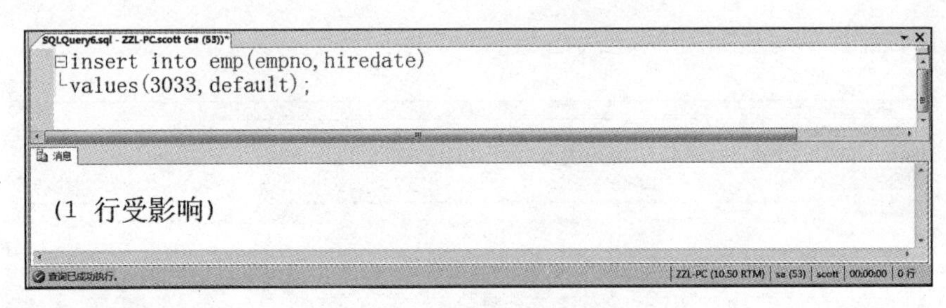

图 3-7

例 3-5：将员工工号为 3034 的员工插入员工表中，只指定建有非空约束并且未建默认值约束的列名及列值。

SQL Server 数据库与 Oracle 数据库中建有默认值约束的列、不指定列值的共同写法如图 3-8 所示。在这种情况下，数据库会将默认值插入 HIREDATE 列中。

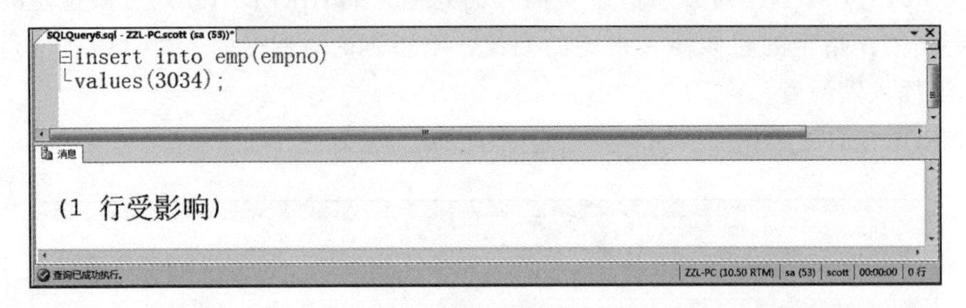

图 3-8

3.1.2 select 单行新增

用 select 实现单行新增，除了 default 关键字不能使用外，其他情况跟 values 基本相同。在 SQL Server 数据库中，select 后面一系列的常量值可以直接用逗号隔开，而不需要 from 关键字。但是，Oracle 数据库必须跟上 from 关键字及表名。此处我们可以使用系统表 DUAL，该表只有一行一列，这样可以只返回一行记录。select 单行新增是一种特殊的查询结果新增方式，查询结果新增将在 3.3 节详细介绍。用 select 替换 values 后，values 语法中的例子转换成如下情况。

SQL Server 数据库中的写法如图 3-9～图 3-12 所示。

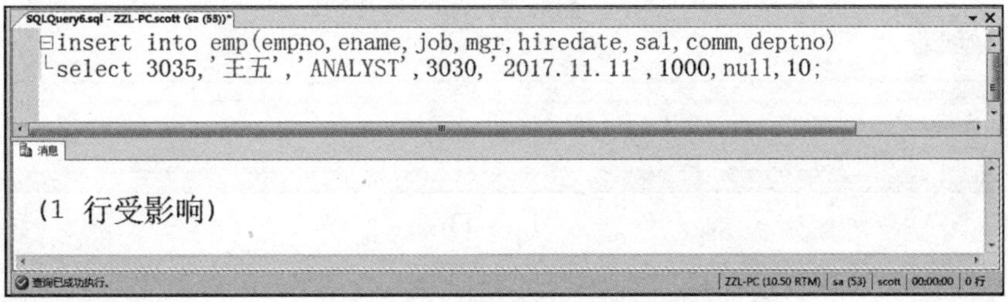
SQLQuery6.sql - ZZL-PC.scott (sa (53))*
insert into emp(empno, ename, job, mgr, hiredate, sal, comm, deptno)
select 3035,'王五','ANALYST',3030,'2017.11.11',1000,null,10;
消息
(1 行受影响)
查询已成功执行。
ZZL-PC (10.50 RTM) | sa (53) | scott | 00:00:00 | 0 行

图 3-9

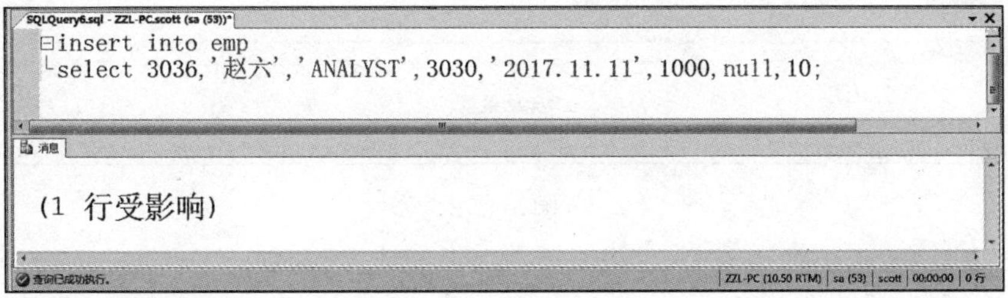
SQLQuery6.sql - ZZL-PC.scott (sa (53))*
insert into emp
select 3036,'赵六','ANALYST',3030,'2017.11.11',1000,null,10;
消息
(1 行受影响)
查询已成功执行。
ZZL-PC (10.50 RTM) | sa (53) | scott | 00:00:00 | 0 行

图 3-10

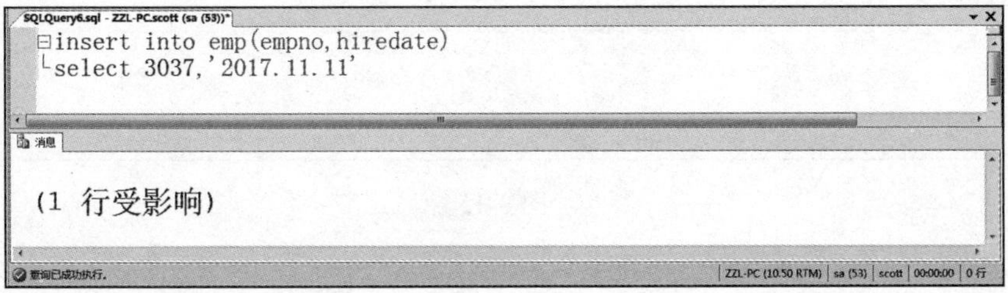
SQLQuery6.sql - ZZL-PC.scott (sa (53))*
insert into emp(empno, hiredate)
select 3037,'2017.11.11'
消息
(1 行受影响)
查询已成功执行。
ZZL-PC (10.50 RTM) | sa (53) | scott | 00:00:00 | 0 行

图 3-11

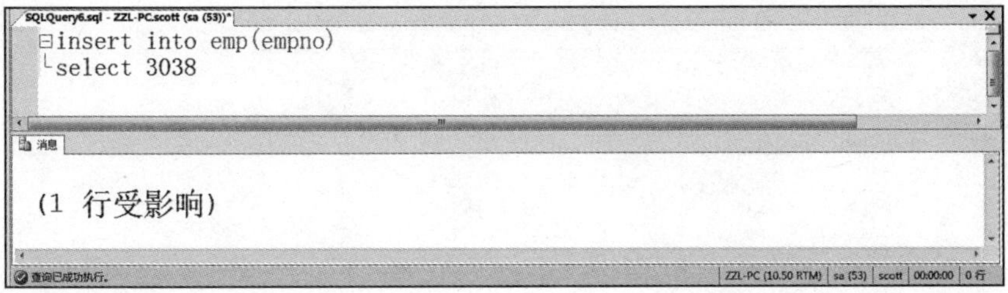
SQLQuery6.sql - ZZL-PC.scott (sa (53))*
insert into emp(empno)
select 3038
消息
(1 行受影响)
查询已成功执行。
ZZL-PC (10.50 RTM) | sa (53) | scott | 00:00:00 | 0 行

图 3-12

Oracle 数据库中的写法如图 3-13～图 3-16 所示。

```
insert into emp(empno,ename,job,mgr,hiredate,sal,comm,deptno)
select 3035,'王五','ANALYST',3030,to_date('2017.11.11','yyyy.mm.dd'),1000,null,10
from dual;
commit;
```

（无结果集）

图 3-13

```
insert into emp
select 3036,'赵六','ANALYST',3030,to_date('2017.11.11','yyyy.mm.dd'),1000,null,10
from dual;
commit
```

（无结果集）

图 3-14

```
insert into emp(empno,hiredate)
select 3037,to_date('2017.11.11','yyyy.mm.dd')
from dual;
commit;
```

（无结果集）

图 3-15

```
insert into emp(empno)
select 3038
from dual;
commit;
```

（无结果集）

图 3-16

3.2 建表新增

SQL Server 数据库与 Oracle 数据库中的建表新增语法不同。

SQL Server 数据库中建表新增语法如以下代码所示。

```
select * into table_a from table_b;
```

代码中各关键字的解释如下。

- select：关键字，指定要查询哪些列。
- into：关键字，指定要插入哪个表中。
- table_a：代表要新建的表。
- table_b：代表当前要查询的表。

Oracle 数据库建表新增语法如以下代码所示。

```
create table table_a as select * from table_b;
```

代码中各关键字的解释如下。

- create table：关键字，标识当前命令是新建表的命令。
- table_a：代表要新建的表。
- as：指定生成查询结果的语句。
- table_b：代表当前要查询的表。

建表新增将查询、建表和新增 3 个操作合并到了一个命令中，它将查询的结果集保存到一张新建的表中。在实际的编程中不会这么写，但是对于数据库管理员来说，这个操作非常有用，可以帮他快速地实现表结构的复制，也可以帮他很方便地对表中满足条件的数据进行备份。

接下来，通过一个例子来帮助读者掌握建表新增的用法。

例 3-6：将 EMP 表中的数据插入名为 EMP_BAK 的新表中。

SQL Server 数据库中的写法如图 3-17 所示。

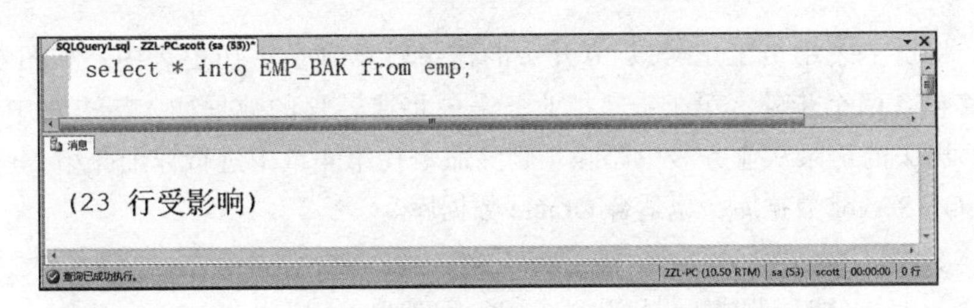

图 3-17

Oracle 数据库中的写法如图 3-18 所示。

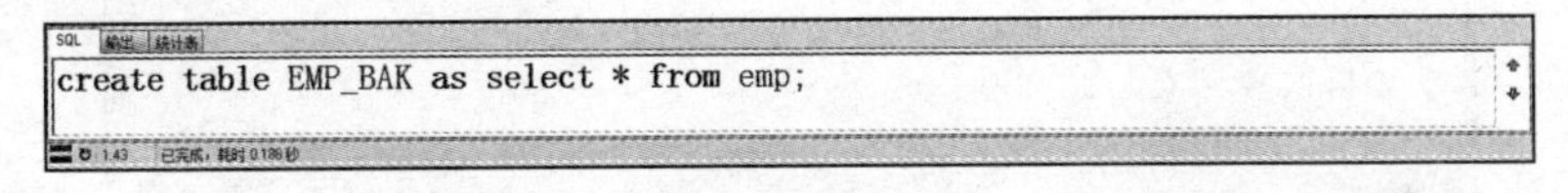

图 3-18

有一点需要读者注意，建表新增会创建一张列属性一样的新表，也会把查询结果的记录插入新表中。但是，查询表的键、约束、索引、触发器等表的附属对象是不会自动创建到新表中的。无论是 SQL Server 数据库还是 Oracle 数据库都是这样处理的。

3.3 查询结果新增

查询结果新增是将查询的结果集插入已经存在的另一张表中。在进行历史数据转移的时候使用这个 SQL 语句非常方便。

接下来，通过一个例子来帮助读者掌握查询结果新增的用法。

例 3-7：新建 EMP_HIS 表，结合 EMP 表完成历史数据的转移。

首先，使用建表新增方法快速创建空表 EMP_HIS，作为查询结果新增的目标表。SQL Server 数据库建表语句如图 3-19 所示，Oracle 数据库建表语句如图 3-20 所示。

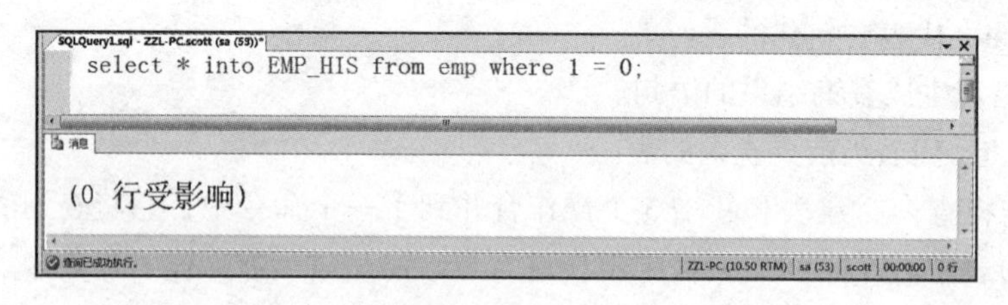

图 3-19

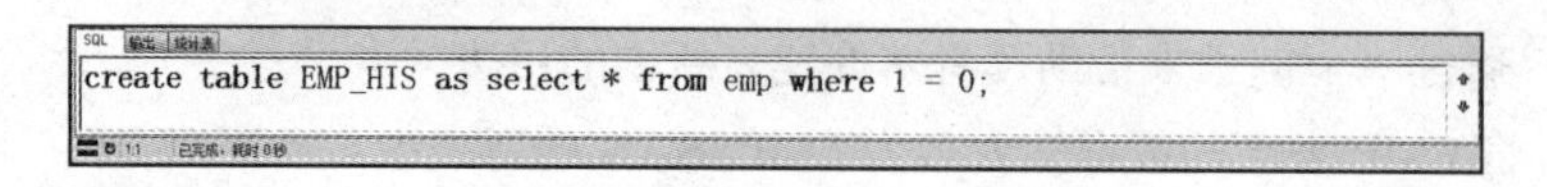

图 3-20

接着，将员工表中员工工号以 30 开头的记录转移到员工历史表中，如图 3-21 所示。数据的转移包含两个步骤，第 1 步，把业务表中将要转移的数据插入历史表中；第 2 步，将已经转移出去的记录从业务表中删除。删除命令在第 4 章中进行详细介绍。这种新增方法既适合 SQL Server 数据库，也适合 Oracle 数据库。

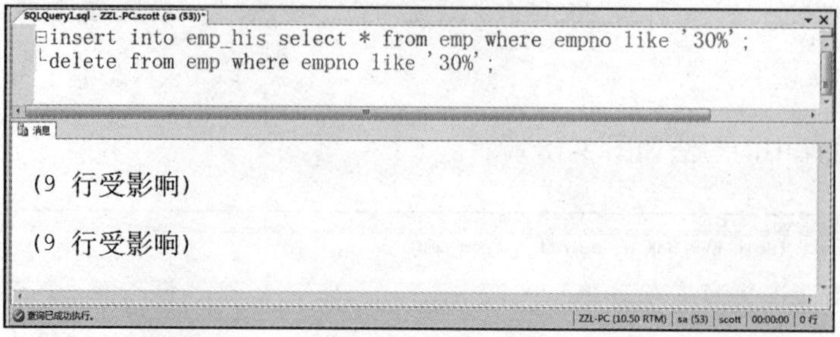

```
insert into emp_his select * from emp where empno like '30%';
delete from emp where empno like '30%';
```

(9 行受影响)

(9 行受影响)

图 3-21

3.4 常见误区分析

3.4.1 历史数据转移引起的问题

在实际项目中，我们往往会给业务表新增一张结构一样、表名带 _HIS 后缀的历史表，来实现历史数据的转移，以减少业务表的数据量，从而提升业务数据 DML 操作的效率。这种场景下，我们往往通过查询结果新增的方法结合删除命令来实现。具体实现 SQL 语句如图 3-22 所示。

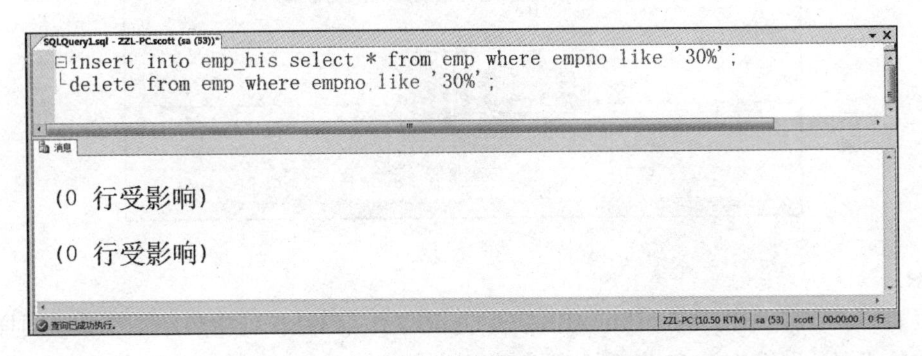

图 3-22

这种 SQL 语句使用起来非常方便，经常被用在项目中。但是这种语句若使用不当，会造成很严重的后果。通过这个 SQL 语句，我们很容易就能看出，要实现插入的正确性，必须保证 EMP 表和 EMP_HIS 表不仅列数要相同，而且，列的顺序也要完全一致。假如 EMP 表新增了一个字段 EXTA，SQL Server 数据库命令如图 3-23 所示，Oracle 数据库命令如图 3-24 所示，而 EMP_HIS 表忘记新增了，则这个 SQL 语句由于列数不同，会直接报错。SQL Server 数据库报错如图 3-25 所示，Oracle 数据库报错如图 3-26 所示。

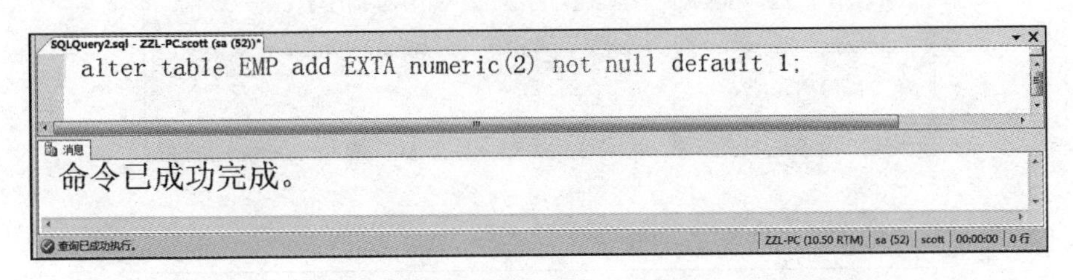

图 3-23

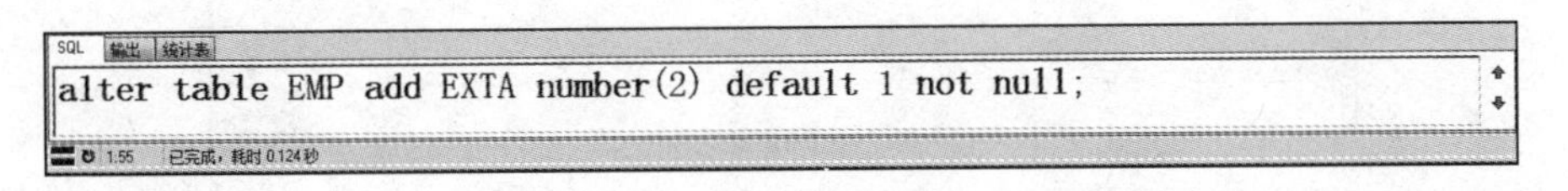

图 3-24

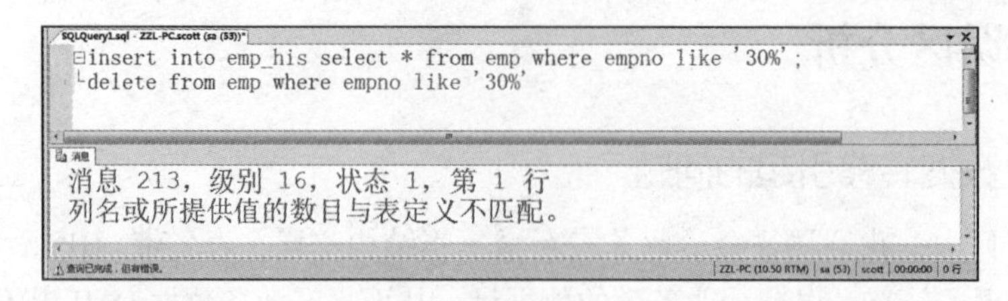

图 3-25

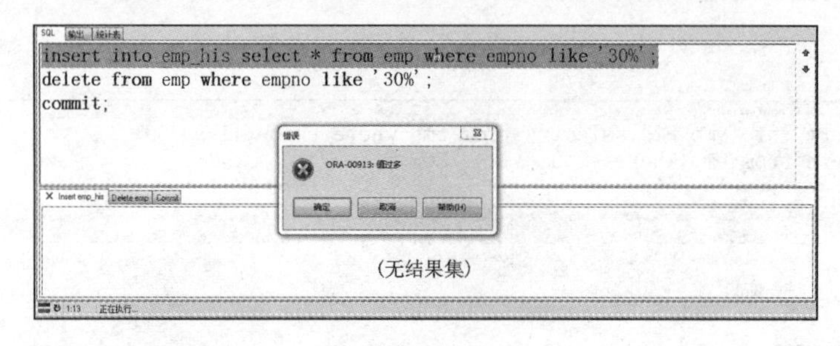

图 3-26

假如 EMP 表新增的列在 EMP_HIS 表中也新增了，但是，列的顺序不一致，同样会造成严重的错误。继续给 EMP 表新增字段 EXTB，EMP_HIS 表先增加 EXTB, 再增加 EXTA，SQL Server 数据库命令如图 3-27 所示，Oracle 数据库命令如图 3-28 所示。只要保证列的数据类型能对应上，或者数据类型能够隐式转换，这个 SQL 语句就不会报错。很显然，这样造成列的不对应，从而造成数据的错误。为了验证这个说法，可以尝试将 EMP 表中的员工工号为 7788 的员工记录插入 EMP_HIS 中，如图 3-29 所示。员工表和员工历史表中列 EXTA 和列 EXTB 的顺序颠倒了，相对应的值也颠倒插入了，验证结果如图 3-30 所示。

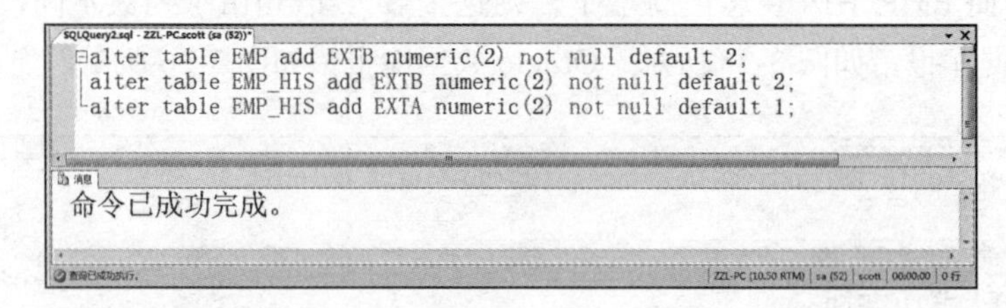

图 3-27

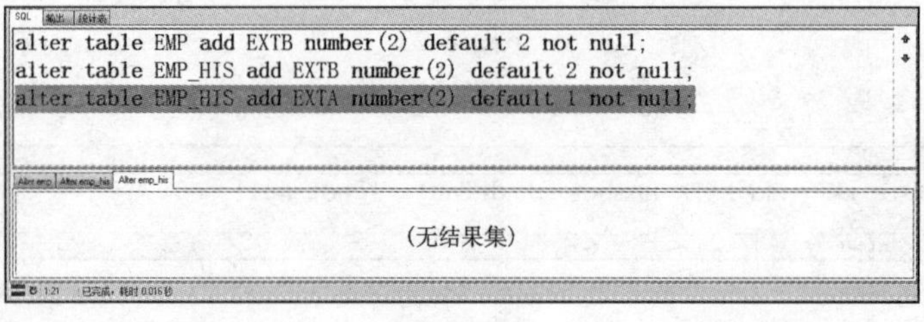

```
alter table EMP add EXTB number(2) default 2 not null;
alter table EMP_HIS add EXTB number(2) default 2 not null;
alter table EMP_HIS add EXTA number(2) default 1 not null;
```

(无结果集)

图 3-28

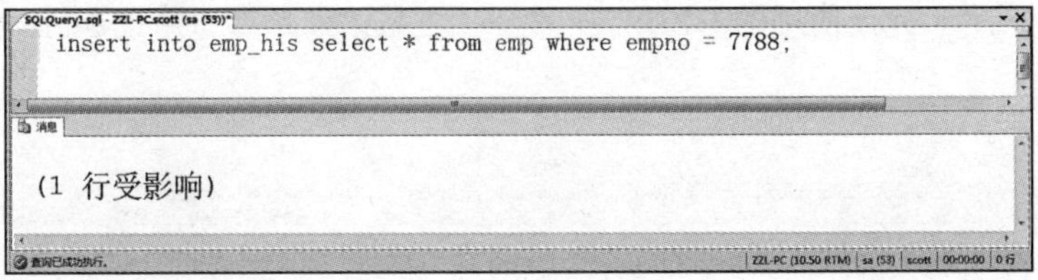

```
insert into emp_his select * from emp where empno = 7788;
```

(1 行受影响)

图 3-29

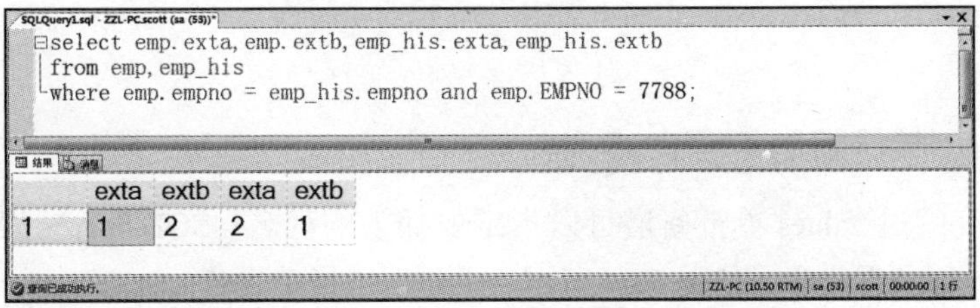

```
select emp.exta, emp.extb, emp_his.exta, emp_his.extb
from emp, emp_his
where emp.empno = emp_his.empno and emp.EMPNO = 7788;
```

	exta	extb	exta	extb
1	1	2	2	1

图 3-30

这种查询结果新增是不安全的。如果要保证安全就要指定列的对应关系。图 3-22 所示的例子可以修改为如图 3-31 所示。

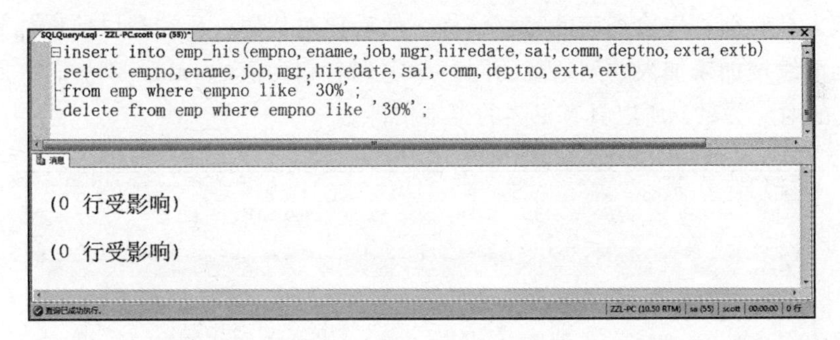

图 3-31

当然了这种写法也存在弊端。假如，这种语句嵌入编程语言中，每当 EMP 表新增列的时候，对应的程序也要修改；而不指定列名的查询结果新增方法是不需要重新修改程序的。所以，程序的编写过程中既要考虑程序的安全性，也要考虑程序的可维护性。具体应该使用哪种方案，需要根据项目的实际情况来定。必要的时候，最好使用公司的编程规范来辅助。比如，程序里面使用不指定列名的查询结果新增方法，编程规范中强制所有员工修改业务表结构的时候要同步修改对应的历史表结构，而且要求两张表中列的数目及顺序完全一样。

为了验证数据列的颠倒问题，在图 3-29 所示的例子中，我们把员工工号为 7788 的记录从 EMP 表插入 EMP_HIS 中，并未把 EMP 表中的记录删除。为了业务逻辑的完整性，我们将员工工号为 7788 的员工记录从 EMP_HIS 中删除，回到未转移前的一致状态，执行命令如图 3-32 所示。此处使用的 DELETE 命令，正是第 4 章要讲解的删除命令。

delete from emp_his where empno = 7788;
（1 行受影响）

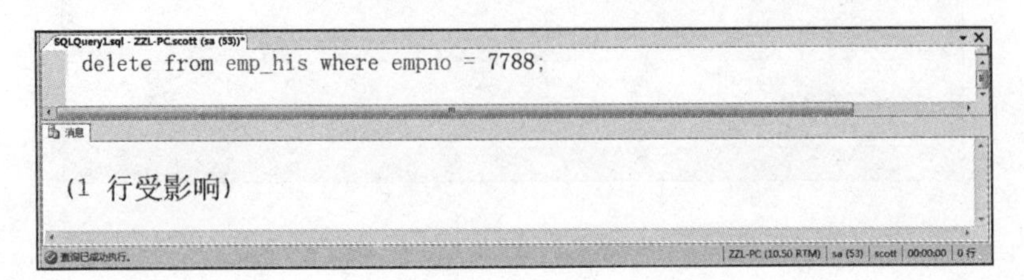

图 3-32

3.4.2 values 单行新增不要省略列名

前面章节介绍过 values 单行新增可以指定要插入的列名，SQL Server 数据库命令如图 3-33 所示，Oracle 数据库命令如图 3-34 所示。也可以不指定列名，SQL Server 数据库命令如图 3-35 所示，Oracle 数据库命令如图 3-36 所示。虽然省略列名的写法看起来简洁一点，但是在真正的产品开发中，请不要省略列名，因为省略列名的写法严重降低了程序的可维护性。

并不是所有的系统维护人员对每一张表的表结构都了如指掌。在不指定列名的情况下，values 后面必须要指定所有列的列值。第一次编写程序可能问题不大，假如后期需要增加多列，维护人员必须首先检查表的完整结构，然后比对代码，弄清楚以前增加到哪一列了之后，才能继续增加未加入的列值。而同时指定列名和列值的 values 新增，一眼就能看出列值跟列名的对应关系，所以具有更高的可维护性。

insert into emp(empno, ename, job, mgr, hiredate, sal, comm, deptno, exta, extb)
values(3030,'张振磊','ANALYST',7788,'2009.10.17',1000,null,10,1,2);
（1 行受影响）

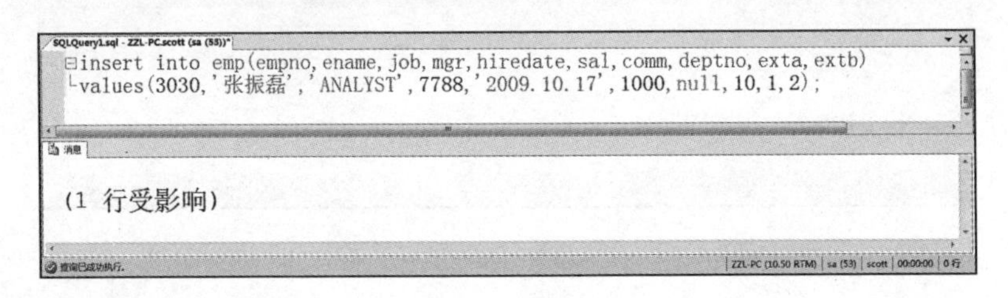

图 3-33

insert into emp(empno, ename, job, mgr, hiredate,
sal, comm, deptno, exta, extb)
values(3030,'张振磊','ANALYST',7788,to_date('2009.10.17','yyyy.mm.dd'),
1000,null,10,1,2);
commit;
（无结果集）

图 3-34

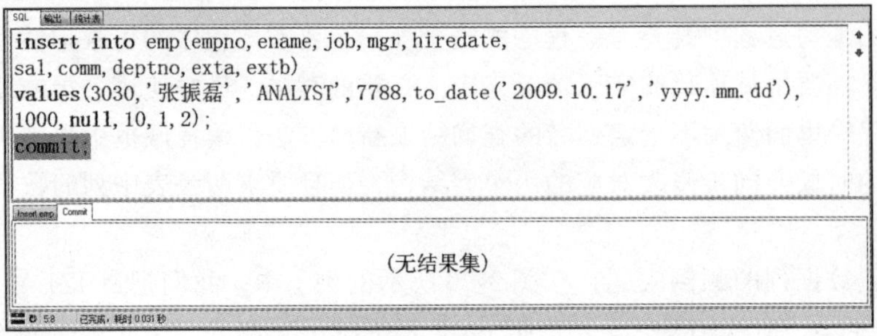

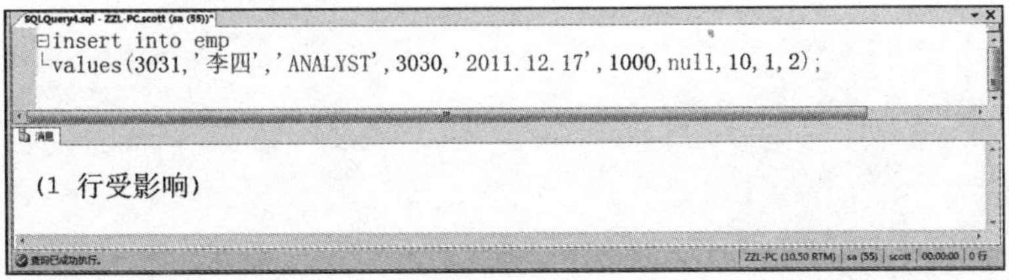

```
insert into emp
values(3031,'李四','ANALYST',3030,'2011.12.17',1000,null,10,1,2);
```

(1 行受影响)

图 3-35

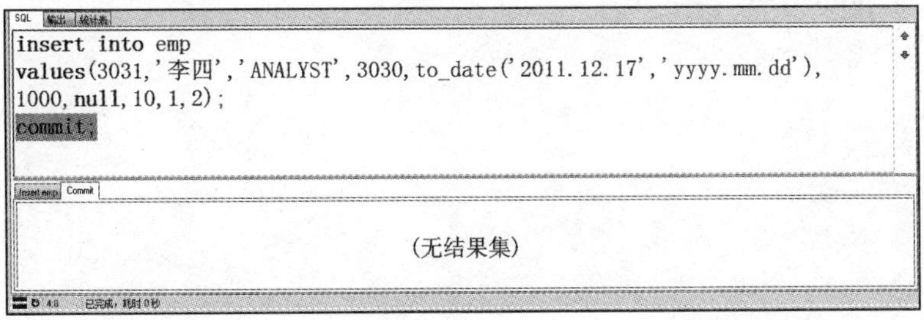

```
insert into emp
values(3031,'李四','ANALYST',3030,to_date('2011.12.17','yyyy.mm.dd'),
1000,null,10,1,2);
commit;
```

(无结果集)

图 3-36

3.5 总结

信息管理系统中的新增功能最终都是通过values格式的新增SQL语句，将数据插入数据库的表中的。主流的开发语言都支持SQL语句的嵌入。有些程序员可能会说，在我的程序中从来没用过values，数据也插入表中了。这是因为，很多开发工具都集成了SQL操纵的封装对象（如hibernate、datawindow等），我们调用这些对象中的方法实现新增保存时，这些对象会自动转换成数据库支持的标准values插入命令。

Chapter 4 第4章

删除语句

删除语句是将表中不想继续保留的记录从表中移除。移除的过程是以行为最小单位进行的。在SQL中，删除语句的标准关键词为delete。删除操作是DML中一种常用的操作，删除命令对严谨性要求比较高。项目做多了就会碰到由于工程师的不严谨，造成数据误删的情况。在生产环境里面出现误删的事故，有时候会严重影响客户日常工作的顺利开展，所以建议读者一定要对删除命令足够的重视。而且要养成良好的习惯，删除之前，先做SELECT（查询）操作，以确认删除条件过滤出的记录确实是自己想要删除的记录。

4.1 delete语法

delete语法如下所示。

```
delete [from] table
[where conditon];
```

各关键字的解释如下。

- delete：关键字，标识当前命令为删除数据的命令。
- from：关键字，可有可无，但是为了更接近语义，最好带上from。
- table：要删除记录所在的表。
- where：用于限定要删除的记录，如果省略where条件，则会删除表中所有的数据。

4.1.1 直接删除表中记录

直接删除表中记录是指基于单张表的删除。删除的时候一般需要通过where条件来限定要删除的记录。省略 where 条件会将表中的所有记录全部删除。除初始化业务外，其他的删除都需要指定删除条件。

下面通过两个例子来帮助读者掌握指定条件的删除和不指定条件的全部删除。

例 4-1：从 EMP 表中删除员工工号为 3030 的员工，如图 4-1 所示。

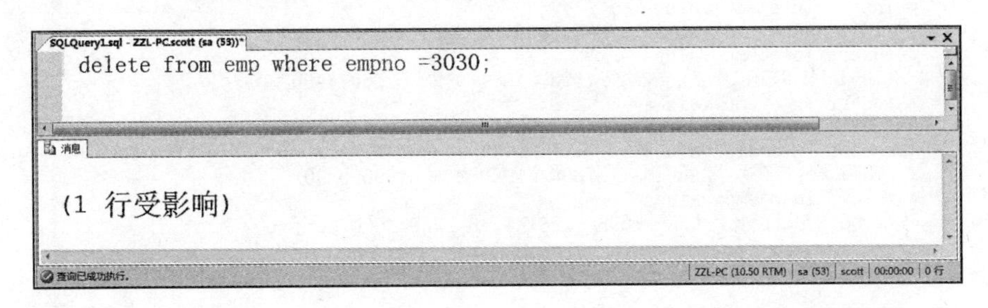

图 4-1

例 4-2：删除 EMP_HIS 表中所有的员工，如图 4-2 所示。

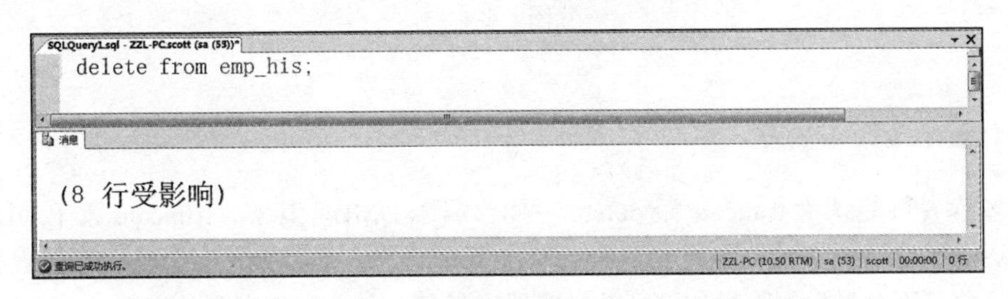

图 4-2

4.1.2 基于其他表删除表中记录

由于业务逻辑的复杂性，单一表很难保存整个业务的所有数据，表与表之间会相互关联来完成同一个业务。在这种情况下，删除记录往往需要基于关联表进行。

下面通过一个例子来帮助读者掌握基于其他表的删除方法。

例 4-3：删除销售部门所有的员工，如图 4-3 所示。

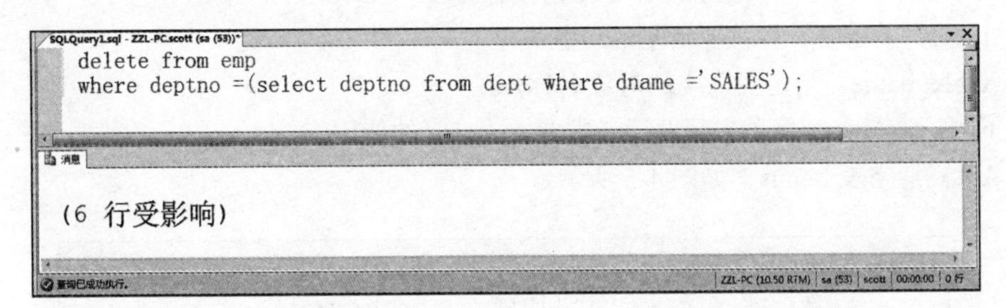

图 4-3

为了便于后续章节的介绍，EMP 表数据还是要保持原有状态。此处，可以将刚刚删除的销售部门的所有员工记录还原回来，如图 4-4 所示。

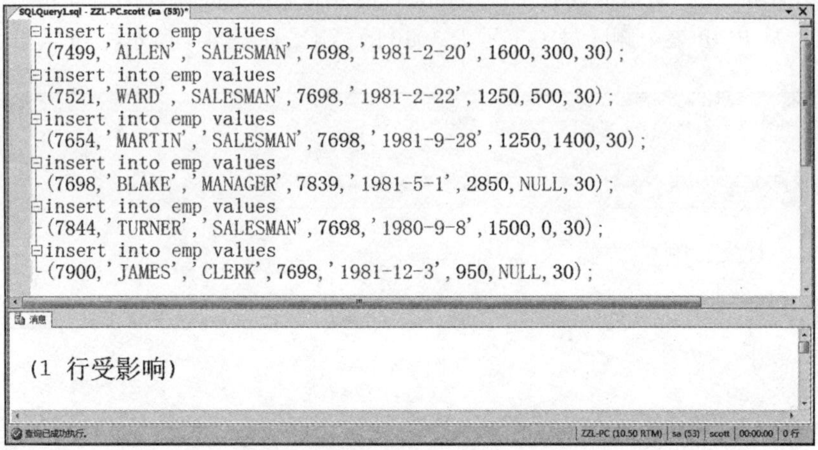
SQLQuery1.sql - ZZL-PC.scott (sa (53))*
insert into emp values
(7499,'ALLEN','SALESMAN',7698,'1981-2-20',1600,300,30);
insert into emp values
(7521,'WARD','SALESMAN',7698,'1981-2-22',1250,500,30);
insert into emp values
(7654,'MARTIN','SALESMAN',7698,'1981-9-28',1250,1400,30);
insert into emp values
(7698,'BLAKE','MANAGER',7839,'1981-5-1',2850,NULL,30);
insert into emp values
(7844,'TURNER','SALESMAN',7698,'1980-9-8',1500,0,30);
insert into emp values
(7900,'JAMES','CLERK',7698,'1981-12-3',950,NULL,30);
消息
(1 行受影响)
查询已成功执行。
ZZL-PC (10.50 RTM) | sa (53) | scott | 00:00:00 | 0 行

图 4-4

4.2 truncate 语法

很多读者可能认为 truncate 跟 delete 一样，属于 DML。其实，truncate 属于 DDL。它是一种更高效的清空表的命令。它执行起来之所以更快，是因为它不会生成删除数据的日志信息，而且不会触发删除操作定义的触发器。任何一种方案，有利就有弊。truncate 的弊端是，如果执行完成后，再想撤销删除就非常麻烦了。如果要清空的表属于参照完整性约束的一部分，则不能使用 truncate 命令。如果必须要用 truncate 命令，需要首先禁用参照完整性约束。参照完整性约束即外键约束，在第 9 章中会详细介绍。

truncate 语法如下所示。

```
truncate table table_name;
```

各关键字的解释如下：

- truncate：关键字，标识该命令是清空命令。
- table：关键字，标识要清空的对象类型。
- table_name：指定要清空的对象名称。

接下来，通过一个例子来帮助读者掌握 truncate 的使用。

例 4-4：清空表 bonus，如图 4-5 所示。

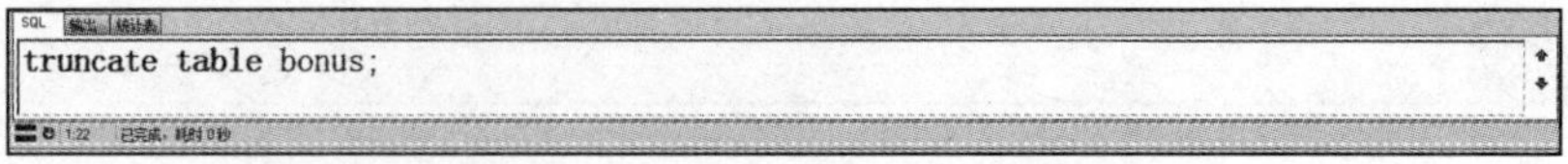
truncate table bonus;

图 4-5

4.3 误删数据恢复

有时候，一旦不小心把数据误删了，很多人都会束手无策。Oracle 有一种非常有用的基于时间点的闪回数据查询。通过此查询可以快速恢复刚刚误删的数据。下面通过一个例子来演示一下如何快速恢复误删除的数据。

例 4-5：快速恢复误删数据。

首先，模拟不小心把员工工号为 7788 的员工删除了，如图 4-6 所示。

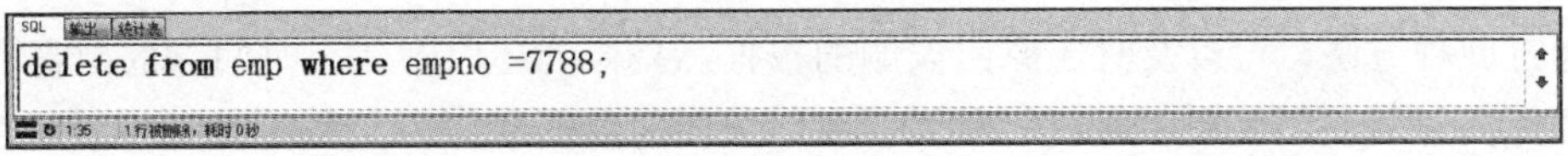

```
delete from emp where empno =7788;
```

图 4-6

delete 语句完成之后，尝试执行如图 4-7 所示的 select 语句，发现员工工号为 7788 的员工已经不存在了。

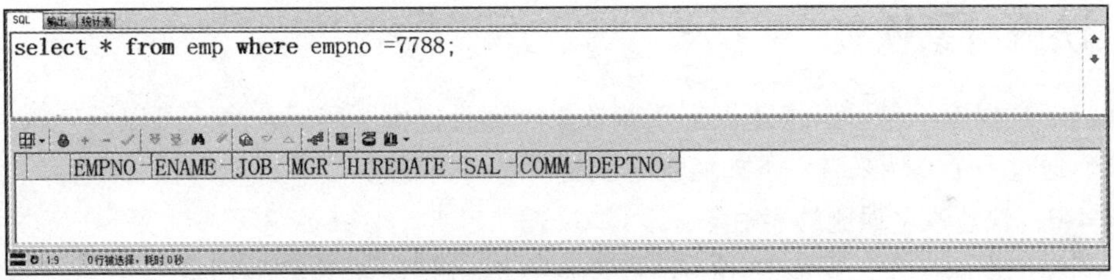

```
select * from emp where empno =7788;
```

EMPNO	ENAME	JOB	MGR	HIREDATE	SAL	COMM	DEPTNO

图 4-7

此时，意识到员工删除错了，本来应该删除员工工号为 3030 的员工的，但是，却错误地把员工工号为 7788 的员工删除了。此时，需要把删除掉的记录恢复回来，如图 4-8 所示。此处使用了第 3 章讲解的查询结果新增操作。

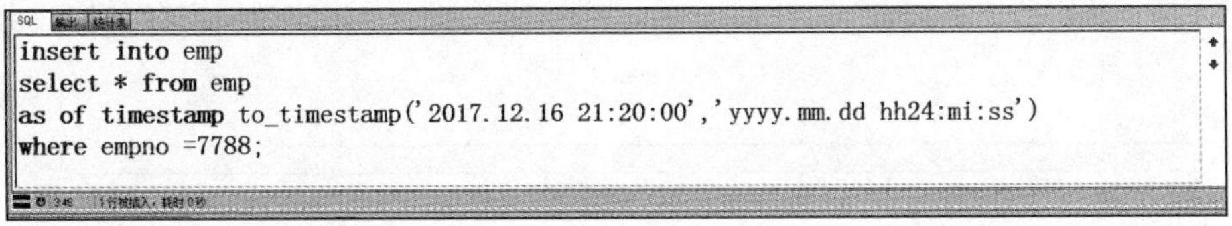

```
insert into emp
select * from emp
as of timestamp to_timestamp('2017.12.16 21:20:00','yyyy.mm.dd hh24:mi:ss')
where empno =7788;
```

图 4-8

主要关键字解释如下。

- as of timestamp：关键字，标识基于时间戳进行数据查询。
- to_timestamp：通过参数指定要查询哪个时间点的闪回数据。

插入完成后，再次查询员工工号为 7788 的员工，发现被误删的记录已经成功恢复，如图 4-9 所示。

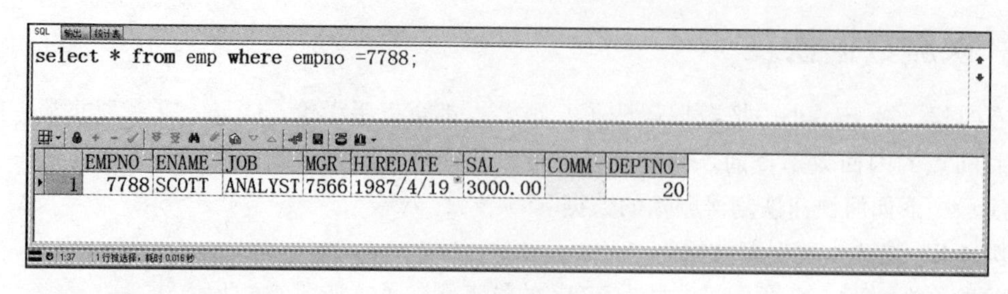

图 4-9

通过此种方法，可以及时还原回误删的数据。具体能还原到什么时间点的数据，需要看数据库内存的使用情况。所以，建议读者，重要的数据删除后，需要确认一下是否删除正确，如果发现误删，必须马上进行数据恢复。很多程序员误删数据后，都有恐惧心理。因此延误时间，加大了误删数据恢复的难度。所以，对于误删操作，建议技术不熟练的程序员要在第一时间上报，以便及时恢复误删数据。

4.4 误删对象恢复

Oracle 数据库不仅可以快速恢复误删数据，而且提供了闪回命令，可以及时闪回误删的对象。通过一个举例来看一下如何快速恢复误删的表对象。

例 4-6：快速恢复误删的表对象。

为了模拟误删操作，先把 EMP_BAK 表直接 drop 掉，如图 4-10 所示。

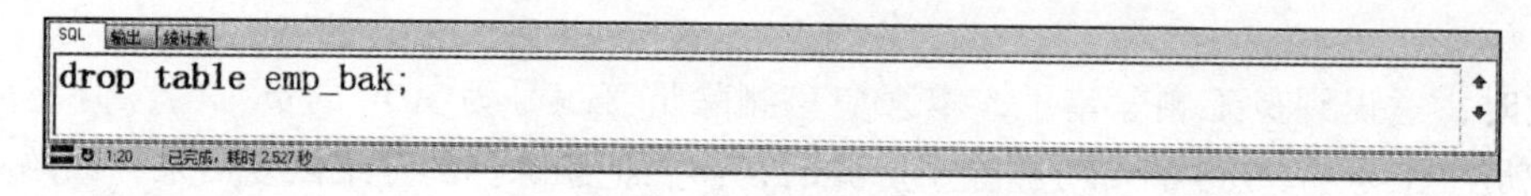

图 4-10

接下来，执行基于表 EMP_BAK 的 select 命令，此时提示“表或视图不存在”，如图 4-11 所示。

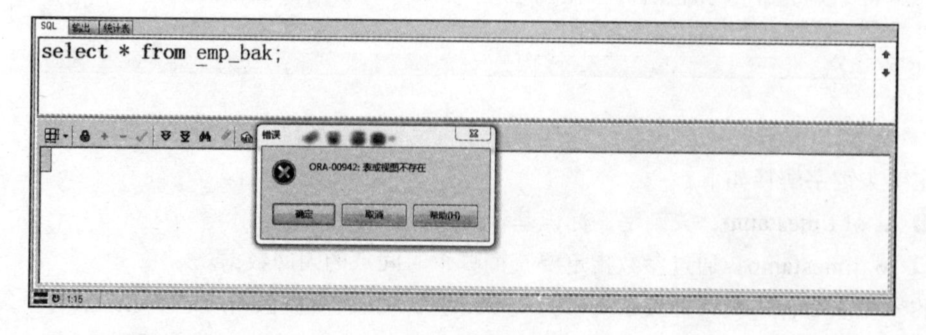

图 4-11

此时，意识到 drop 错了对象，若想把 EMP_BAK 还原回来，执行如图 4-12 所示的命令。

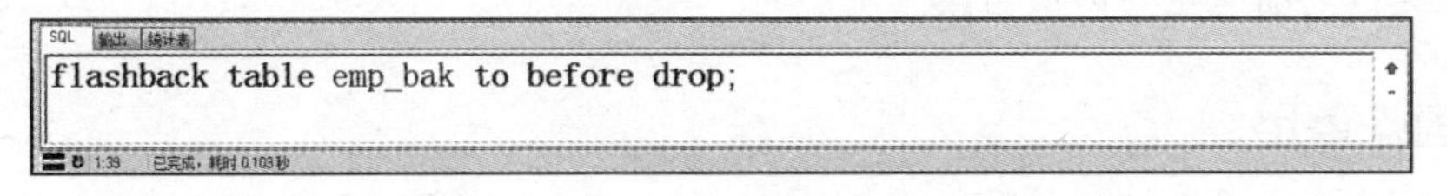

图 4-12

各关键字解释如下。

- flashback：关键字，标识当前的操作是一种闪回操作。
- table：关键字，标识当前要闪回的对象是表对象。
- emp_bak：要闪回的表的名称。
- to before drop：关键字，标识要闪回到 drop 之前。

最后，继续执行基于表 EMP_BAK 的 select 命令，发现表 EMP_BAK 被成功恢复，如图 4-13 所示。

```
select * from emp_bak;
```

	EMPNO	ENAME	JOB	MGR	HIREDATE	SAL	COMM	DEPTNO
1	7369	SMITH	CLERK	7902	1980/12/17	800.00		20
2	7499	ALLEN	SALESMAN	7698	1981/2/20	1600.00	300.00	30
3	7521	WARD	SALESMAN	7698	1981/2/22	1250.00	500.00	30
4	7566	JONES	MANAGER	7839	1981/4/2	2975.00		20
5	7654	MARTIN	SALESMAN	7698	1981/9/28	1250.00	1400.00	30
6	7698	BLAKE	MANAGER	7839	1981/5/1	2850.00		30
7	7782	CLARK	MANAGER	7839	1981/6/9	2450.00		10
8	7788	SCOTT	ANALYST	7566	1987/4/19	3000.00		20
9	7839	KING	PRESIDENT		1981/11/17	5000.00		10
10	7844	TURNER	SALESMAN	7698	1981/9/8	1500.00	0.00	30

图 4-13

4.5 常见误区分析

4.5.1 慎用 delete

很多工程师，非常喜欢用 delete。特别是遇到数据错误的时候，把错误数据 delete 之后，眼前的错误就解决了。客户也非常佩服这样的工程师，因为，他们在很短的时间内，处理掉了别人处理不了的事情。编者曾经遇到一个项目，由于历史原因，其中账目非常混乱，花费了好长的时间才把账目给调整正确。但是，过了不久，发现账目又不平了。经过查询，发现有人删除了一部分数据。后来才得知，因为这些数据导致相关病人无法出院，工程师就把这些数据给删除了。数据删除后，病人可以出院了。但是，这部分数据是已经汇总过的数据，删除后账目就不平了。delete 是非常好用的，而且能够立即见效，解决眼前问题，但是欠考虑的 delete 往往会引起其他的副作用。所以，还是建议读者对没有把握的 delete，在执行之前一定要慎重考虑一下。

4.5.2 画蛇添足

不知道大家有没有碰到过类似图 4-14 所示的语句。编者曾经碰到过，对于 where 条件中为什么要增加 empno is not null 的判断，现场人员是这样说的，曾经出现过 emp 表整张表被清空的事故，如果变量 v_empno 中有值肯定不会清空，所以那人一口咬定 v_empno 当时传入了空值造成 emp 表被清空。为了安全起见，增加 empno is not null 的判断，只有 empno 非空的时候才进行删除。

其实 empno = null 是永远不会成立的，在第 6 章中对于 null 会有详细的介绍。所以增加 empno is not null 的判断是完全多余的。emp 表被清空肯定是别的原因造成的。为了更安全地删除而进行如图 4-14 所示的处理完全是一种画蛇添足的做法。

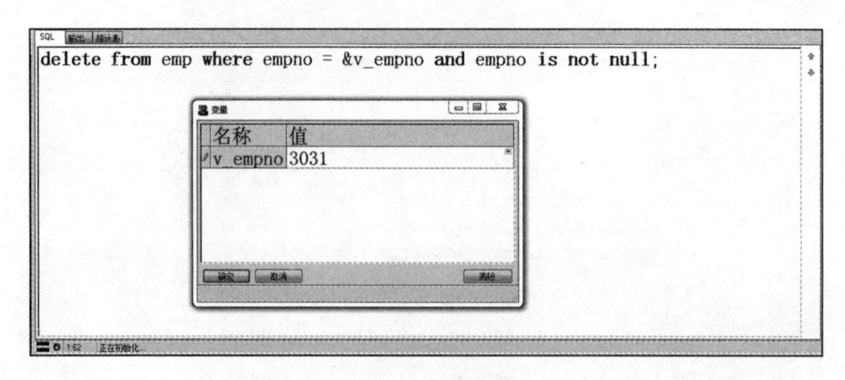

图 4-14

4.6 总结

delete 命令是对严谨性要求很高的命令，因为错误的删除极有可能引发严重的事故。所以，大家必须非常重视 delete 语句。但是，也不要由于过度担心 delete 语句造成事故，为了更安全，而增加一些无用的额外条件。

所以，对 delete 命令的把握要有个合适的度，不能太随意也不用太紧张。不能人云亦云，只有把 SQL 语句的真谛搞明白了，在使用过程中才能游刃有余。

第5章 Chapter 5

更新语句

由于业务的需要，绝大部分数据插入表之后，后期都需要进行未知次数的更新操作，update命令实现了数据更新的功能。它属于DML的一种，用于对表中已经存在的记录进行更新。

5.1 update语法

update语法如下所示。

```
update table_name
set column = value[,column = value,...]
[where condition];
```

各关键字的解释如下所示。

- ❑ update：关键字，标识此命令是更新命令。
- ❑ table_name：指定要更新的表。
- ❑ set：关键字，指定要更新哪些列。
- ❑ column：指定要更新的列。
- ❑ value：指定更新后的值。
- ❑ where：关键字，对要更新的记录加以限制。

5.2 单表更新

单表更新是指基于单一表对表中的属性进行更新。

接下来通过几个例子来帮助读者掌握用 update 命令进行单表更新的用法。

例 5-1：对员工工号为 7788 的员工进行加薪 1000 美元操作，如图 5-1 所示。

```sql
update emp set sal = sal + 1000 where empno = 7788;
```

图 5-1

例 5-2：将员工工号为 7499 的员工的月薪和工种更新成与员工工号为 7788 的员工相同。SQL Server 数据库与 Oracle 数据库的通用写法如图 5-2 所示。

```sql
update emp
set sal = (select sal from emp where empno = 7788),
 job = (select job from emp where empno = 7788)
where empno = 7499;
```

(1 行受影响)

图 5-2

Oracle 数据库的独特写法如图 5-3 所示。

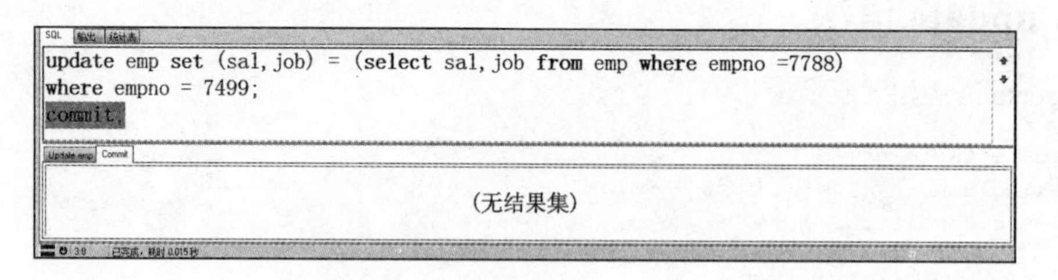

图 5-3

图 5-3 写法比图 5-2 写法效率更高，因为图 5-2 的写法需要两次读，而图 5-3 的写法只需要一次读就可以取到两个要更新的值，从而完成更新。图 5-3 所示的写法对用惯了 SQL Server 数据库的程序员来说非常陌生，即便是经常使用 Oracle 数据库的程序员对此也不清楚。编者在使用的过程中，已经不止一次被程序员惊讶地询问：SQL 还有这种写法啊？其实这不是 SQL 的写法，这是 Oracle 数据库提供的写法。第 6 章讲解的多列子查询也使用了 Oracle 数据库的此技巧。

当然了，SQL Server 数据库通过一次读也能完成更新，那就是使用多表关联 update 操作，即我们所说的 from 更新，写法如图 5-4 所示。表关联更新是 5.3 节要介绍的内容。

```
update a set a.sal = b.sal,a.job = b.job
from emp a,emp b
where a.empno = 7499 and b.empno = 7788
```

```
(1 行受影响)
```

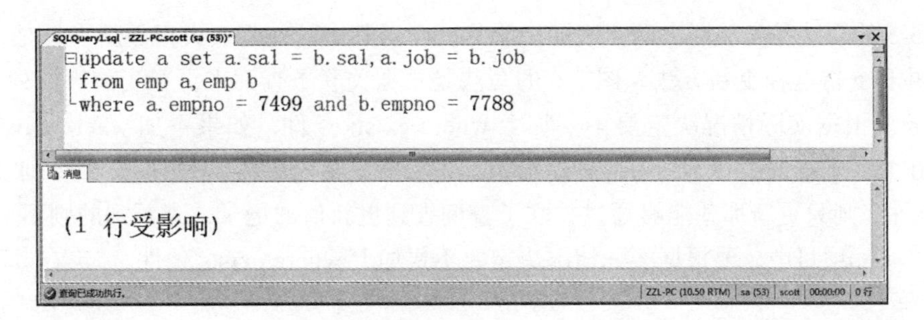

图 5-4

5.3 表关联更新

用多张表描述一个业务的情况非常常见，这些表之间都具有关联关系。有时候，更新一张表可能需要关联另外几张表，通过其他表的值来更新当前表，这就是表关联更新。

接下来，通过两个例子帮助读者掌握表关联更新的知识。

例 5-3：将所有员工的月薪调整成对应直接领导的月薪。SQL Server 数据库的独特写法如图 5-5 所示。此处用到了表别名，表别名的知识在第 6 章中会讲解。

```
update emp set sal = mgr.sal
from emp emp,emp mgr where emp.mgr = mgr.empno
```

```
(13 行受影响)
```

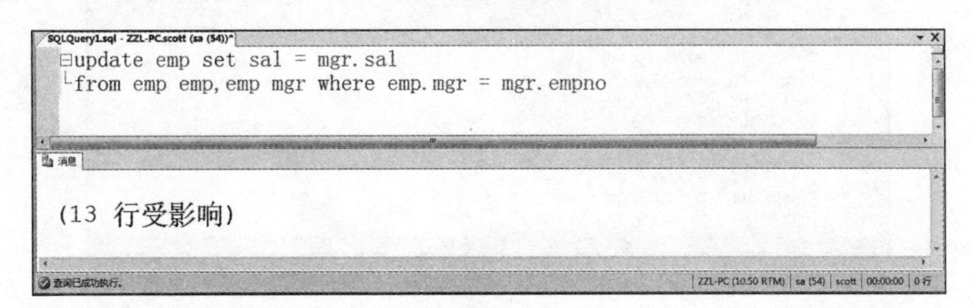

图 5-5

例 5-4：用另一种方法实现例 5-3 相同的功能。SQL Server 数据库与 Oracle 数据库的共同写法如图 5-6 所示。

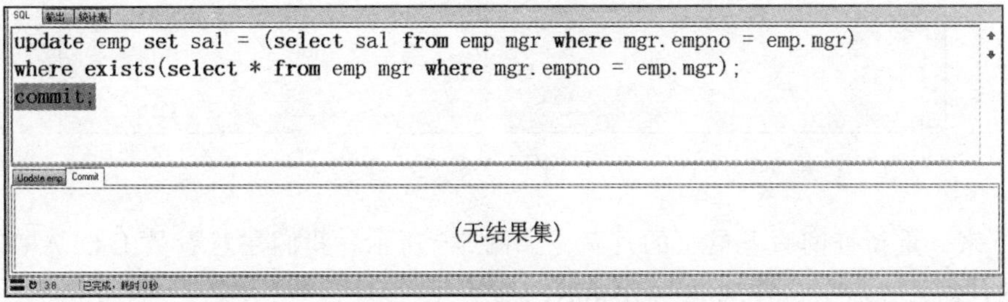

```
update emp set sal = (select sal from emp mgr where mgr.empno = emp.mgr)
where exists(select * from emp mgr where mgr.empno = emp.mgr);
commit;
```

```
(无结果集)
```

图 5-6

图 5-5 的写法是先关联出两张表的结果集，再对其中的一张表进行更新。但是，Oracle 数据库并不支持这种更新方法。图 5-6 的写法是根据关联子查询来更新当前表的列，但是，这种更新要根据实际情况决定要不要加上 where exists 条件。如果不加 where exists 条件，当前表在关联子查询中找不到对应记录的情况下会将更新列更新成 NULL。如果加上 where exists 条件，则只更新那些能够通过关联子查询查到更新值的记录，查不到的则不更新，保留原值。实际项目中，要根据实际情况决定要不要加上 where exists 条件。

5.4 常见误区分析

5.4.1 注意表关联更新

由于 Oracle 数据库不支持多表 from 更新，所以表关联更新的时候，只能通过关联子查询来进行更新。我们继续看前面的例子，将所有员工的月薪调整成对应直接领导的月薪。

首先查询一下员工的月薪，如图 5-7 所示。我们注意看员工 CLARK 和员工 KING 的月薪，都为 5000 美元。

```
select empno,ename,mgr,sal from emp;
```

	EMPNO	ENAME	MGR	SAL
1	7369	SMITH	7902	3000.00
2	7499	ALLEN	7698	2975.00
3	7521	WARD	7698	2850.00
4	7566	JONES	7839	5000.00
5	7654	MARTIN	7698	2850.00
6	7698	BLAKE	7839	5000.00
7	7782	CLARK	7839	5000.00
8	7788	SCOTT	7566	2975.00
9	7839	KING		5000.00

图 5-7

接着，执行如图 5-8 所示的 SQL 命令，将员工的月薪修改为对应直接领导的月薪。

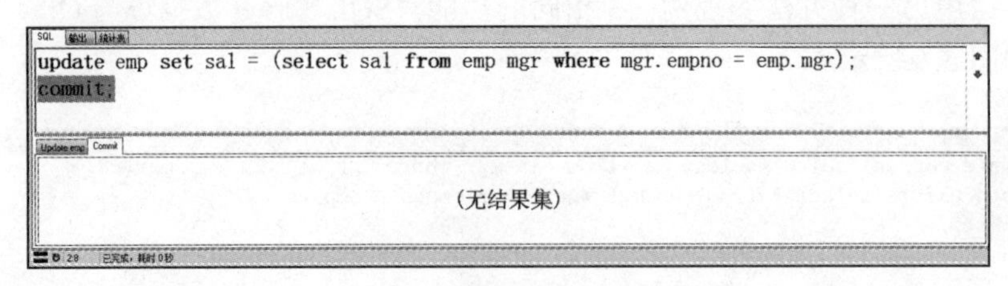

图 5-8

接下来，重新查询一下员工的月薪，如图 5-9 所示。我们注意看员工 CLARK 和员工 KING 的月薪，分别变成了 5000 美元和 NULL 美元。

为什么会出现这种情况呢？通过员工表，我们可以看到员工 KING 是没有直接领导的，当这条更新语句执行完成后，员工KING的月薪变成了NULL，原因就是员工KING没有直接领导，所以关联子查询找不到更新值，从而更新成了NULL。在这种找不到直接领导的情况下，应该保留原来的月薪。

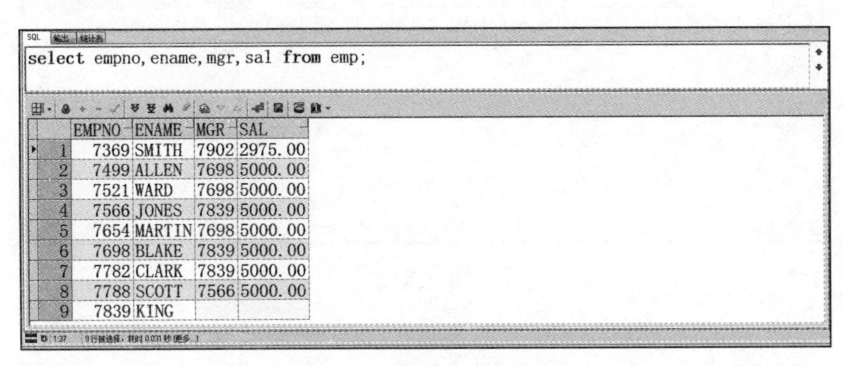

```
select empno, ename, mgr, sal from emp;
```

	EMPNO	ENAME	MGR	SAL
1	7369	SMITH	7902	2975.00
2	7499	ALLEN	7698	5000.00
3	7521	WARD	7698	5000.00
4	7566	JONES	7839	5000.00
5	7654	MARTIN	7698	5000.00
6	7698	BLAKE	7839	5000.00
7	7782	CLARK	7839	5000.00
8	7788	SCOTT	7566	5000.00
9	7839	KING		

图 5-9

所以，此处的更新语句应该修改为如图5-10所示。更新之前，我们需要先将员工KING的月薪还原为5000美元。

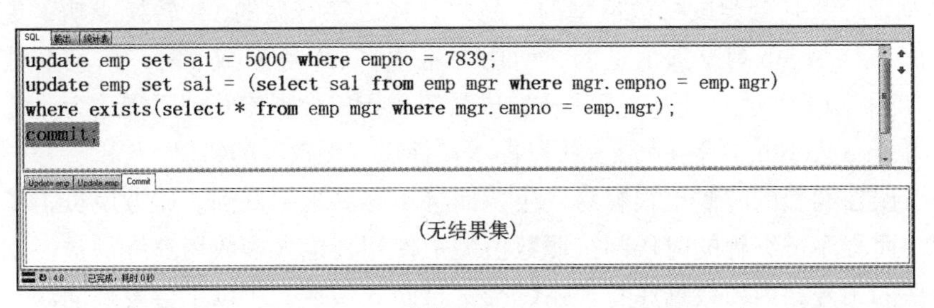

```
update emp set sal = 5000 where empno = 7839;
update emp set sal = (select sal from emp mgr where mgr.empno = emp.mgr)
where exists(select * from emp mgr where mgr.empno = emp.mgr);
commit;
```

(无结果集)

图 5-10

接下来，重新查询一下员工的月薪，如图5-11所示。注意看员工CLARK的月薪变成了5000美元，员工KING的月薪保留了原来的5000美元没变。

```
select empno, ename, mgr, sal from emp;
```

	EMPNO	ENAME	MGR	SAL
1	7369	SMITH	7902	5000.00
2	7499	ALLEN	7698	5000.00
3	7521	WARD	7698	5000.00
4	7566	JONES	7839	5000.00
5	7654	MARTIN	7698	5000.00
6	7698	BLAKE	7839	5000.00
7	7782	CLARK	7839	5000.00
8	7788	SCOTT	7566	5000.00
9	7839	KING		5000.00

图 5-11

由于经过了数次将员工月薪调整为直接领导月薪的操作，导致所有员工的月薪都已变成5000美元。为了后续章节的举例，我们通过表关联更新，将所有员工的月薪更新成未加薪之前的数值，如图5-12所示。

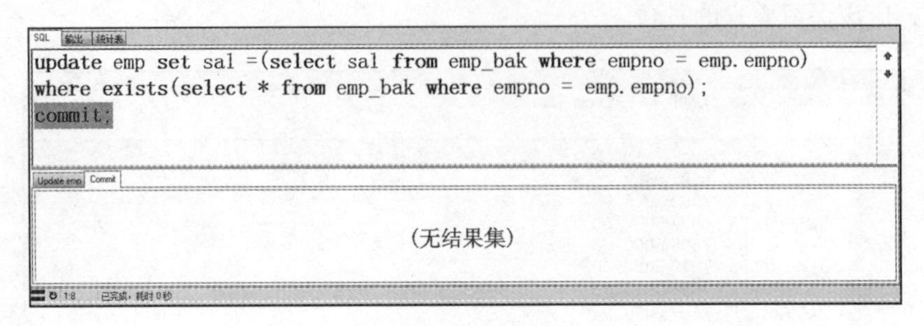

图 5-12

5.4.2 注意数据类型

一般，数据库管理系统在更新的时候，如果列值与列的类型不匹配，则数据库管理系统会尝试进行类型隐式转换。emp表中job属性是字符型的，执行如图5-13所示的更新语句，数据库管理系统会尝试将数值型的1隐式转换成字符型的1，转换成功，更新不会报错。当程序员认为job列是数值型的，而用户希望将job更新成a时，信息系统转换成的SQL语句如图5-14所示。因为a无法转换成数值，所以数据库管理系统认为a是emp表的一个列，而emp表中并不存在列a，所以提示“标识符无效”的错误。

这种错误在编程的时候也很容易发生，而且不容易被测试到。比方说员工工号被设计成字符型，而程序员编程的时候却按照数值型去使用，绝大多数用户维护员工工号的时候都是纯数字的工号，因为数据库管理系统会进行隐式转换，所以不会发现问题。当偶尔有个员工工号中出现字母时，就会提示如图5-14所示的错误。

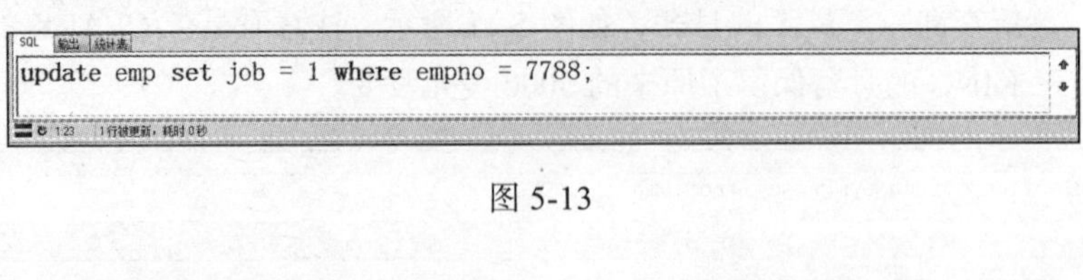

图 5-13

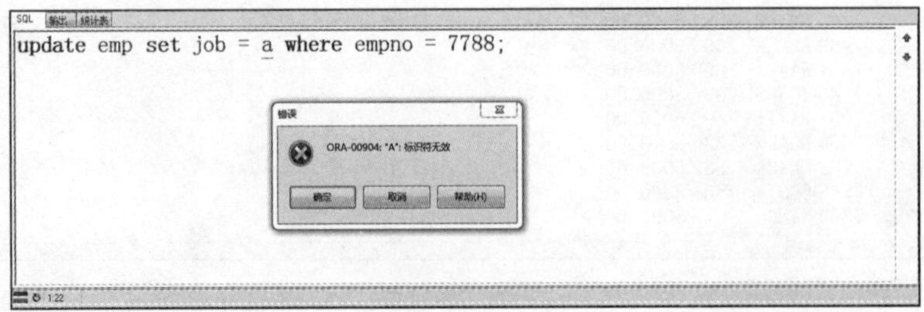

图 5-14

5.5 总结

任何事物都是会变化的，表中的记录也同样存在更改的可能。更新语句就是实现数据更改的命令。

单表更新比较简单，当涉及表关联更新的时候，SQL Server 数据库与 Oracle 数据库的处理方法是存在差异的。如果开发的信息管理系统要适应多种数据库，那么在开发阶段必须考虑更新语句的适应性问题。

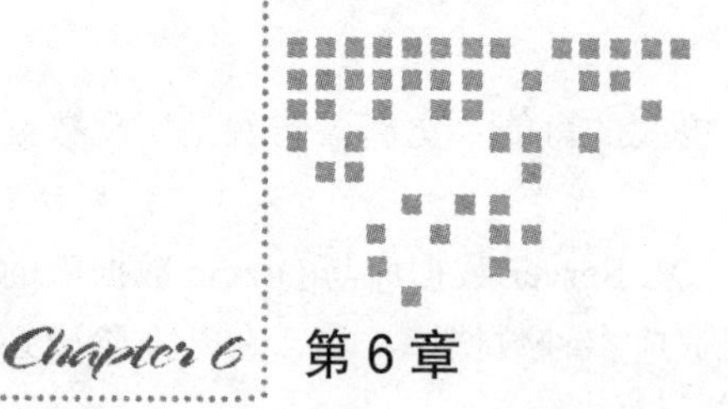

Chapter 6 第6章

查询语句

数据保存进表之后，就要把数据利用起来，只有利用起来了，才能体现数据的价值。如果要利用已有的数据，必不可少的就是从数据库中检索数据。所以，查询语句是使用最广泛的DML，研发人员、技术支持人员、工程人员，甚至用户都会接触到检索数据的查询语句。

增删改查（CRUD）中，U是修改，D是删除，直接取了SQL命令UPDATE和DELETE的首字母，C是取了CREATE的首字母，R是取了RETRIEVE的首字母。比起SQL命令INSERT和SELECT，在英语中CREATE（创建）和RETRIEVE（检索）更接近语义。

关系型数据库用二维表来保存数据，表的列代表关系模型中的属性，表中每一行代表了一条关系记录。

检索数据是从数据表中检索出满足条件的记录的属性值或表达式。

6.1 查询语句的语法

查询语句的完整语法如下所示。

```
SELECT  [DISTINCT] *|{column|expression[alias],...}
FROM  table;
[WHERE condition(s)]
[GROUP BY ]
[HAVING ]
[ORDER BY]
```

语法中包含了很多关键字，并不是说所有的关键字都必须出现，具体应该使用哪些关键字，需要根据实际应用场景而定。

- SELECT：关键字，出现在查询语句的最前面，标识当前 SQL 语句是查询语句。SELECT 后面跟的是要查询的列名或者表达式。
- DISTINCT：关键字，用于对检索出的记录进行去重处理。
- FROM：关键字，跟在要查询的所有列名的后面、表或者视图的前面，标识从哪个对象中查询数据。
- WHERE：关键字，跟在表名或者视图名的后面，用于限定要查询的记录。
- GROUP BY：关键字，出现在 WHERE 的后面，用于将查询出的记录按照指定条件进行分组。
- HAVING：关键字，跟在 GROUP BY 的后面，对分组后的结果进行再次限定。
- ORDER BY：关键字，出现在查询语句的最后，用于对查询出的记录进行排序。

接下来，举一个尽量包含所有关键字的查询例子，以帮助读者掌握查询语句的知识。但是实际项目中使用的查询语句很少会包含这么多的关键字。

例 6-1：查询包含多名月薪 2000 美元以上员工的工种及这些工种包含月薪 2000 美元以上的员工的人数，查询结果按工种排序，如图 6-1 所示。

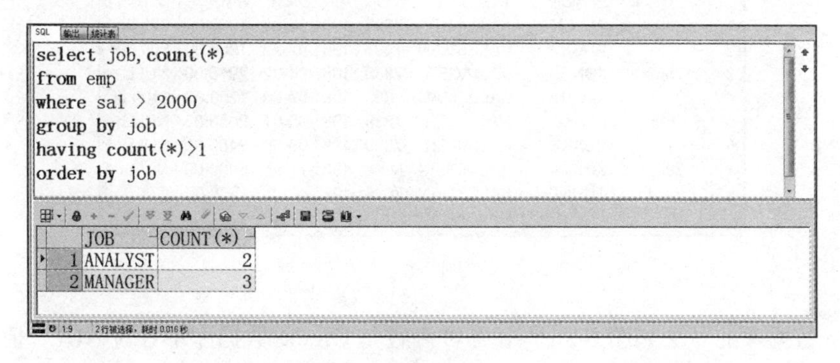

图 6-1

6.2 where 子句中常用的运算符

where 条件用于限制检索的数据，几乎所有的查询语句都要带 where 条件。如果一个查询语句不带 where 条件，这个查询语句肯定会进行全表扫描。对于数据量比较大的表，一旦全表扫描，肯定会影响系统的性能。当然了，带了 where 条件也不能保证查询不会全表扫描。关于全表扫描和索引的知识，在第 8 章中进行详细的介绍。

既然 where 条件这么常用而且非常重要，接下来，对于 where 子句中常用的运算符进行详细的讲解并举例说明。这部分内容主要包含了以下分类：

- 算术运算符
- 逻辑运算符

- 比较运算符
- 运算符的优先级

6.2.1 算术运算符

算术运算符即加减乘除（+、-、*、/）。

下面通过一个例子来看一下算术运算符的应用。

例 6-2：查询年收入 10 000 美元以上的用户。

SQL Server 数据库的写法如图 6-2 所示。isnull 函数是 SQL Server 数据库中针对 NULL 值处理的函数，因为 NULL 不能直接参与算术运算，所以此处判断一下 COMM 列的值，当列值为 NULL 时，用 0 替换 NULL 参与算术运算。与 NULL 相关的函数在第 12 章中会详细介绍。

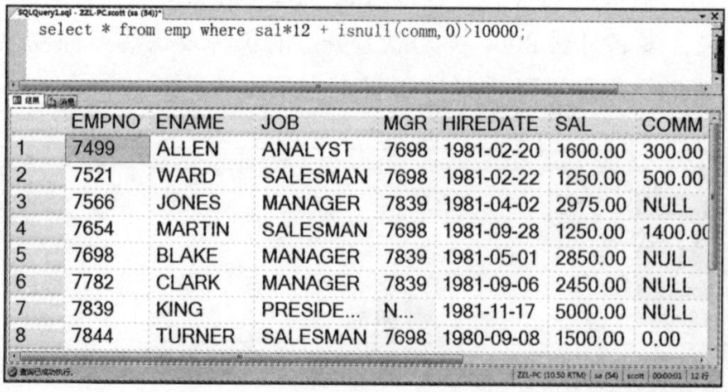

```
select * from emp where sal*12 + isnull(comm,0)>10000;
```

	EMPNO	ENAME	JOB	MGR	HIREDATE	SAL	COMM
1	7499	ALLEN	ANALYST	7698	1981-02-20	1600.00	300.00
2	7521	WARD	SALESMAN	7698	1981-02-22	1250.00	500.00
3	7566	JONES	MANAGER	7839	1981-04-02	2975.00	NULL
4	7654	MARTIN	SALESMAN	7698	1981-09-28	1250.00	1400.0
5	7698	BLAKE	MANAGER	7839	1981-05-01	2850.00	NULL
6	7782	CLARK	MANAGER	7839	1981-09-06	2450.00	NULL
7	7839	KING	PRESIDE...	N...	1981-11-17	5000.00	NULL
8	7844	TURNER	SALESMAN	7698	1980-09-08	1500.00	0.00

图 6-2

Oracle 数据库的写法如图 6-3 所示。nvl 函数是 Oracle 数据库中针对 NULL 值处理的函数。nvl 函数的作用等同于 SQL Server 数据库中的 isnull 函数。

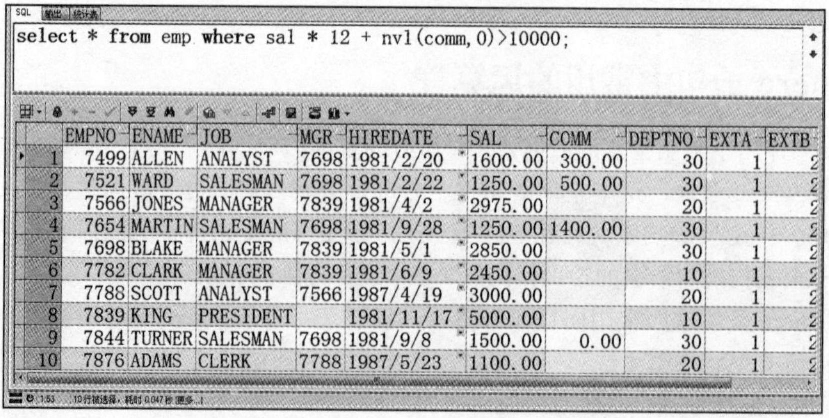

```
select * from emp where sal * 12 + nvl(comm,0)>10000;
```

	EMPNO	ENAME	JOB	MGR	HIREDATE	SAL	COMM	DEPTNO	EXTA	EXTB
1	7499	ALLEN	ANALYST	7698	1981/2/20	1600.00	300.00	30	1	2
2	7521	WARD	SALESMAN	7698	1981/2/22	1250.00	500.00	30	1	2
3	7566	JONES	MANAGER	7839	1981/4/2	2975.00		20	1	2
4	7654	MARTIN	SALESMAN	7698	1981/9/28	1250.00	1400.00	30	1	2
5	7698	BLAKE	MANAGER	7839	1981/5/1	2850.00		30	1	2
6	7782	CLARK	MANAGER	7839	1981/6/9	2450.00		10	1	2
7	7788	SCOTT	ANALYST	7566	1987/4/19	3000.00		20	1	2
8	7839	KING	PRESIDENT		1981/11/17	5000.00		10	1	2
9	7844	TURNER	SALESMAN	7698	1981/9/8	1500.00	0.00	30	1	2
10	7876	ADAMS	CLERK	7788	1987/5/23	1100.00		20	1	2

图 6-3

6.2.2 逻辑运算符

逻辑运算符即非（not）、与（and）、或（or）。非是取反，与是同时满足，或是至少一个满足。

下面通过一些例子来看一下逻辑运算符的应用。

例 6-3：查询工种既不是职员又不是销售的员工。如果使用逻辑非，则写法如图 6-4 所示；如果使用逻辑与，则写法如图 6-5 所示。逻辑与更符合大部分人的逻辑思维，所以，在此种情况下，逻辑与使用的频率远远高于逻辑非。

SQL 输出 统计表

```
select * from emp where not (job = 'CLERK' or job = 'SALESMAN');
```

	EMPNO	ENAME	JOB	MGR	HIREDATE	SAL	COMM	DEPTNO	EXTA	EXTB
1	7499	ALLEN	ANALYST	7698	1981/2/20	1600.00	300.00	30	1	2
2	7566	JONES	MANAGER	7839	1981/4/2	2975.00		20	1	2
3	7698	BLAKE	MANAGER	7839	1981/5/1	2850.00		30	1	2
4	7782	CLARK	MANAGER	7839	1981/6/9	2450.00		10	1	2
5	7788	SCOTT	ANALYST	7566	1987/4/19	3000.00		20	1	2
6	7839	KING	PRESIDENT		1981/11/17	5000.00		10	1	2
7	7902	FORD	ANALYST	7566	1981/12/3	3000.00		20	1	2

1:65 7行被选择，耗时 0.047秒

图 6-4

SQL 输出 统计表

```
select * from emp where job <> 'CLERK' and job <> 'SALESMAN';
```

	EMPNO	ENAME	JOB	MGR	HIREDATE	SAL	COMM	DEPTNO	EXTA	EXTB
1	7499	ALLEN	ANALYST	7698	1981/2/20	1600.00	300.00	30	1	2
2	7566	JONES	MANAGER	7839	1981/4/2	2975.00		20	1	2
3	7698	BLAKE	MANAGER	7839	1981/5/1	2850.00		30	1	2
4	7782	CLARK	MANAGER	7839	1981/6/9	2450.00		10	1	2
5	7788	SCOTT	ANALYST	7566	1987/4/19	3000.00		20	1	2
6	7839	KING	PRESIDENT		1981/11/17	5000.00		10	1	2
7	7902	FORD	ANALYST	7566	1981/12/3	3000.00		20	1	2

1:61 7行被选择，耗时 0.047秒

图 6-5

查询职员工种和销售工种的员工，用逻辑或的写法如图 6-6 所示。

```
select * from emp where job = 'CLERK' or job = 'SALESMAN';
```

	EMPNO	ENAME	JOB	MGR	HIREDATE	SAL	COMM	DEPTNO	EXTA	EXTB
1	7369	SMITH	CLERK	7902	1980/12/17	800.00		20	1	2
2	7521	WARD	SALESMAN	7698	1981/2/22	1250.00	500.00	30	1	2
3	7654	MARTIN	SALESMAN	7698	1981/9/28	1250.00	1400.00	30	1	2
4	7844	TURNER	SALESMAN	7698	1981/9/8	1500.00	0.00	30	1	2
5	7876	ADAMS	CLERK	7788	1987/5/23	1100.00		20	1	2
6	7900	JAMES	CLERK	7698	1981/12/3	950.00		30	1	2
7	7934	MILLER	CLERK	7782	1982/1/23	1300.00		10	1	2

图 6-6

6.2.3 比较运算符

比较运算符主要用于列值与常量值或者其他列值的比较。常见的比较运算符如下：

- 单行比较符（=，>，>=，<=，<，<>）
- 多行比较符（>any，>all，<any，<all，in，not in）
- 模糊比较（like，%，_）
- 转义符
- 特殊比较（is null，is not null）
- between and

下面针对每种比较运算符分别给出例子。

例 6-4：使用单行比较符查询与员工工号为 7788 的员工具有相同月薪的员工，如图 6-7 所示。单行比较符用于与一行数据比较。

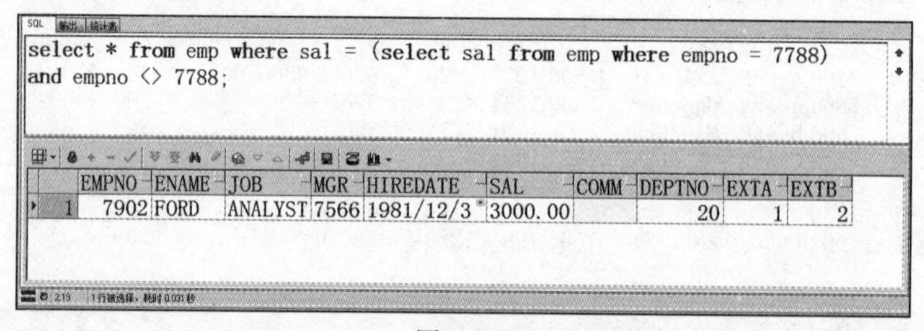

```
select * from emp where sal = (select sal from emp where empno = 7788)
and empno <> 7788;
```

	EMPNO	ENAME	JOB	MGR	HIREDATE	SAL	COMM	DEPTNO	EXTA	EXTB
1	7902	FORD	ANALYST	7566	1981/12/3	3000.00		20	1	2

图 6-7

例 6-5：查询月薪大于等于任意一个部门平均月薪的员工，如图 6-8 所示。

图 6-8 所示的语句等价于查询月薪大于等于最低部门平均月薪的员工。Oracle 数据库的写法如图 6-9 所示。因为 SQL Server 数据库不支持聚合函数嵌套，所以 SQL Server 数据库

变通后的实现方式如图 6-10 所示。

```
select * from emp
where sal >= any(select avg(sal) from emp group by deptno);
```

	EMPNO	ENAME	JOB	MGR	HIREDATE	SAL	COMM	DEPTNO	EXTA	EXTB
1	7839	KING	PRESIDENT		1981/11/17	5000.00		10	1	2
2	7902	FORD	ANALYST	7566	1981/12/3	3000.00		20	1	2
3	7788	SCOTT	ANALYST	7566	1987/4/19	3000.00		20	1	2
4	7566	JONES	MANAGER	7839	1981/4/2	2975.00		20	1	2
5	7698	BLAKE	MANAGER	7839	1981/5/1	2850.00		30	1	2
6	7782	CLARK	MANAGER	7839	1981/6/9	2450.00		10	1	2
7	7499	ALLEN	ANALYST	7698	1981/2/20	1600.00	300.00	30	1	2

图 6-8

```
select * from emp
where sal >= (select min(avg(sal)) from emp group by deptno);
```

	EMPNO	ENAME	JOB	MGR	HIREDATE	SAL	COMM	DEPTNO	EXTA	EXTB
1	7499	ALLEN	ANALYST	7698	1981/2/20	1600.00	300.00	30	1	2
2	7566	JONES	MANAGER	7839	1981/4/2	2975.00		20	1	2
3	7698	BLAKE	MANAGER	7839	1981/5/1	2850.00		30	1	2
4	7782	CLARK	MANAGER	7839	1981/6/9	2450.00		10	1	2
5	7788	SCOTT	ANALYST	7566	1987/4/19	3000.00		20	1	2
6	7839	KING	PRESIDENT		1981/11/17	5000.00		10	1	2
7	7902	FORD	ANALYST	7566	1981/12/3	3000.00		20	1	2

图 6-9

```
select * from emp
where sal >= (select top 1 avg(sal) from emp
group by deptno order by avg(sal));
```

	EMPNO	ENAME	JOB	MGR	HIREDATE	SAL	COMM
1	7369	SMITH	CLERK	7902	1980-12-17	800.00	NULL
2	7499	ALLEN	ANALYST	7698	1981-02-20	1600.00	300.00
3	7521	WARD	SALESMAN	7698	1981-02-22	1250.00	500.00
4	7566	JONES	MANAGER	7839	1981-04-02	2975.00	NULL
5	7654	MARTIN	SALESMAN	7698	1981-09-28	1250.00	1400.00
6	7698	BLAKE	MANAGER	7839	1981-05-01	2850.00	NULL
7	7782	CLARK	MANAGER	7839	1981-09-06	2450.00	NULL

图 6-10

例 6-6：使用多行比较符查询月薪大于等于每一个部门平均月薪的员工，如图 6-11 所示。

```
select * from emp
where sal >= all(select avg(sal) from emp group by deptno);
```

	EMPNO	ENAME	JOB	MGR	HIREDATE	SAL	COMM	DEPTNO	EXTA	EXTB
1	7782	CLARK	MANAGER	7839	1981/6/9	2450.00		10	1	2
2	7698	BLAKE	MANAGER	7839	1981/5/1	2850.00		30	1	2
3	7566	JONES	MANAGER	7839	1981/4/2	2975.00		20	1	2
4	7788	SCOTT	ANALYST	7566	1987/4/19	3000.00		20	1	2
5	7902	FORD	ANALYST	7566	1981/12/3	3000.00		20	1	2
6	7839	KING	PRESIDENT		1981/11/17	5000.00		10	1	2

图 6-11

图 6-11 所示的语句等价于查询月薪大于等于最高部门平均月薪的员工。Oracle 数据库的写法如图 6-12 所示。因为 SQL Server 数据库不支持聚合函数嵌套，所以，SQL Server 数据库变通后的实现方式如图 6-13 所示。

```
select * from emp
where sal >= (select max(avg(sal)) from emp group by deptno);
```

	EMPNO	ENAME	JOB	MGR	HIREDATE	SAL	COMM	DEPTNO	EXTA	EXTB
1	7566	JONES	MANAGER	7839	1981/4/2	2975.00		20	1	2
2	7698	BLAKE	MANAGER	7839	1981/5/1	2850.00		30	1	2
3	7782	CLARK	MANAGER	7839	1981/6/9	2450.00		10	1	2
4	7788	SCOTT	ANALYST	7566	1987/4/19	3000.00		20	1	2
5	7839	KING	PRESIDENT		1981/11/17	5000.00		10	1	2
6	7902	FORD	ANALYST	7566	1981/12/3	3000.00		20	1	2

图 6-12

```
select * from emp
where sal >= (select top 1 avg(sal) from emp
group by deptno order by avg(sal) desc);
```

	EMPNO	ENAME	JOB	MGR	HIREDATE	SAL	COMM	DEPTN
1	7566	JONES	MANAGER	7839	1981-04-02	2975.00	NULL	20
2	7788	SCOTT	ANALYST	7566	1987-04-19	3000.00	NULL	20
3	7839	KING	PRESIDENT	NULL	1981-11-17	5000.00	NULL	10
4	7902	FORD	ANALYST	7566	1981-12-03	3000.00	NULL	20

图 6-13

例 6-7：查询直接领导的工号是 7698 或者 7839 的员工，如图 6-14 所示。

```
select * from emp where mgr in(7698,7839);
```

	EMPNO	ENAME	JOB	MGR	HIREDATE	SAL	COMM	DEPTNO	EXTA	EXTB
1	7499	ALLEN	ANALYST	7698	1981/2/20	1600.00	300.00	30	1	2
2	7521	WARD	SALESMAN	7698	1981/2/22	1250.00	500.00	30	1	2
3	7566	JONES	MANAGER	7839	1981/4/2	2975.00		20	1	2
4	7654	MARTIN	SALESMAN	7698	1981/9/28	1250.00	1400.00	30	1	2
5	7698	BLAKE	MANAGER	7839	1981/5/1	2850.00		30	1	2
6	7782	CLARK	MANAGER	7839	1981/6/9	2450.00		10	1	2
7	7844	TURNER	SALESMAN	7698	1981/9/8	1500.00	0.00	30	1	2
8	7900	JAMES	CLERK	7698	1981/12/3	950.00		30	1	2

图　6-14

例 6-8：使用模糊查询，查询姓名以字母 A 开头的员工，如图 6-15 所示。“%”代表若干个任意字符。当被比较的值不是很确定，或者要查询满足一定规则的记录时，非常适合使用模糊查询。

```
select * from emp where ename like 'A%';
```

	EMPNO	ENAME	JOB	MGR	HIREDATE	SAL	COMM	DEPTNO	EXTA	EXTB
1	7499	ALLEN	ANALYST	7698	1981/2/20	1600.00	300.00	30	1	2
2	7876	ADAMS	CLERK	7788	1987/5/23	1100.00		20	1	2

图　6-15

例 6-9：查询姓名以 KIN 开头并且只含 4 个字母的员工，如图 6-16 所示。一个下划线代表一个任意字符。

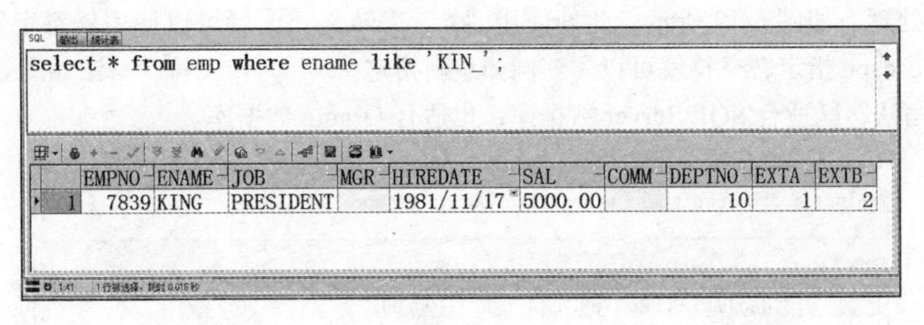

```
select * from emp where ename like 'KIN_';
```

	EMPNO	ENAME	JOB	MGR	HIREDATE	SAL	COMM	DEPTNO	EXTA	EXTB
1	7839	KING	PRESIDENT		1981/11/17	5000.00		10	1	2

图　6-16

通过前面的介绍我们知道“%”属于通配符。但如果有的员工姓名中包含“%”，我们想查出员工姓名包含“%”的员工，怎么办呢？这种情况下，只有请转义符来帮忙了。

例 6-10：使用转义符进行模糊查询。

首先将员工工号为 7876 的员工的员工姓名修改为“A%DAMS”，模拟员工姓名中包含“%”，如图 6-17 所示。

图 6-17

如果不考虑转义符，直接查询员工姓名以“A%”开头的所有员工记录，写法如图 6-18 所示。观察结果发现，我们查询到的记录并不是以“A%”开头的记录，而是以“A”开头的记录。造成这个问题的原因是，“%”本身就是通配符，数据库认为“A”后面跟了两个通配符，所以返回的是员工姓名以“A”开头的记录。如果要解决这个问题，必须使用转义符对第一个“%”进行转义。

```
select * from emp where ename like 'A%%';
```

	EMPNO	ENAME	JOB	MGR	HIREDATE	SAL	COMM	DEPTNO	EXTA	EXTB
1	7499	ALLEN	ANALYST	7698	1981/2/20	1600.00	300.00	30	1	2
2	7876	A%DAMS	CLERK	7788	1987/5/23	1100.00		20	1	2

图 6-18

转义的关键字是 escape，此种情况下，我们可以在第一个“%”前面加一个特殊字符，然后用 escape 指定此特殊字符为转义符，这样，数据库就把转义符后面的第一个字符当作普通字符处理，如图 6-19 所示。此处使用“#”来转义，读者可以使用任意字符来转义，只要通过 escape 指定转义符就可以了。例如重新指定“/”为转义符，写法如图 6-20 所示。此种转义写法，既适合 SQL Server 数据库，也适合 Oracle 数据库。

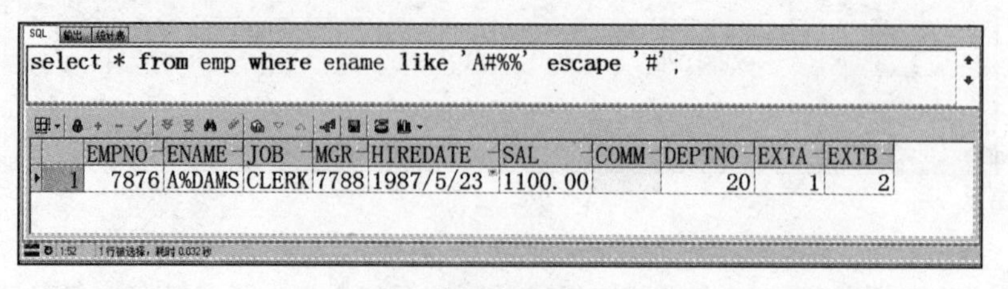

图 6-19

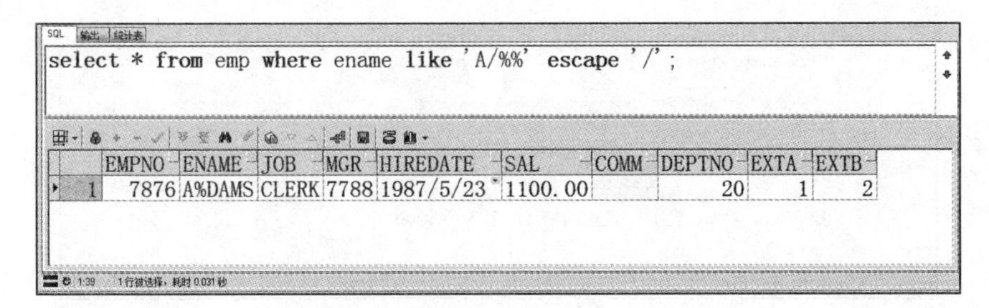

```
select * from emp where ename like 'A/%%' escape '/';
```

	EMPNO	ENAME	JOB	MGR	HIREDATE	SAL	COMM	DEPTNO	EXTA	EXTB
1	7876	A%DAMS	CLERK	7788	1987/5/23	1100.00		20	1	2

图 6-20

例 6-11：使用 NULL 比较符查询没有佣金的员工，如图 6-21 所示。is null 和 is not null 是判断值是否为 NULL 的标准判断。NULL 值不能直接参与普通的比较或运算。

```
select * from emp where comm is null;
```

	EMPNO	ENAME	JOB	MGR	HIREDATE	SAL	COMM	DEPTNO	EXTA	EXTB
1	7369	SMITH	CLERK	7902	1980/12/17	800.00		20	1	2
2	7566	JONES	MANAGER	7839	1981/4/2	2975.00		20	1	2
3	7698	BLAKE	MANAGER	7839	1981/5/1	2850.00		30	1	2
4	7782	CLARK	MANAGER	7839	1981/6/9	2450.00		10	1	2
5	7788	SCOTT	ANALYST	7566	1987/4/19	3000.00		20	1	2
6	7839	KING	PRESIDENT		1981/11/17	5000.00		10	1	2
7	7876	A%DAMS	CLERK	7788	1987/5/23	1100.00		20	1	2
8	7900	JAMES	CLERK	7698	1981/12/3	950.00		30	1	2
9	7902	FORD	ANALYST	7566	1981/12/3	3000.00		20	1	2
10	7934	MILLER	CLERK	7782	1982/1/23	1300.00		10	1	2

图 6-21

例 6-12：使用 null 运算符查询有佣金的员工，如图 6-22 所示。

```
select * from emp where comm is not null;
```

	EMPNO	ENAME	JOB	MGR	HIREDATE	SAL	COMM	DEPTNO	EXTA	EXTB
1	7499	ALLEN	ANALYST	7698	1981/2/20	1600.00	300.00	30	1	2
2	7521	WARD	SALESMAN	7698	1981/2/22	1250.00	500.00	30	1	2
3	7654	MARTIN	SALESMAN	7698	1981/9/28	1250.00	1400.00	30	1	2
4	7844	TURNER	SALESMAN	7698	1981/9/8	1500.00	0.00	30	1	2

图 6-22

例 6-13：使用 between and 运算符查询月薪在 3000 美元和 5000 美元之间的员工，如图 6-23 所示。between and 用于查询列值在某个连续范围内的记录。

```sql
select * from emp where sal between 3000 and 5000;
```

	EMPNO	ENAME	JOB	MGR	HIREDATE	SAL	COMM	DEPTNO	EXTA	EXTB
1	7788	SCOTT	ANALYST	7566	1987/4/19	3000.00		20	1	2
2	7839	KING	PRESIDENT		1981/11/17	5000.00		10	1	2
3	7902	FORD	ANALYST	7566	1981/12/3	3000.00		20	1	2

图 6-23

很多人不喜欢用 between and，是因为不确定 between and 是否包含了两端的值。在 SQL Server 数据库与 Oracle 数据库中，between and 都包含了两端的值，以上 SQL 语句等价于如图 6-24 所示的 SQL 语句。

```sql
select * from emp where sal >= 3000 and sal <= 5000;
```

	EMPNO	ENAME	JOB	MGR	HIREDATE	SAL	COMM	DEPTNO	EXTA	EXTB
1	7788	SCOTT	ANALYST	7566	1987/4/19	3000.00		20	1	2
2	7839	KING	PRESIDENT		1981/11/17	5000.00		10	1	2
3	7902	FORD	ANALYST	7566	1981/12/3	3000.00		20	1	2

图 6-24

6.2.4 优先级

当多个条件同时参与判断的时候，条件与条件之间的判断要有先后顺序，因为不同的顺序很可能代表了截然不同的语义。这个先后顺序就是优先级。在 SQL 中，优先级的内容还是比较多的，像乘除运算的优先级高于加减运算，这样的优先级顺序大家都很熟悉。其他优先级大家没必要刻意去记住。但是，小括号是优先级最高的符号，这个必须特别注意。合理使用小括号不仅能指定优先级，还能增加语句的可读性，对于特别复杂的 SQL 语句效果更加明显。大家不可能记住所有的优先级顺序，但是当记住小括号的优先级最高后，使用小括号就能够更好地设定语句的优先级了。建议大家尽量多使用小括号，当团队人员多了、项目开发时间久了之后，大家会发现这不是画蛇添足，反而是一种神来之笔。

下面我们通过一个例子来帮助读者掌握优先级的知识。

例 6-14：查询在直接领导的工号为 7698 的员工中，佣金大于等于 500 或者工种为职员的员工。

一种写法如图 6-25 所示。我们发现结果中包含了很多直接领导的工号不为 7698 的员工。出现这种情况的原因是 and 的优先级高于 or，所以实际查询的是直接领导工号为 7698 的员工中佣金大于等于 500 和工种为职员的员工。要实现我们最初的想法，可以用小括号来指定优先级，如图 6-26 所示。

```
select * from emp
where mgr = 7698 and comm >= 500 or job = 'CLERK';
```

	EMPNO	ENAME	JOB	MGR	HIREDATE	SAL	COMM	DEPTNO	EXTA	EXTB
1	7369	SMITH	CLERK	7902	1980/12/17	800.00		20	1	2
2	7521	WARD	SALESMAN	7698	1981/2/22	1250.00	500.00	30	1	2
3	7654	MARTIN	SALESMAN	7698	1981/9/28	1250.00	1400.00	30	1	2
4	7876	A%DAMS	CLERK	7788	1987/5/23	1100.00		20	1	2
5	7900	JAMES	CLERK	7698	1981/12/3	950.00		30	1	2
6	7934	MILLER	CLERK	7782	1982/1/23	1300.00		10	1	2

图 6-25

```
select * from emp
where mgr = 7698 and (comm >= 500 or job = 'CLERK');
```

	EMPNO	ENAME	JOB	MGR	HIREDATE	SAL	COMM	DEPTNO	EXTA	EXTB
1	7521	WARD	SALESMAN	7698	1981/2/22	1250.00	500.00	30	1	2
2	7654	MARTIN	SALESMAN	7698	1981/9/28	1250.00	1400.00	30	1	2
3	7900	JAMES	CLERK	7698	1981/12/3	950.00		30	1	2

图 6-26

读者读到此处的时候，可能很容易就理解了。但是实际项目中却出现了太多因为优先级错误而造成系统出错的问题，所以，再次建议大家一定不要吝啬使用小括号。

6.3 分组

分组是按照分组条件，将条件相同的记录合并到一条记录里。分组查询的时候，select 后面只能跟分组条件列或聚合函数，只有这样才能保证将分组条件相同的记录合并成一条记录。

6.3.1 分组函数

分组函数又称聚合函数，是对同一组内的记录进行的一种函数运算。

下面通过一个例子帮助读者掌握所有常用的分组函数。

例 6-15：列举每个部门的员工数量、月薪总额、平均月薪、最高月薪和最低月薪，如图 6-27 所示。这些常用的分组函数在第 12 章中会详细介绍。

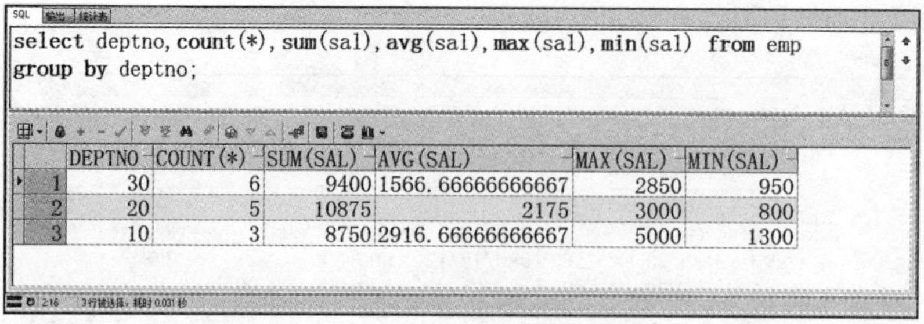

```
select deptno, count(*), sum(sal), avg(sal), max(sal), min(sal) from emp
group by deptno;
```

	DEPTNO	COUNT(*)	SUM(SAL)	AVG(SAL)	MAX(SAL)	MIN(SAL)
1	30	6	9400	1566.66666666667	2850	950
2	20	5	10875	2175	3000	800
3	10	3	8750	2916.66666666667	5000	1300

图 6-27

6.3.2 创建组

创建组也是一种常见的操作，在 group by 后跟上分组条件来创建分组。

下面通过一个例子来帮助读者掌握创建组的知识。

例 6-16：将员工按部门号分组，并显示每个部门的员工数，如图 6-28 所示。

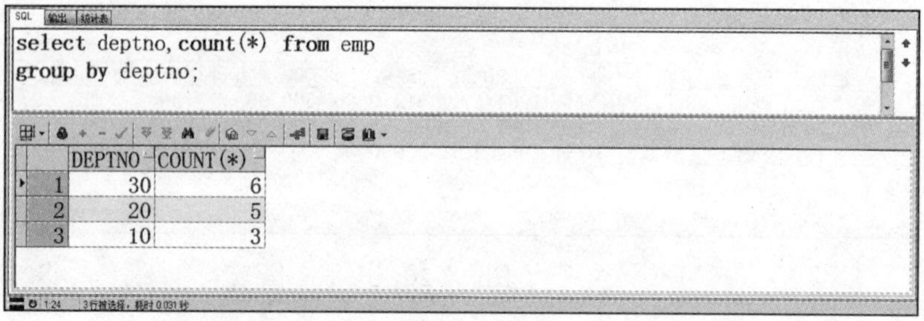

```
select deptno, count(*) from emp
group by deptno;
```

	DEPTNO	COUNT(*)
1	30	6
2	20	5
3	10	3

图 6-28

6.4 排序

在 SQL 中用 order by 指定排序条件，因为它是查询操作的最后一步，所以它总是出现在 select 语句的最后面。排序条件可以使用列名、列表达式、列函数、列别名、列位置编号。

asc 标识按条件升序排序，desc 标识按条件降序排序。如果不指定排序方式，默认按升序排序。使用多个排序条件排序，多个排序条件用逗号隔开，每个排序条件后面可以指定排序方式。

针对 NULL 值的排序，SQL Server 数据库和 Oracle 数据库的处理方式不同。SQL Server 数据库认为 NULL 无穷小，而 Oracle 数据库则认为 NULL 无穷大。所以，升序排序时，SQL SERVER 数据库默认 NULL 值排在最前面，Oracle 数据库则默认 NULL 值排在最后面。降序排序时，SQL Server 数据库默认 NULL 值排在最后面，Oracle 数据库则默认 NULL 值排在最前面。

Oracle 数据库提供了关键字 nulls first 和 nulls last 来调整 NULL 的排序。SQL Server 数据库中没有对应的关键字，只能新增一个排序列，根据排序条件是否为 NULL 赋予不同的值，然后让该列参与排序，从而实现想要的排序。

下面通过一些例子来帮助读者掌握排序的知识。

例 6-17：查询员工的姓名、月薪，并按照月薪升序排列。用字段指定排序如图 6-29 所示，用别名指定排序如图 6-30 所示，用列的位置指定排序如图 6-31 所示。

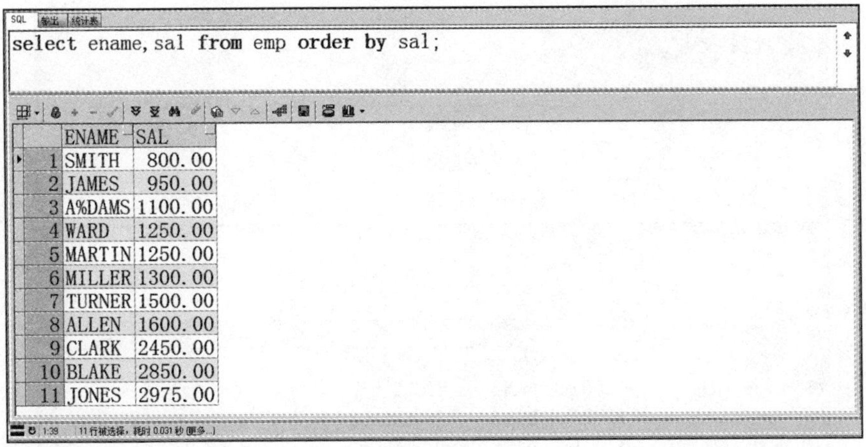

```
select ename, sal from emp order by sal;
```

	ENAME	SAL
1	SMITH	800.00
2	JAMES	950.00
3	A%DAMS	1100.00
4	WARD	1250.00
5	MARTIN	1250.00
6	MILLER	1300.00
7	TURNER	1500.00
8	ALLEN	1600.00
9	CLARK	2450.00
10	BLAKE	2850.00
11	JONES	2975.00

图 6-29

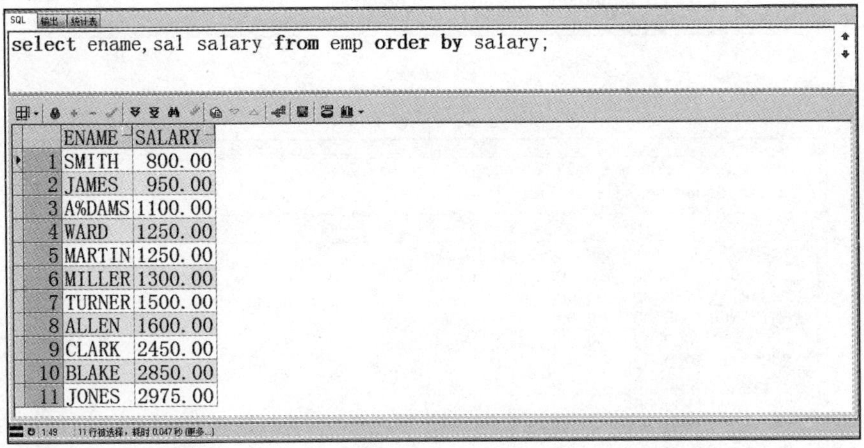

```
select ename, sal salary from emp order by salary;
```

	ENAME	SALARY
1	SMITH	800.00
2	JAMES	950.00
3	A%DAMS	1100.00
4	WARD	1250.00
5	MARTIN	1250.00
6	MILLER	1300.00
7	TURNER	1500.00
8	ALLEN	1600.00
9	CLARK	2450.00
10	BLAKE	2850.00
11	JONES	2975.00

图 6-30

例 6-18：查询员工的姓名、月薪、佣金及年薪，并按年薪升序排序。SQL Server 数据库中的执行结果如图 6-32 所示，可以看到 NULL 值排在了前面；Oracle 数据库中的执行结果如图 6-33 所示，可以看到 NULL 值排在了后面。

```sql
select ename, sal salary from emp order by 2;
```

	ENAME	SALARY
1	SMITH	800.00
2	JAMES	950.00
3	A%DAMS	1100.00
4	WARD	1250.00
5	MARTIN	1250.00
6	MILLER	1300.00
7	TURNER	1500.00
8	ALLEN	1600.00
9	CLARK	2450.00
10	BLAKE	2850.00
11	JONES	2975.00

1:44 11行被选择，耗时0.047秒 更多...

图 6-31

```sql
select ename, sal, comm, sal*12 + comm
from emp order by sal*12 +comm;
```

	ename	sal	comm	(无列名)
8	FORD	3000.00	NULL	NULL
9	MILLER	1300.00	NULL	NULL
10	A%DAMS	1100.00	0.00	13200.00
11	WARD	1250.00	500.00	15500.00
12	MARTIN	1250.00	1400.00	16400.00
13	TURNER	1500.00	0.00	18000.00
14	ALLEN	1600.00	300.00	19500.00

查询已成功执行。 ZZL-PC (10.50 RTM) | sa (52) | scott | 00:00:00 | 14 行

图 6-32

```sql
select ename, sal, comm, sal*12+comm
from emp order by sal*12+comm;
```

	ENAME	SAL	COMM	SAL*12+COMM
1	WARD	1250.00	500.00	15500
2	MARTIN	1250.00	1400.00	16400
3	TURNER	1500.00	0.00	18000
4	ALLEN	1600.00	300.00	19500
5	SCOTT	3000.00		
6	KING	5000.00		
7	A%DAMS	1100.00		
8	JAMES	950.00		
9	FORD	3000.00		
10	MILLER	1300.00		
11	BLAKE	2850.00		
12	JONES	2975.00		

2:30 14行被选择，耗时0.062秒

图 6-33

例6-19：查询每个部门的部门号及员工的平均月薪，并按平均月薪降序排列，如图6-34所示。

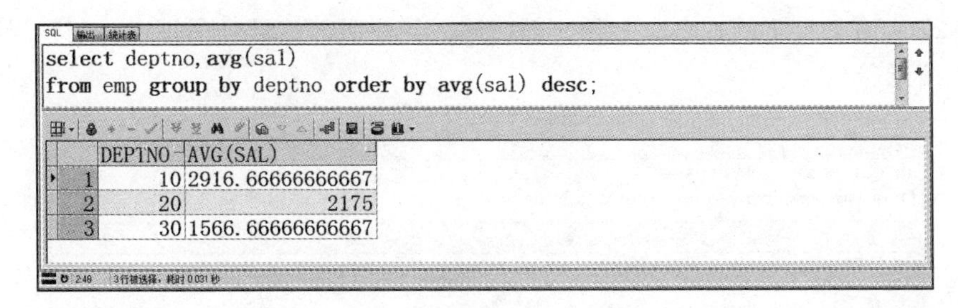

```sql
select deptno, avg(sal)
from emp group by deptno order by avg(sal) desc;
```

	DEPTNO	AVG(SAL)
1	10	2916.66666666667
2	20	2175
3	30	1566.66666666667

3行被选择，耗时 0.031 秒

图 6-34

例 6-20：在 Oracle 数据库中，查询员工的姓名、工种、年薪，并按年薪降序排序，但是 NULL 值要排在后面，如图 6-35 所示。

```sql
select ename, job, sal*12 + comm
from emp order by 3 desc nulls last;
```

	ENAME	JOB	SAL*12+COMM
1	ALLEN	ANALYST	19500
2	TURNER	SALESMAN	18000
3	MARTIN	SALESMAN	16400
4	WARD	SALESMAN	15500
5	SCOTT	ANALYST	
6	KING	PRESIDENT	
7	A%DAMS	CLERK	
8	JAMES	CLERK	
9	FORD	ANALYST	
10	MILLER	CLERK	
11	BLAKE	MANAGER	
12	JONES	MANAGER	

12行被选择，耗时 0.031 秒 [更多...]

图 6-35

例 6-21：在 SQL Server 数据库中，查询员工的姓名、工种、年薪，并按年薪降序排序，但是 NULL 值要排在前面，如图 6-36 所示。

```sql
select ename, job, sal *12 +comm
from emp order by isnull(comm, -1), 3 desc
```

	ename	job	(无列名)
7	JAMES	CLERK	NULL
8	FORD	ANALYST	NULL
9	MILLER	CLERK	NULL
10	TURNER	SALESMAN	18000.00
11	A%DAMS	CLERK	13200.00
12	ALLEN	ANALYST	19500.00
13	WARD	SALESMAN	15500.00

查询已成功执行。

图 6-36

例 6-22：查询员工的姓名、工种、部门号，并按照部门号升序排序、工种降序排列，如图 6-37 所示。

```
select ename, job, deptno
from emp order by deptno asc, job desc;
```

	ENAME	JOB	DEPTNO
1	KING	PRESIDENT	10
2	CLARK	MANAGER	10
3	MILLER	CLERK	10
4	JONES	MANAGER	20
5	A%DAMS	CLERK	20
6	SMITH	CLERK	20
7	SCOTT	ANALYST	20
8	FORD	ANALYST	20
9	MARTIN	SALESMAN	30
10	TURNER	SALESMAN	30
11	WARD	SALESMAN	30
12	BLAKE	MANAGER	30

图 6-37

6.5 空值

我们常说的数据库中的空值即 NULL 值。严格来讲，NULL 是一种不确定的值，所以它不能直接使用比较运算符来判断。如果使用比较运算符判断 NULL，则判断条件永远为假，如图 6-38 所示。很多程序员都会犯这种错误，或者由于粗心，或者由于没理解 NULL 的用法。

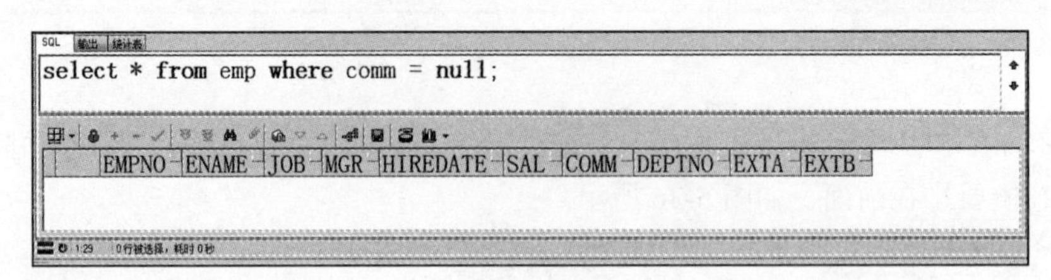

图 6-38

正确的 NULL 值比较是用 is null 来判断值为空，如图 6-39 所示；用 is not null 来判断值非空，如图 6-40 所示。

6.6 多表连接

在关系型数据库中，很少有业务只从一张表中查询数据，往往需要从多张表中查询数据，而多表连接正是把多个表连接成一个结果集的手段。在 SQL 中，常用的多表连接包含交叉连接、非等值连接和等值连接，而等值连接又分为内连接、外连接、自连接和自然连接。

接下来，对这些连接进行详细的说明并举例。

```
select * from emp where comm is null;
```

	EMPNO	ENAME	JOB	MGR	HIREDATE	SAL	COMM	DEPTNO	EXTA	EXTB
1	7369	SMITH	CLERK	7902	1980/12/17	800.00		20	1	2
2	7566	JONES	MANAGER	7839	1981/4/2	2975.00		20	1	2
3	7698	BLAKE	MANAGER	7839	1981/5/1	2850.00		30	1	2
4	7782	CLARK	MANAGER	7839	1981/6/9	2450.00		10	1	2
5	7788	SCOTT	ANALYST	7566	1987/4/19	3000.00		20	1	2
6	7839	KING	PRESIDENT		1981/11/17	5000.00		10	1	2
7	7876	A%DAMS	CLERK	7788	1987/5/23	1100.00		20	1	2
8	7900	JAMES	CLERK	7698	1981/12/3	950.00		30	1	2
9	7902	FORD	ANALYST	7566	1981/12/3	3000.00		20	1	2
10	7934	MILLER	CLERK	7782	1982/1/23	1300.00		10	1	2

图 6-39

```
select * from emp where comm is not null;
```

	EMPNO	ENAME	JOB	MGR	HIREDATE	SAL	COMM	DEPTNO	EXTA	EXTB
1	7499	ALLEN	ANALYST	7698	1981/2/20	1600.00	300.00	30	1	2
2	7521	WARD	SALESMAN	7698	1981/2/22	1250.00	500.00	30	1	2
3	7654	MARTIN	SALESMAN	7698	1981/9/28	1250.00	1400.00	30	1	2
4	7844	TURNER	SALESMAN	7698	1981/9/8	1500.00	0.00	30	1	2

图 6-40

6.6.1 交叉连接

交叉连接即笛卡儿积，如果表 A 与表 B 进行交叉连接，则表 A 中的任意一条记录与表 B 中的任意一条记录连接，组成一条新记录。

下面通过一个例子来帮助读者掌握交叉连接的知识。

例 6-23：将表 emp 与表 dept 进行交叉连接。

在 SQL99 标准中，交叉连接的关键字是 cross join。因为表 emp 中有 14 条记录，表 dept 中有 4 条记录，所以两张表交叉连接后查询到 56 条记录，如图 6-41 所示。

在关系型数据库中，对交叉连接进行了精简，用逗号代替 cross join，如图 6-42 所示，查询效果等同于图 6-41。

```sql
select * from emp cross join dept;
```

	EMPNO	ENAME	JOB	MGR	HIREDATE	SAL	COMM	DEPTNO	EXTA	EXTI
1	7369	SMITH	CLERK	7902	1980/12/17	800.00		20	1	
2	7499	ALLEN	ANALYST	7698	1981/2/20	1600.00	300.00	30	1	
3	7521	WARD	SALESMAN	7698	1981/2/22	1250.00	500.00	30	1	
4	7566	JONES	MANAGER	7839	1981/4/2	2975.00		20	1	
5	7654	MARTIN	SALESMAN	7698	1981/9/28	1250.00	1400.00	30	1	
6	7698	BLAKE	MANAGER	7839	1981/5/1	2850.00		30	1	
7	7782	CLARK	MANAGER	7839	1981/6/9	2450.00		10	1	
8	7788	SCOTT	ANALYST	7566	1987/4/19	3000.00		20	1	
9	7839	KING	PRESIDENT		1981/11/17	5000.00		10	1	
10	7844	TURNER	SALESMAN	7698	1981/9/8	1500.00	0.00	30	1	
11	7876	A%DAMS	CLERK	7788	1987/5/23	1100.00		20	1	
12	7900	JAMES	CLERK	7698	1981/12/3	950.00		30	1	

图 6-41

```sql
select * from emp,dept;
```

	EMPNO	ENAME	JOB	MGR	HIREDATE	SAL	COMM	DEPTNO	EXTA	EXTI
1	7369	SMITH	CLERK	7902	1980/12/17	800.00		20	1	
2	7499	ALLEN	ANALYST	7698	1981/2/20	1600.00	300.00	30	1	
3	7521	WARD	SALESMAN	7698	1981/2/22	1250.00	500.00	30	1	
4	7566	JONES	MANAGER	7839	1981/4/2	2975.00		20	1	
5	7654	MARTIN	SALESMAN	7698	1981/9/28	1250.00	1400.00	30	1	
6	7698	BLAKE	MANAGER	7839	1981/5/1	2850.00		30	1	
7	7782	CLARK	MANAGER	7839	1981/6/9	2450.00		10	1	
8	7788	SCOTT	ANALYST	7566	1987/4/19	3000.00		20	1	
9	7839	KING	PRESIDENT		1981/11/17	5000.00		10	1	
10	7844	TURNER	SALESMAN	7698	1981/9/8	1500.00	0.00	30	1	
11	7876	A%DAMS	CLERK	7788	1987/5/23	1100.00		20	1	
12	7900	JAMES	CLERK	7698	1981/12/3	950.00		30	1	

图 6-42

6.6.2 非等值连接

非等值连接是对多张表之间不具备相等的关联列进行的查询。

下面通过一个例子来帮助读者掌握非等值连接的知识。

例 6-24：查询所有员工的工号、姓名、月薪及月薪等级，如图 6-43 所示。

```sql
select empno,ename,sal,grade
from emp,salgrade
where sal between losal and hisal;
```

	EMPNO	ENAME	SAL	GRADE
1	7369	SMITH	800.00	1
2	7900	JAMES	950.00	1
3	7876	A%DAMS	1100.00	1
4	7521	WARD	1250.00	2
5	7654	MARTIN	1250.00	2
6	7934	MILLER	1300.00	2
7	7844	TURNER	1500.00	3
8	7499	ALLEN	1600.00	3
9	7782	CLARK	2450.00	4
10	7698	BLAKE	2850.00	4
11	7566	JONES	2975.00	4

图 6-43

6.6.3 等值连接之内连接

等值连接是对多张表之间具备相等的关联列进行的查询。内连接使用比较运算符，根据每个表共有的列的值匹配两个表中的行。显式的内连接使用关键字 inner join 连接表，on 关键字后面跟匹配条件，如图 6-44 所示。

```
select * from emp inner join dept
on emp.deptno = dept.deptno
where emp.deptno = 10;
```

	EMPNO	ENAME	JOB	MGR	HIREDATE	SAL	COMM	DEPTNO	EXTA	EXTB	D
1	7782	CLARK	MANAGER	7839	1981/6/9	2450.00		10	1	2	
2	7839	KING	PRESIDENT		1981/11/17	5000.00		10	1	2	
3	7934	MILLER	CLERK	7782	1982/1/23	1300.00		10	1	2	

图 6-44

隐式的内连接没有关键字 inner join，它用逗号隔开每个关联表，根据 where 条件限制需要选择的记录，如图 6-45 所示。这种方法是使用频率最高的多表连接操作。使用此连接时，一定要注意不要漏掉关联字段的判断条件，特别是当表多了之后，很容易就漏掉一个判断条件，一旦某个表的连接条件漏掉了，对于这张表来说就变成了笛卡儿积，因为笛卡儿积也是用逗号隔开多个表的。在项目中很容易出现这种漏掉的情况，这种由于程序员粗心造成的问题有时候是很难发现的。笛卡儿积不仅造成了查询结果的错误，而且由于查询结果数据量的暴涨，将严重影响系统的性能。

```
select * from emp,dept
where emp.deptno = dept.deptno
and emp.deptno = 10;
```

	EMPNO	ENAME	JOB	MGR	HIREDATE	SAL	COMM	DEPTNO	EXTA	EXTB	D
1	7782	CLARK	MANAGER	7839	1981/6/9	2450.00		10	1	2	
2	7839	KING	PRESIDENT		1981/11/17	5000.00		10	1	2	
3	7934	MILLER	CLERK	7782	1982/1/23	1300.00		10	1	2	

图 6-45

很多读者可能对笛卡儿积和内连接都使用逗号隔开表有疑问，甚至有人认为图 6-45 所执行的 SQL 语句，是先对 emp 表和 dept 表进行笛卡儿积，然后再根据 where 条件过滤出需要的记录。如果数据库真按照这种思路执行的话，试想一下，效率得有多低啊。

为了弄清楚内连接会不会进行笛卡儿积运算的问题，我们看一下图 6-45 的 SQL 语句在数据库中的执行过程，如图 6-46 所示。可看到，数据库并没有先执行笛卡儿积，而是先根据 deptno=10 在 dept 表中找到了部门号为 10 的部门记录，然后进行与 emp 表中记录的连接。虽然交叉连接和内连接都使用逗号分隔表，但是数据库管理系统会根据查询条件，按照自己认为效率最高的步骤进行查询操作。

```
select * from emp, dept
where emp.deptno = dept.deptno
and emp.deptno = 10
```

Description	对象所有者	对象名称	耗
SELECT STATEMENT, GOAL = ALL_ROWS			4
NESTED LOOPS			4
TABLE ACCESS BY INDEX ROWID	SCOTT	DEPT	1
INDEX UNIQUE SCAN	SCOTT	PK_DEPT	0
TABLE ACCESS FULL	SCOTT	EMP	3

图 6-46

6.6.4 等值连接之外连接

为了后面举例的效果，我们先将工号为 7788 的员工的部门号更新成 null，如图 6-47 所示。

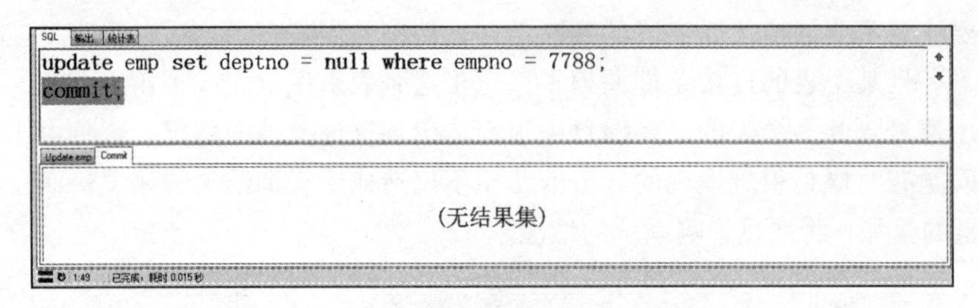

图 6-47

外连接分左连接、右连接、全连接 3 种。下面分别给出这 3 种外连接的详细介绍。

左连接的结果集包括 LEFT OUTER 子句中指定的左表的所有行，而不仅仅是连接列所匹配的行。如果左表的某行在右表中没有匹配的行，则在相关联的结果集行中右表的所有选择列均为空值。

标准左连接的 SQL 写法使用 left outer join 连接表，如图 6-48 所示。注意看工号为 7788 的记录，可以看到，在找不到对应的部门信息的情况下，部门号和部门名称显示了空值。也可以使用 left join 连接表，如图 6-49 所示。

Oracle 数据库提供了更简洁的写法，用逗号连接表，在关联条件的右边加上“(+)”，实现左连接，如图 6-50 所示。

SQL Server 数据库也有精简写法，在关联条件的左边加上“*”。但是 SQL Server 数据库现在不建议使用这种写法。SQL Server 2005 之后的版本在默认情况下运行如图 6-51 所示的 SQL 语句会报错。详细错误信息如下：

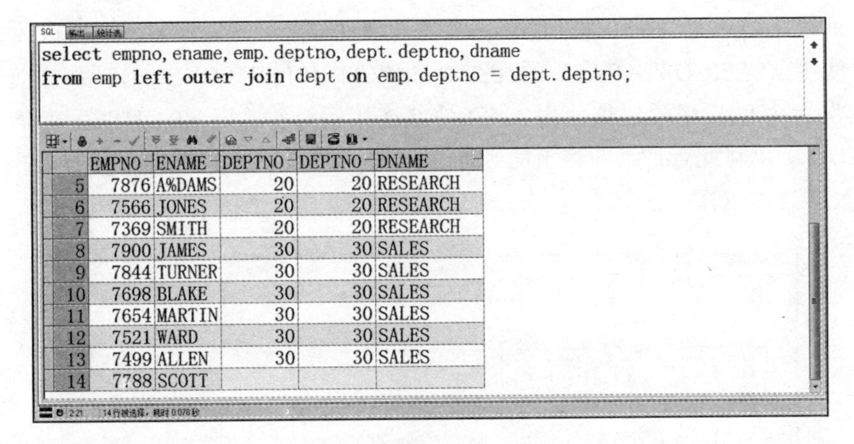

```
select empno, ename, emp.deptno, dept.deptno, dname
from emp left outer join dept on emp.deptno = dept.deptno;
```

	EMPNO	ENAME	DEPTNO	DEPTNO	DNAME
5	7876	A%DAMS	20	20	RESEARCH
6	7566	JONES	20	20	RESEARCH
7	7369	SMITH	20	20	RESEARCH
8	7900	JAMES	30	30	SALES
9	7844	TURNER	30	30	SALES
10	7698	BLAKE	30	30	SALES
11	7654	MARTIN	30	30	SALES
12	7521	WARD	30	30	SALES
13	7499	ALLEN	30	30	SALES
14	7788	SCOTT			

图 6-48

```
select empno, ename, emp.deptno, dept.deptno, dname
from emp left join dept on emp.deptno = dept.deptno;
```

	EMPNO	ENAME	DEPTNO	DEPTNO	DNAME
5	7876	A%DAMS	20	20	RESEARCH
6	7566	JONES	20	20	RESEARCH
7	7369	SMITH	20	20	RESEARCH
8	7900	JAMES	30	30	SALES
9	7844	TURNER	30	30	SALES
10	7698	BLAKE	30	30	SALES
11	7654	MARTIN	30	30	SALES
12	7521	WARD	30	30	SALES
13	7499	ALLEN	30	30	SALES
14	7788	SCOTT			

图 6-49

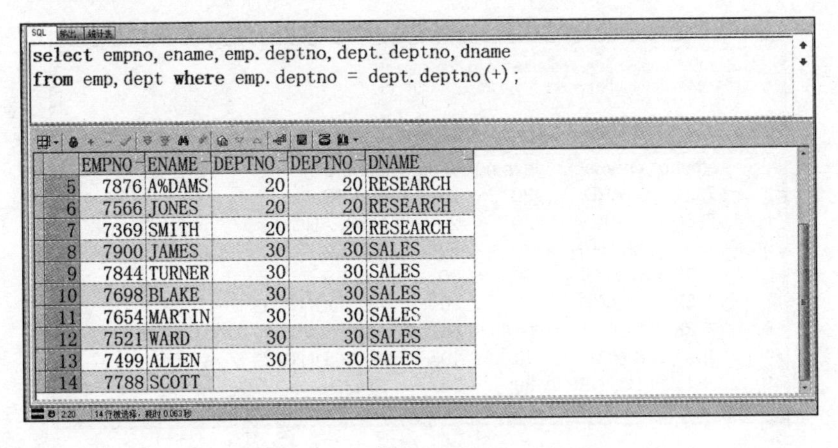

```
select empno, ename, emp.deptno, dept.deptno, dname
from emp, dept where emp.deptno = dept.deptno(+);
```

	EMPNO	ENAME	DEPTNO	DEPTNO	DNAME
5	7876	A%DAMS	20	20	RESEARCH
6	7566	JONES	20	20	RESEARCH
7	7369	SMITH	20	20	RESEARCH
8	7900	JAMES	30	30	SALES
9	7844	TURNER	30	30	SALES
10	7698	BLAKE	30	30	SALES
11	7654	MARTIN	30	30	SALES
12	7521	WARD	30	30	SALES
13	7499	ALLEN	30	30	SALES
14	7788	SCOTT			

图 6-50

此查询使用的不是 ANSI 外部连接运算符（"*=" 或 "=*"）。若要不进行修改即运行此查询，请使用 ALTER DATABASE 的 SET COMPATIBILITY_LEVEL 选项将当前数据库的兼容级别设置为 80。强烈建议使用 ANSI 外部连接运算符（LEFT OUTER JOIN、RIGHT OUTER JOIN）重写此查询。在将来的 SQL Server 版本中，即使在向后兼容模式下，也不支持非 ANSI 连接运算符。

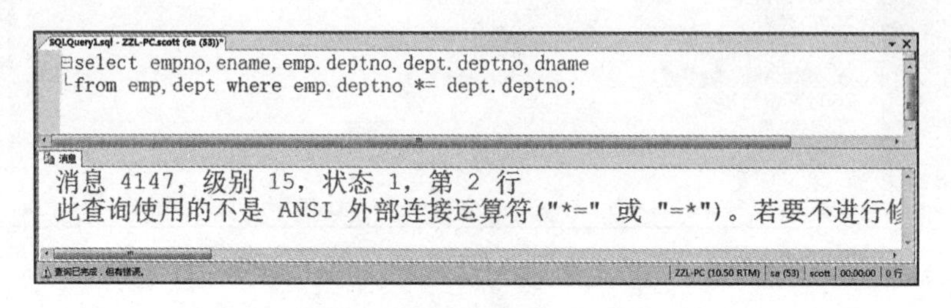

图 6-51

将 SCOTT 数据库的兼容级别设置为 80，如图 6-52 所示。

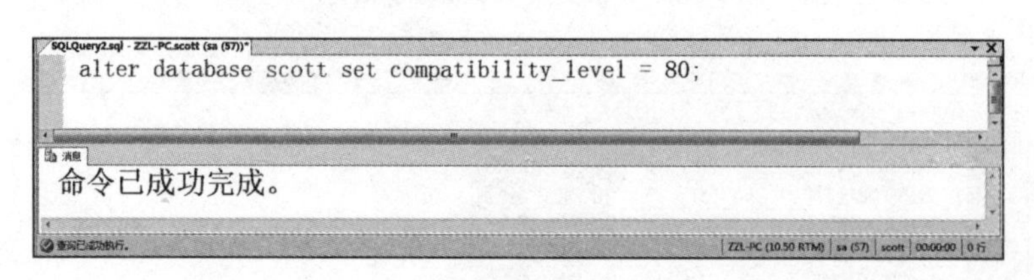

图 6-52

再执行精简的左连接 SQL 语句，可以查询到正确的结果，如图 6-53 所示。根据 SQL Server 数据库的错误提示，我们可以看到在 SQL Server 2005 之后的版本中，微软不保证向后兼容此种写法，但是 SQL Server 2008 R2 通过设置兼容级别还是支持此种写法的。当然，既然微软已经警告了，我们尽量不要再使用此种写法了。

```
select empno, ename, emp. deptno, dept. deptno, dname
from emp, dept where emp. deptno *= dept. deptno;
```

	empno	ename	deptno	deptno	dname
3	7521	WARD	30	30	SALES
4	7566	JONES	20	20	RESEARCH
5	7654	MARTIN	30	30	SALES
6	7698	BLAKE	30	30	SALES
7	7782	CLARK	10	10	ACCOUNTING
8	7788	SCOTT	NULL	NULL	NULL
9	7839	KING	10	10	ACCOUNTING
10	7844	TURNER	30	30	SALES

图 6-53

右连接的结果集包括 right outer 子句中指定的右表的所有行，而不仅仅是连接列所匹配的行。如果右表的某行在左表中没有匹配的行，则在相关联的结果集行中左表的所有选择列均为空值。

标准右连接的 SQL 写法使用 right outer join 连接表，如图 6-54 所示。因为部门号为 40 的部门没有任何员工，所以通过右连接之后，对应的员工信息相关的字段显示了空值。也可以使用 right join 连接表，如图 6-55 所示。

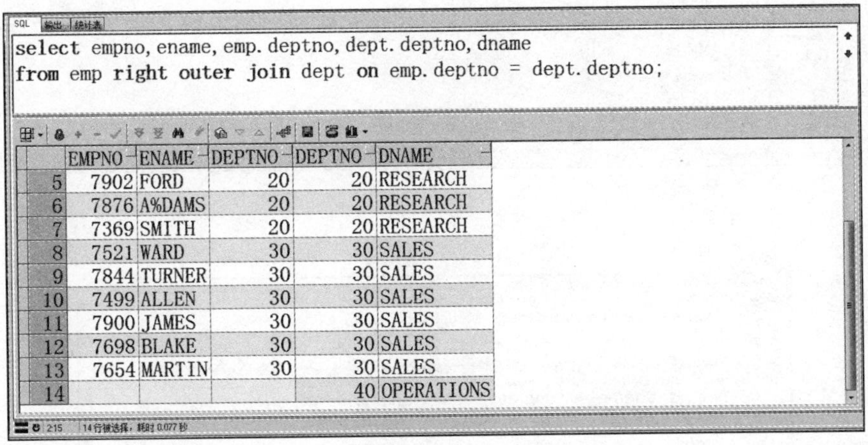
SQL
select empno, ename, emp.deptno, dept.deptno, dname
from emp right outer join dept on emp.deptno = dept.deptno;
EMPNO ENAME DEPTNO DEPTNO DNAME
5 7902 FORD 20 20 RESEARCH
6 7876 A%DAMS 20 20 RESEARCH
7 7369 SMITH 20 20 RESEARCH
8 7521 WARD 30 30 SALES
9 7844 TURNER 30 30 SALES
10 7499 ALLEN 30 30 SALES
11 7900 JAMES 30 30 SALES
12 7698 BLAKE 30 30 SALES
13 7654 MARTIN 30 30 SALES
14 40 OPERATIONS
2:15
14行被选择，耗时 0.077 秒

图 6-54

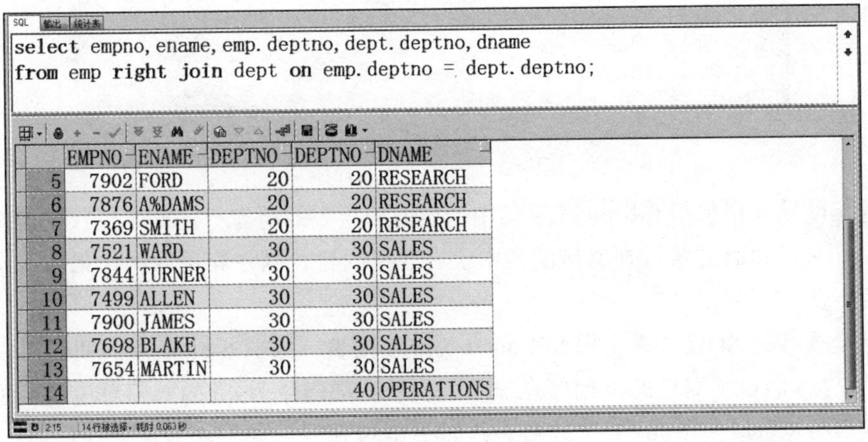
SQL
select empno, ename, emp.deptno, dept.deptno, dname
from emp right join dept on emp.deptno = dept.deptno;
EMPNO ENAME DEPTNO DEPTNO DNAME
5 7902 FORD 20 20 RESEARCH
6 7876 A%DAMS 20 20 RESEARCH
7 7369 SMITH 20 20 RESEARCH
8 7521 WARD 30 30 SALES
9 7844 TURNER 30 30 SALES
10 7499 ALLEN 30 30 SALES
11 7900 JAMES 30 30 SALES
12 7698 BLAKE 30 30 SALES
13 7654 MARTIN 30 30 SALES
14 40 OPERATIONS
2:15
14行被选择，耗时 0.063 秒

图 6-55

Oracle 数据库提供了更简洁的写法，用逗号连接表，在关联条件的左边加上“(+)”，实现右连接，如图 6-56 所示。

SQL Server 数据库右连接的精简写法是在关联条件的右边加上“ *”，如图 6-57 所示。与图 6-51 所示的左连接一样，微软已经不再推荐使用此种简写方法。

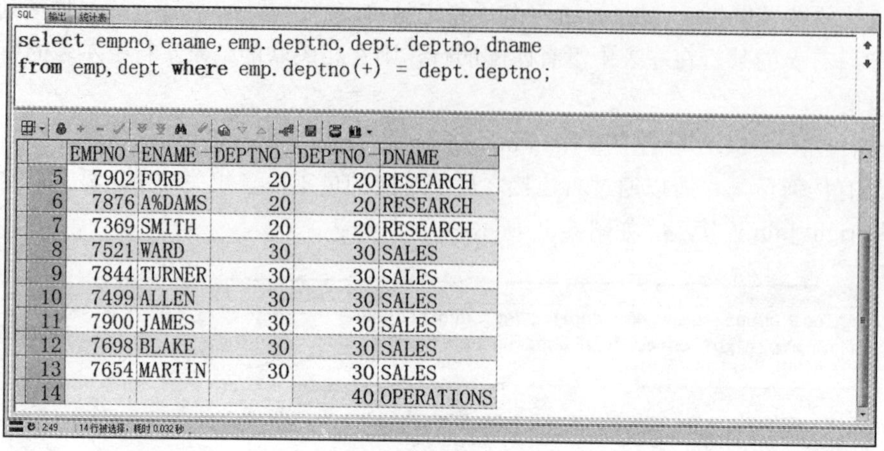

```
select empno, ename, emp.deptno, dept.deptno, dname
from emp, dept where emp.deptno(+) = dept.deptno;
```

	EMPNO	ENAME	DEPTNO	DEPTNO	DNAME
5	7902	FORD	20	20	RESEARCH
6	7876	A%DAMS	20	20	RESEARCH
7	7369	SMITH	20	20	RESEARCH
8	7521	WARD	30	30	SALES
9	7844	TURNER	30	30	SALES
10	7499	ALLEN	30	30	SALES
11	7900	JAMES	30	30	SALES
12	7698	BLAKE	30	30	SALES
13	7654	MARTIN	30	30	SALES
14				40	OPERATIONS

图 6-56

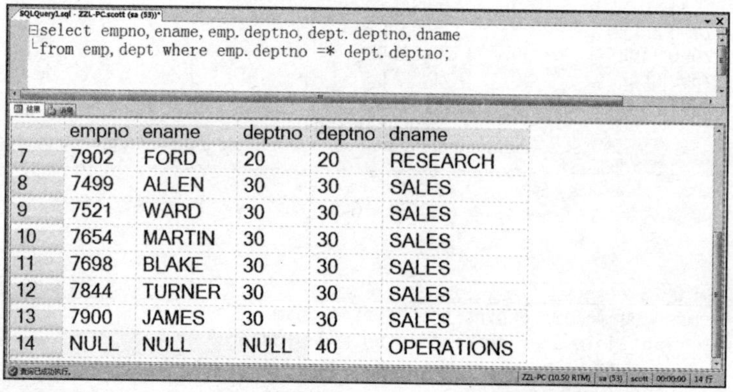

```
select empno, ename, emp.deptno, dept.deptno, dname
from emp, dept where emp.deptno =* dept.deptno;
```

	empno	ename	deptno	deptno	dname
7	7902	FORD	20	20	RESEARCH
8	7499	ALLEN	30	30	SALES
9	7521	WARD	30	30	SALES
10	7654	MARTIN	30	30	SALES
11	7698	BLAKE	30	30	SALES
12	7844	TURNER	30	30	SALES
13	7900	JAMES	30	30	SALES
14	NULL	NULL	NULL	40	OPERATIONS

图 6-57

全连接的结果集包括 full outer 子句中指定的两边表的所有行，而不仅仅是连接列所匹配的行。如果两边表的某行在对应的表中没有匹配的行，则在相关联的结果集行中所有选择列均为空值。

标准全连接的 SQL 写法使用 full outer join 连接表，如图 6-58 所示。我们可以看到员工工号为 7788 的员工对应的部门信息显示了空值，部门号为 40 的部门对应的员工信息也显示了空值。也可以使用 full join 连接表，如图 6-59 所示。

6.6.5 等值连接之自连接

自连接是表自己跟自己的连接。自连接必须使用表别名。表别名的知识在 6.9 节中进行详细介绍。

例 6-25：查询员工的工号、姓名及直接领导的工号、姓名，如图 6-60 所示。

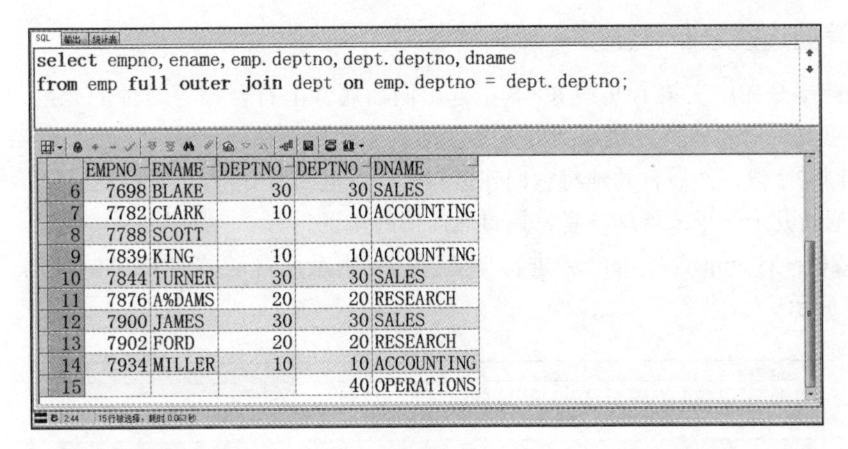

```
select empno, ename, emp.deptno, dept.deptno, dname
from emp full outer join dept on emp.deptno = dept.deptno;
```

	EMPNO	ENAME	DEPTNO	DEPTNO	DNAME
6	7698	BLAKE	30	30	SALES
7	7782	CLARK	10	10	ACCOUNTING
8	7788	SCOTT			
9	7839	KING	10	10	ACCOUNTING
10	7844	TURNER	30	30	SALES
11	7876	A%DAMS	20	20	RESEARCH
12	7900	JAMES	30	30	SALES
13	7902	FORD	20	20	RESEARCH
14	7934	MILLER	10	10	ACCOUNTING
15				40	OPERATIONS

图 6-58

```
select empno, ename, emp.deptno, dept.deptno, dname
from emp full join dept on emp.deptno = dept.deptno;
```

	EMPNO	ENAME	DEPTNO	DEPTNO	DNAME
6	7698	BLAKE	30	30	SALES
7	7782	CLARK	10	10	ACCOUNTING
8	7788	SCOTT			
9	7839	KING	10	10	ACCOUNTING
10	7844	TURNER	30	30	SALES
11	7876	A%DAMS	20	20	RESEARCH
12	7900	JAMES	30	30	SALES
13	7902	FORD	20	20	RESEARCH
14	7934	MILLER	10	10	ACCOUNTING
15				40	OPERATIONS

图 6-59

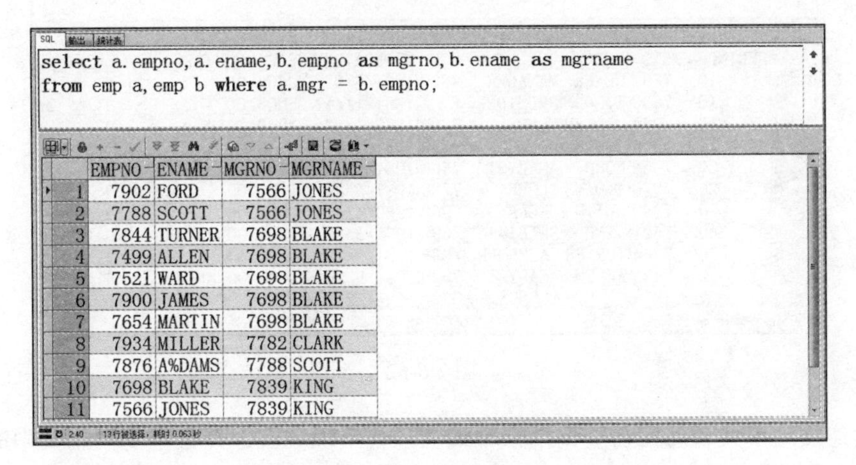

```
select a.empno, a.ename, b.empno as mgrno, b.ename as mgrname
from emp a, emp b where a.mgr = b.empno;
```

	EMPNO	ENAME	MGRNO	MGRNAME
1	7902	FORD	7566	JONES
2	7788	SCOTT	7566	JONES
3	7844	TURNER	7698	BLAKE
4	7499	ALLEN	7698	BLAKE
5	7521	WARD	7698	BLAKE
6	7900	JAMES	7698	BLAKE
7	7654	MARTIN	7698	BLAKE
8	7934	MILLER	7782	CLARK
9	7876	A%DAMS	7788	SCOTT
10	7698	BLAKE	7839	KING
11	7566	JONES	7839	KING

图 6-60

6.6.6 等值连接之自然连接

自然连接是在广义笛卡儿积 R×S 中选出同名属性上符合相等条件的元组，再进行投影，去掉重复的同名属性，组成新的关系。即自然连接是在两张表中寻找那些数据类型和列名都相同的字段，然后自动地将它们连接起来，并返回所有符合条件的结果。

下面通过几个例子来帮助读者掌握自然连接的知识。

例 6-26：对 emp 表和 dept 表进行自然连接，则系统自动按照 DEPTNO 列进行连接，如图 6-61 所示。

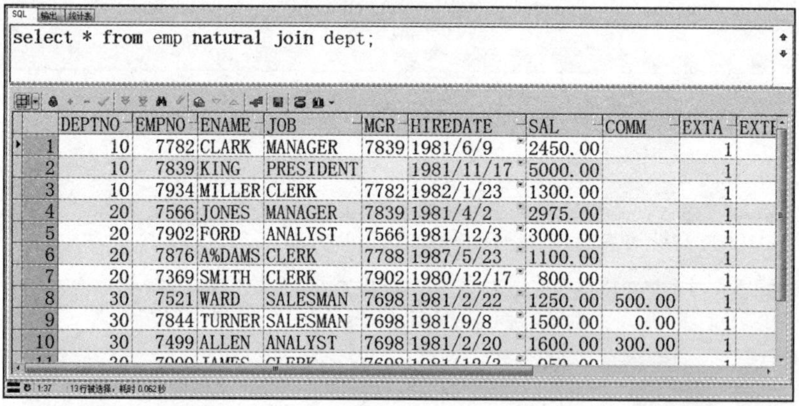

SQL 输出 统计表

```sql
select * from emp natural join dept;
```

	DEPTNO	EMPNO	ENAME	JOB	MGR	HIREDATE	SAL	COMM	EXTA	EXTB
1	10	7782	CLARK	MANAGER	7839	1981/6/9	2450.00		1	
2	10	7839	KING	PRESIDENT		1981/11/17	5000.00		1	
3	10	7934	MILLER	CLERK	7782	1982/1/23	1300.00		1	
4	20	7566	JONES	MANAGER	7839	1981/4/2	2975.00		1	
5	20	7902	FORD	ANALYST	7566	1981/12/3	3000.00		1	
6	20	7876	A%DAMS	CLERK	7788	1987/5/23	1100.00		1	
7	20	7369	SMITH	CLERK	7902	1980/12/17	800.00		1	
8	30	7521	WARD	SALESMAN	7698	1981/2/22	1250.00	500.00	1	
9	30	7844	TURNER	SALESMAN	7698	1981/9/8	1500.00	0.00	1	
10	30	7499	ALLEN	ANALYST	7698	1981/2/20	1600.00	300.00	1	

1:37 13行被选择，耗时 0.062秒

图 6-61

如果两张表中包含多个相同的列，而只需要对其中部分列进行关联，则可以使用 join 连接表，然后通过 using 指定关联列，如图 6-62 所示。

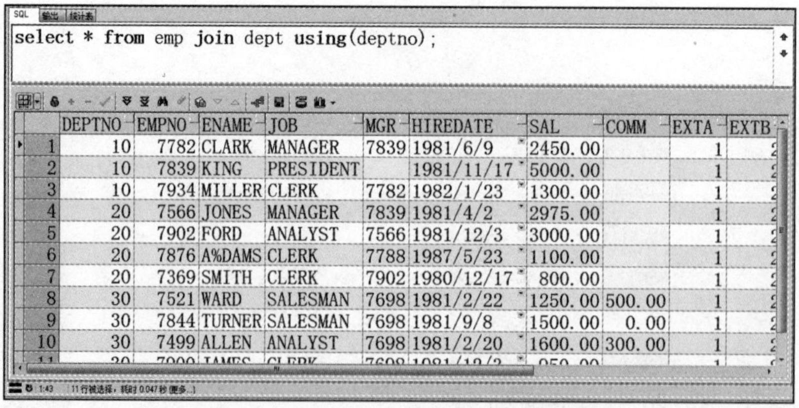

SQL 输出 统计表

```sql
select * from emp join dept using(deptno);
```

	DEPTNO	EMPNO	ENAME	JOB	MGR	HIREDATE	SAL	COMM	EXTA	EXTB
1	10	7782	CLARK	MANAGER	7839	1981/6/9	2450.00		1	2
2	10	7839	KING	PRESIDENT		1981/11/17	5000.00		1	2
3	10	7934	MILLER	CLERK	7782	1982/1/23	1300.00		1	2
4	20	7566	JONES	MANAGER	7839	1981/4/2	2975.00		1	2
5	20	7902	FORD	ANALYST	7566	1981/12/3	3000.00		1	2
6	20	7876	A%DAMS	CLERK	7788	1987/5/23	1100.00		1	2
7	20	7369	SMITH	CLERK	7902	1980/12/17	800.00		1	2
8	30	7521	WARD	SALESMAN	7698	1981/2/22	1250.00	500.00	1	2
9	30	7844	TURNER	SALESMAN	7698	1981/9/8	1500.00	0.00	1	2
10	30	7499	ALLEN	ANALYST	7698	1981/2/20	1600.00	300.00	1	2

1:43 11行被选择，耗时 0.047秒 [更多...]

图 6-62

自然连接用于关联的列在查询结果中最多只会出现一次，并且不能使用其中的表进行前缀标识，如图 6-63 所示。

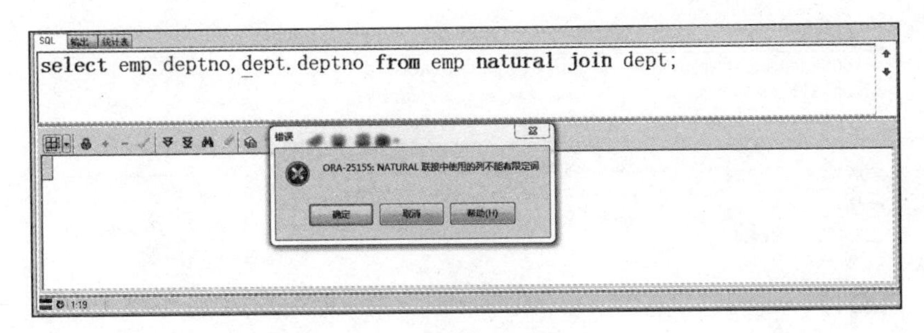

图 6-63

6.7 集合运算

集合运算是 SQL 中常用的一种运算，它是建立在多个集合上的运算，主要包括并集、交集和差集。顾名思义，并集就是将多个结果集合并成一个结果集，作为要查询的结果集；交集是提取多个结果集中公共的记录作为要查询的结果集；差集是从集合中排除掉另一个集合中出现过的记录，将剩余的记录作为要查询的结果集。

6.7.1 并集

并集是项目中经常使用的一种集合运算，使用关键字 union 将两个列数相同并且各列类型一致的结果集合并。用 union 进行合并会自动去掉重复记录，如果需要保持所有记录，不进行去重处理，可以使用 union all 来合并结果集。

例 6-27：查询所有在 Oracle 公司就职过的员工，如图 6-64 所示。

```
select * from emp
union all
select * from emp_his;
```

	EMPNO	ENAME	JOB	MGR	HIREDATE	SAL	COMM	DEPTNO	EXTA	EXTI
1	7369	SMITH	CLERK	7902	1980/12/17	800.00		20	1	
2	7499	ALLEN	ANALYST	7698	1981/2/20	1600.00	300.00	30	1	
3	7521	WARD	SALESMAN	7698	1981/2/22	1250.00	500.00	30	1	
4	7566	JONES	MANAGER	7839	1981/4/2	2975.00		20	1	
5	7654	MARTIN	SALESMAN	7698	1981/9/28	1250.00	1400.00	30	1	
6	7698	BLAKE	MANAGER	7839	1981/5/1	2850.00		30	1	
7	7782	CLARK	MANAGER	7839	1981/6/9	2450.00		10	1	
8	7788	SCOTT	ANALYST	7566	1987/4/19	3000.00			1	
9	7839	KING	PRESIDENT		1981/11/17	5000.00		10	1	
10	7844	TURNER	SALESMAN	7698	1981/9/8	1500.00	0.00	30	1	

14 行被选择，耗时 0.062 秒

图 6-64

查询有过就职员工的部门，不去重的结果如图 6-65 所示。可以看到，相同的部门出现了多次。如图 6-66 所示是去重后的结果，相同的部门只出现一次。

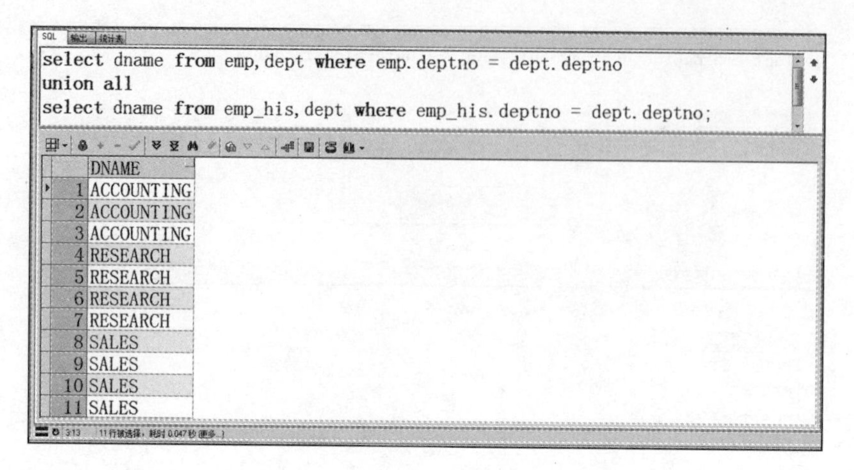
```
select dname from emp,dept where emp.deptno = dept.deptno
union all
select dname from emp_his,dept where emp_his.deptno = dept.deptno;
```

	DNAME
1	ACCOUNTING
2	ACCOUNTING
3	ACCOUNTING
4	RESEARCH
5	RESEARCH
6	RESEARCH
7	RESEARCH
8	SALES
9	SALES
10	SALES
11	SALES

图 6-65

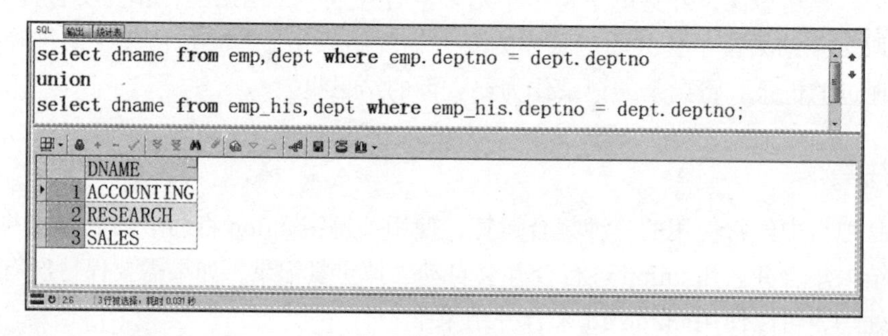
```
select dname from emp,dept where emp.deptno = dept.deptno
union
select dname from emp_his,dept where emp_his.deptno = dept.deptno;
```

	DNAME
1	ACCOUNTING
2	RESEARCH
3	SALES

图 6-66

6.7.2 交集

交集即两个集合中公共记录的集合。

下面通过一个例子来帮助读者掌握交集的知识。

首先，基于表EMP进行建表新增，新建表EMP_CLERK，将EMP表中工种为职员的员工记录插入表EMP_CLERK中，SQL Server数据库的写法如图6-67所示，Oracle数据库的写法如图6-68所示。

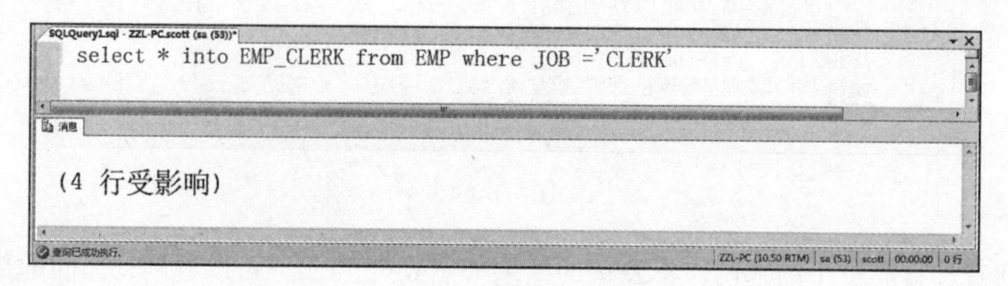
```
select * into EMP_CLERK from EMP where JOB ='CLERK'
```

(4 行受影响)

图 6-67

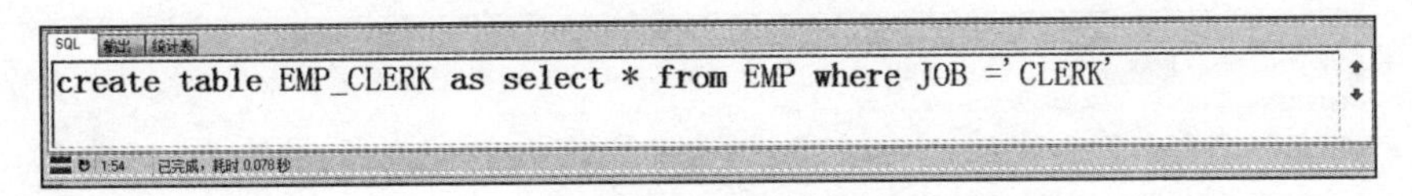

图　6-68

最后在表 emp 和表 emp_clerk 上进行交集运算，此时工种为职员的员工记录成了两个表公共的记录，查询结果如图 6-69 所示。

```
select * from emp
intersect
select * from emp_clerk;
```

	EMPNO	ENAME	JOB	MGR	HIREDATE	SAL	COMM	DEPTNO	EXTA	EXTB
1	7369	SMITH	CLERK	7902	1980/12/17	800.00		20	1	2
2	7876	A%DAMS	CLERK	7788	1987/5/23	1100.00		20	1	2
3	7900	JAMES	CLERK	7698	1981/12/3	950.00		30	1	2
4	7934	MILLER	CLERK	7782	1982/1/23	1300.00		10	1	2

图　6-69

6.7.3 差集

差集即从当前结果集中排除另一个结果集中相同的记录后剩余的记录。我们继续使用上一节中的表 emp 和表 emp_clerk 举例说明。SQL Server 数据库中差集的关键字是 Except，写法如图 6-70 所示，Oracle 数据库中差集的关键字是 minus，写法如图 6-71 所示。可以看到，差集运算成功地将工种为职员的员工记录排除掉了。

```
select * from emp
except
select * from emp_clerk;
```

	EMPNO	ENAME	JOB	MGR	HIREDATE	SAL	COMM
1	7499	ALLEN	ANALYST	7698	1981-02-20	1600.00	300.00
2	7521	WARD	SALESMAN	7698	1981-02-22	1250.00	500.00
3	7566	JONES	MANAGER	7839	1981-04-02	2975.00	NULL
4	7654	MARTIN	SALESMAN	7698	1981-09-28	1250.00	1400.00
5	7698	BLAKE	MANAGER	7839	1981-05-01	2850.00	NULL
6	7782	CLARK	MANAGER	7839	1981-09-06	2450.00	NULL
7	7788	SCOTT	ANALYST	7566	1987-04-19	3000.00	NULL
8	7839	KING	PRESIDENT	NULL	1981-11-17	5000.00	NULL

图　6-70

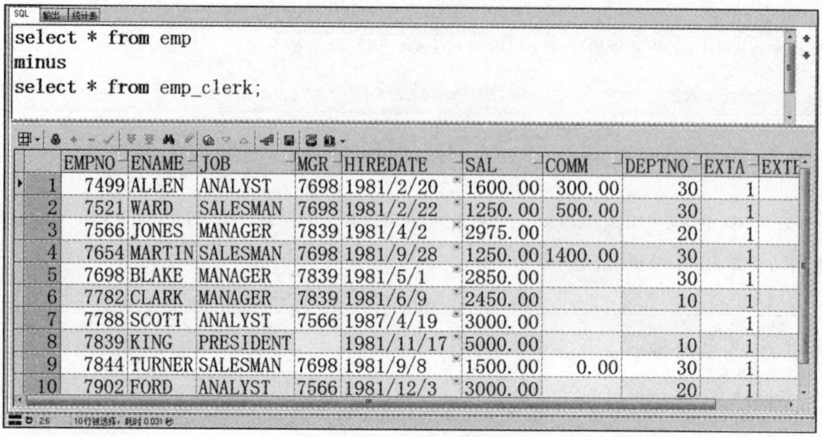

```
select * from emp
minus
select * from emp_clerk;
```

	EMPNO	ENAME	JOB	MGR	HIREDATE	SAL	COMM	DEPTNO	EXTA	EXTB
1	7499	ALLEN	ANALYST	7698	1981/2/20	1600.00	300.00	30	1	
2	7521	WARD	SALESMAN	7698	1981/2/22	1250.00	500.00	30	1	
3	7566	JONES	MANAGER	7839	1981/4/2	2975.00		20	1	
4	7654	MARTIN	SALESMAN	7698	1981/9/28	1250.00	1400.00	30	1	
5	7698	BLAKE	MANAGER	7839	1981/5/1	2850.00		30	1	
6	7782	CLARK	MANAGER	7839	1981/6/9	2450.00		10	1	
7	7788	SCOTT	ANALYST	7566	1987/4/19	3000.00			1	
8	7839	KING	PRESIDENT		1981/11/17	5000.00		10	1	
9	7844	TURNER	SALESMAN	7698	1981/9/8	1500.00	0.00	30	1	
10	7902	FORD	ANALYST	7566	1981/12/3	3000.00		20	1	

图 6-71

6.8 子查询

子查询是查询中又包含查询的一种写法。由于业务逻辑及范式的要求，单一表就能实现的功能非常少见，稍微复杂一点的SQL语句中基本上都会包含子查询。常见的子查询如下：

- 多行单列子查询
- 多行多列子查询
- 单行单列子查询
- 单行多列子查询
- 内联视图
- 关联子查询

接下来，对这些子查询进行详细的介绍。

6.8.1 多行单列子查询

多行单列子查询是指子查询返回多行单列记录的子查询。因为记录行数多于一行，所以不能使用明确比较大小的类似=、<>这样的比较运算符。多行子查询有自己的比较符，有IN、>ANY、>ALL、<ANY、<ALL。

例6-28：查询所有拥有下属员工的员工的姓名，如图6-72所示。

查询所有没有下属员工的员工的姓名用如图6-73所示的语句执行后，结果为空。怎么会没有基层员工呢，问题出在员工KING上，他是没有直接领导的员工，所以，子查询的结果集中包含了NULL，而not in会与子查询中的每个值进行比较，NULL参与了比较所以为假，从而查询不到记录。一种变通的写法如图6-74所示，即将MGR为NULL值转换成一个不会被EMPNO使用的值。如图6-74所示的写法是Oracle数据库的写法，SQL Server数据库的写法是用isnull函数替换nvl函数。

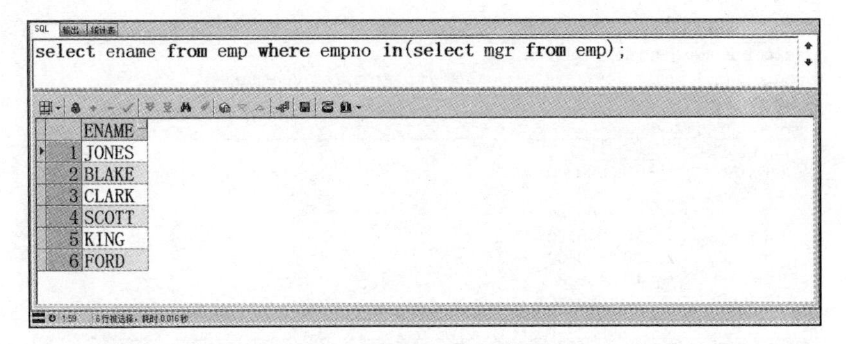

SQL 输出 统计表
select ename from emp where empno in(select mgr from emp);
ENAME
1 JONES
2 BLAKE
3 CLARK
4 SCOTT
5 KING
6 FORD
1:59 6行被选择，耗时0.016秒

图 6-72

SQL 输出 统计表
select ename from emp where empno not in(select mgr from emp);
ENAME
1:39 0行被选择，耗时0.016秒

图 6-73

SQL 输出 统计表
select ename from emp where empno not in(select nvl(mgr,0) from emp);
ENAME
1 SMITH
2 ALLEN
3 WARD
4 MARTIN
5 TURNER
6 A%DAMS
7 JAMES
8 MILLER
1:59 8行被选择，耗时0.016秒

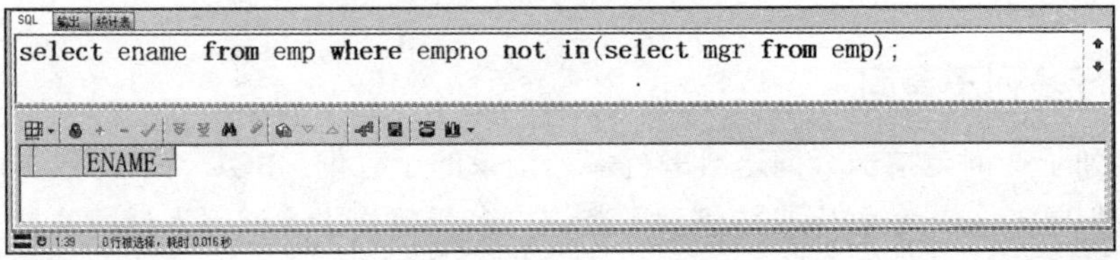

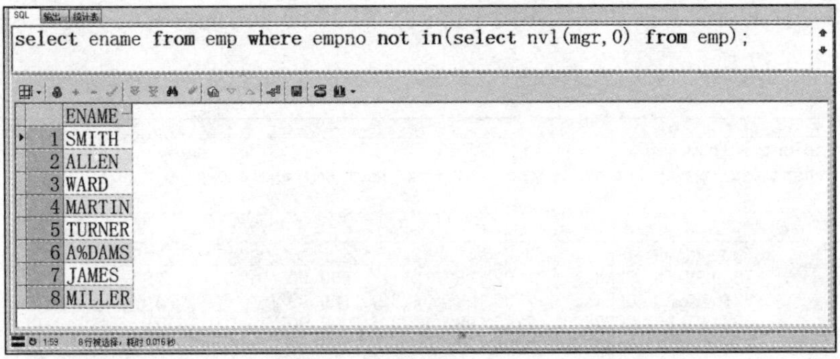

图 6-74

查询月薪大于所有部门平均月薪的员工的姓名、部门号及月薪，如图 6-75 所示。

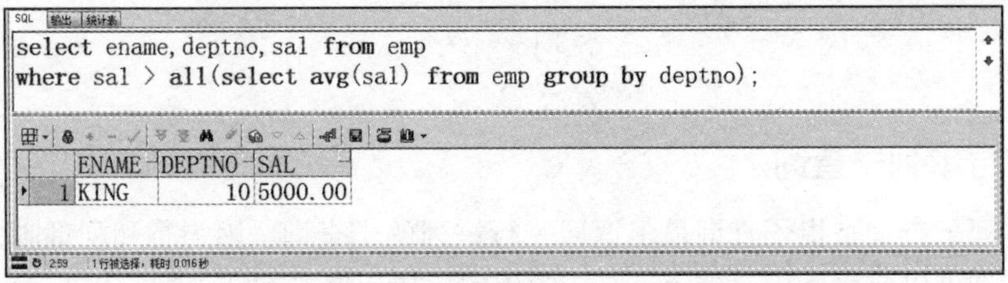

SQL 输出 统计表
select ename, deptno, sal from emp
where sal > all(select avg(sal) from emp group by deptno);
ENAME DEPTNO SAL
1 KING 10 5000.00
2:59 1行被选择，耗时0.016秒

图 6-75

查询月薪大于任意部门平均月薪的员工的姓名、部门号及月薪，如图 6-76 所示。

```sql
select ename, deptno, sal from emp
where sal > any(select avg(sal) from emp group by deptno);
```

	ENAME	DEPTNO	SAL
1	KING	10	5000.00
2	FORD	20	3000.00
3	SCOTT		3000.00
4	JONES	20	2975.00
5	BLAKE	30	2850.00
6	CLARK	10	2450.00
7	ALLEN	30	1600.00

图 6-76

6.8.2 多行多列子查询

多行多列子查询是指子查询返回多行多列记录的子查询。SQL Server 数据库不支持该种子查询，但是 Oracle 数据库支持该种子查询。多行多列子查询因为返回的是多行多列记录，而多行多列记录是不能直接比较大小的，所以不能使用直接比较大小的 = 和 <> 比较符，能使用的比较符有限，只能使用 in 和 not in。

例 6-29：查询所有月薪和佣金不同于部门号为 30 的部门的所有员工的月薪及佣金的员工信息，如图 6-77 所示。

```sql
select * from emp
where (sal, comm) not in (select sal, comm from emp where deptno = 30);
```

	EMPNO	ENAME	JOB	MGR	HIREDATE	SAL	COMM	DEPTNO	EXTA	EXTB
1	7369	SMITH	CLERK	7902	1980/12/17	800.00		20	1	2
2	7876	A%DAMS	CLERK	7788	1987/5/23	1100.00		20	1	2
3	7934	MILLER	CLERK	7782	1982/1/23	1300.00		10	1	2
4	7782	CLARK	MANAGER	7839	1981/6/9	2450.00		10	1	2
5	7566	JONES	MANAGER	7839	1981/4/2	2975.00		20	1	2
6	7788	SCOTT	ANALYST	7566	1987/4/19	3000.00			1	2
7	7902	FORD	ANALYST	7566	1981/12/3	3000.00		20	1	2
8	7839	KING	PRESIDENT		1981/11/17	5000.00		10	1	2

图 6-77

6.8.3 单行单列子查询

单行单列子查询是指子查询最多返回一行一列的子查询。因为行和列都唯一，所以单行单列子查询可以使用直接比较运算符。常用的比较运算符有 =、>、>=、<、<=、<>。单行单列子查询也可以看作一种特殊的多行单列子查询，适合多行单列子查询的比较运算符也适合单行单列子查询。

例 6-30：查询月薪等于员工工号为 7788 的员工的月薪的所有员工的员工姓名及月薪，如图 6-78 所示。

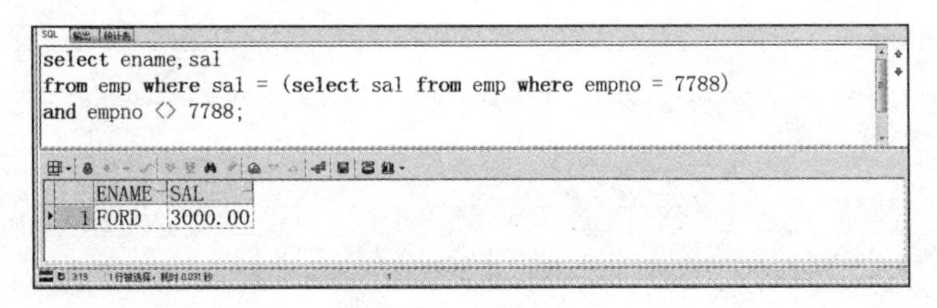

图 6-78

因为单行单列子查询可以看作一种特殊的多行单列子查询，所以图 6-78 所示的 SQL 语句可转变成多行单列的写法，如图 6-79 所示。

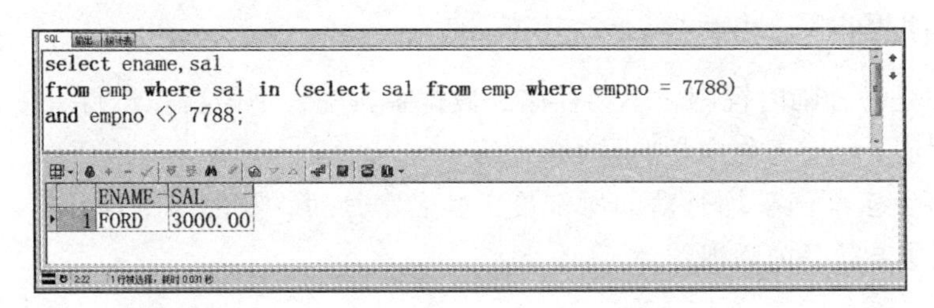

图 6-79

6.8.4 单行多列子查询

单行多列子查询是指子查询返回一行多列的子查询。SQL Server 数据库不支持该种子查询，但是 Oracle 数据库支持该种子查询。单行多列子查询因为返回的是多列，而多列是无法直接比较大小的，所以能够使用的比较符有限，常用的比较运算符有 = 和 <>。单行多列子查询也可以看作一种特殊的多行多列子查询，适合多行多列子查询的比较运算符也适合单行多列子查询。

例 6-31：查询工种和直接领导与员工工号为 7521 的员工相同的所有员工的记录，如图 6-80 所示。

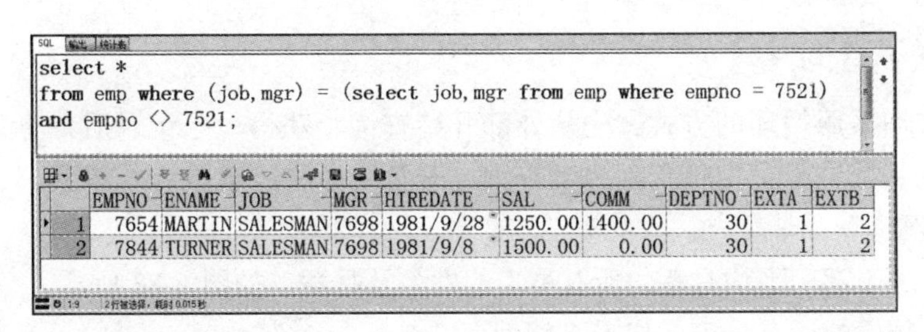

图 6-80

因为单行多列子查询可以看作一种特殊的多行多列子查询，所以图 6-80 所示的 SQL 语句可转变成多行多列的写法，如图 6-81 所示。

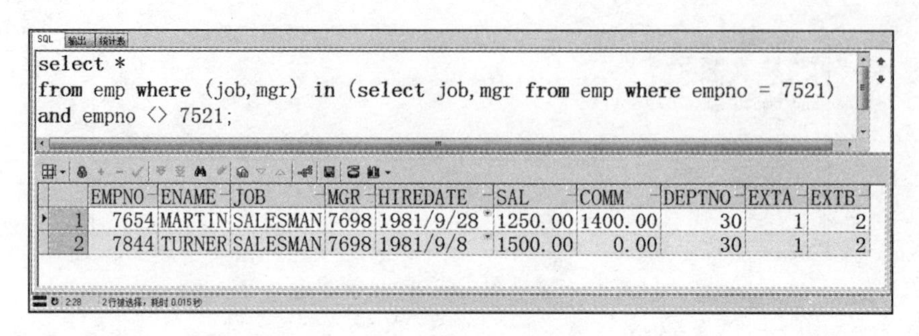

图 6-81

6.8.5 内联视图

内联视图是一种临时视图，不会存储到数据字典中，不需要在进行 select 查询语句前进行视图的创建。也有人称内联视图为临时表。

查询月薪大于部门平均月薪的所有员工姓名、月薪、及部门平均月薪，如图 6-82 所示。此处结果集 b 就是内联视图。

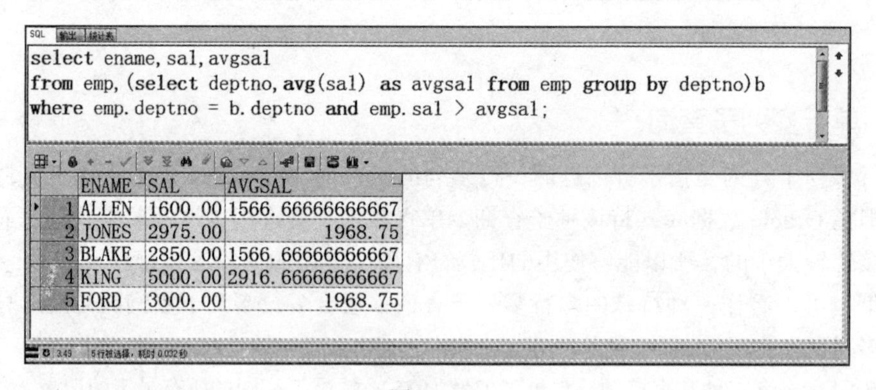

图 6-82

6.8.6 关联子查询

关联子查询采用循环的方式，先从外部开始查询，获得一条记录后，将其传入内部查询，内部查询从其结果中把值传回外部查询，若符合条件，就放入结果集，否则放弃。重复执行以上步骤。

查询月薪大于部门平均月薪的所有员工的姓名及月薪，如图 6-83 所示。

查询销售部门的所有员工，如图 6-84 所示。

```
select ename, sal
from emp outer
where outer.sal>(select avg(sal) as avgsal
from emp inner
where outer.deptno = inner.deptno);
```

	ENAME	SAL
1	ALLEN	1600.00
2	JONES	2975.00
3	BLAKE	2850.00
4	KING	5000.00
5	FORD	3000.00

1:15 5行被选择，耗时0.015秒

图 6-83

```
select * from emp
where exists(select * from dept
where deptno = emp.deptno and dname = 'SALES');
```

	EMPNO	ENAME	JOB	MGR	HIREDATE	SAL	COMM	DEPTNO	EXTA	EXTB
1	7521	WARD	SALESMAN	7698	1981/2/22	1250.00	500.00	30	1	2
2	7844	TURNER	SALESMAN	7698	1981/9/8	1500.00	0.00	30	1	2
3	7499	ALLEN	ANALYST	7698	1981/2/20	1600.00	300.00	30	1	2
4	7900	JAMES	CLERK	7698	1981/12/3	950.00		30	1	2
5	7698	BLAKE	MANAGER	7839	1981/5/1	2850.00		30	1	2
6	7654	MARTIN	SALESMAN	7698	1981/9/28	1250.00	1400.00	30	1	2

3:48 6行被选择，耗时0.032秒

图 6-84

有的读者看了图 6-84 所示的语句后也许会想，为什么要搞得那么复杂？使用 in 多简单。in 的写法如图 6-85 所示。in 和 exists 完全可以相互转换，无所谓谁简单谁复杂。具体使用哪种方案，要看表中数据量的大小。假如 emp 表中数据量少，dept 表中数据量大，则 exists 是不错的选择；假如 emp 表中数据量大，dept 表中数据量少，则 in 是不错的选择。

很多程序员觉得 exists 很难理解，其实只要了解了关联子查询的执行原理，就很好理解 exists 了。首先 exists 是一种循环判断，外部查询的每一条记录都会在子查询中判断一下是否成立。外部的记录在子查询中判断成立与否，必须把外部查询与子查询关联起来，所以子查询中会出现 deptno = emp.deptno 的条件，正是这个条件使外部查询和子查询关联起来了。相信通过上面的介绍，不理解 exists 的读者应该已经能够理解了。

查询非销售部门的所有员工，如图 6-86 所示。

跟 in 和 exists 的转换类似，not in 和 not exists 也存在转换关系，将图 6-86 所示的语句转换成 not in 的语句，如图 6-87 所示。

```
select * from emp
where deptno in (select deptno from dept where dname = 'SALES');
```

	EMPNO	ENAME	JOB	MGR	HIREDATE	SAL	COMM	DEPTNO	EXTA	EXTB
1	7521	WARD	SALESMAN	7698	1981/2/22	1250.00	500.00	30	1	2
2	7844	TURNER	SALESMAN	7698	1981/9/8	1500.00	0.00	30	1	2
3	7499	ALLEN	ANALYST	7698	1981/2/20	1600.00	300.00	30	1	2
4	7900	JAMES	CLERK	7698	1981/12/3	950.00		30	1	2
5	7698	BLAKE	MANAGER	7839	1981/5/1	2850.00		30	1	2
6	7654	MARTIN	SALESMAN	7698	1981/9/28	1250.00	1400.00	30	1	2

图 6-85

```
select * from emp
where not exists(select * from dept
where deptno = emp.deptno and dname = 'SALES');
```

	EMPNO	ENAME	JOB	MGR	HIREDATE	SAL	COMM	DEPTNO	EXTA	EXTB
1	7788	SCOTT	ANALYST	7566	1987/4/19	3000.00			1	2
2	7934	MILLER	CLERK	7782	1982/1/23	1300.00		10	1	2
3	7839	KING	PRESIDENT		1981/11/17	5000.00		10	1	2
4	7782	CLARK	MANAGER	7839	1981/6/9	2450.00		10	1	2
5	7902	FORD	ANALYST	7566	1981/12/3	3000.00		20	1	2
6	7876	A%DAMS	CLERK	7788	1987/5/23	1100.00		20	1	2
7	7566	JONES	MANAGER	7839	1981/4/2	2975.00		20	1	2

图 6-86

```
select * from emp
where deptno not in(select deptno from dept where dname = 'SALES');
```

	EMPNO	ENAME	JOB	MGR	HIREDATE	SAL	COMM	DEPTNO	EXTA	EXTB
1	7934	MILLER	CLERK	7782	1982/1/23	1300.00		10	1	2
2	7839	KING	PRESIDENT		1981/11/17	5000.00		10	1	2
3	7782	CLARK	MANAGER	7839	1981/6/9	2450.00		10	1	2
4	7902	FORD	ANALYST	7566	1981/12/3	3000.00		20	1	2
5	7876	A%DAMS	CLERK	7788	1987/5/23	1100.00		20	1	2
6	7566	JONES	MANAGER	7839	1981/4/2	2975.00		20	1	2
7	7369	SMITH	CLERK	7902	1980/12/17	800.00		20	1	2

图 6-87

6.9 别名

SQL 中的别名主要包括表别名和列别名。别名的作用主要是区分表对象、精简复杂 SQL 语句的写法和提高 SQL 语句的可读性。

6.9.1 表别名

表别名就是给表重新起一个名称。单表查询使用表别名意义不大，表别名常用于多表连接查询中。必须使用表别名的情况有自连接与临时表。

表别名的一种写法是在表名后跟上空格，然后直接跟上表的别名，如图 6-88 所示。SQL Server 数据库与 Oracle 数据库都支持此种写法。

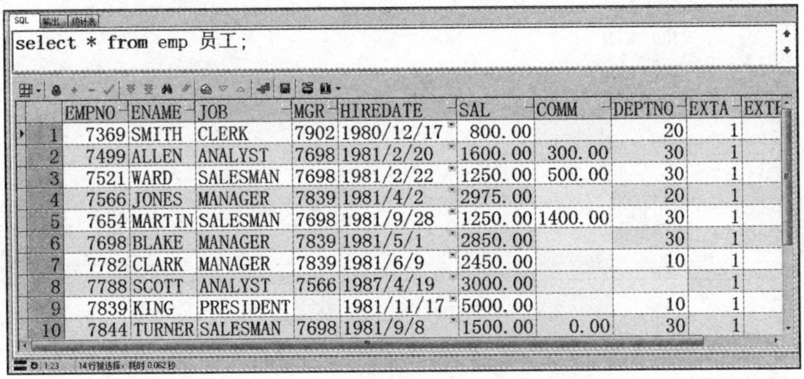

```
select * from emp 员工;
```

	EMPNO	ENAME	JOB	MGR	HIREDATE	SAL	COMM	DEPTNO	EXTA	EXTI
1	7369	SMITH	CLERK	7902	1980/12/17	800.00		20	1	
2	7499	ALLEN	ANALYST	7698	1981/2/20	1600.00	300.00	30	1	
3	7521	WARD	SALESMAN	7698	1981/2/22	1250.00	500.00	30	1	
4	7566	JONES	MANAGER	7839	1981/4/2	2975.00		20	1	
5	7654	MARTIN	SALESMAN	7698	1981/9/28	1250.00	1400.00	30	1	
6	7698	BLAKE	MANAGER	7839	1981/5/1	2850.00		30	1	
7	7782	CLARK	MANAGER	7839	1981/6/9	2450.00		10	1	
8	7788	SCOTT	ANALYST	7566	1987/4/19	3000.00			1	
9	7839	KING	PRESIDENT		1981/11/17	5000.00		10	1	
10	7844	TURNER	SALESMAN	7698	1981/9/8	1500.00	0.00	30	1	

图 6-88

另一种写法是，表后面跟上关键字 as，然后再跟上表别名，如图 6-89 所示。SQL Server 数据库支持此种写法，但是 Oracle 数据库不支持此种写法。

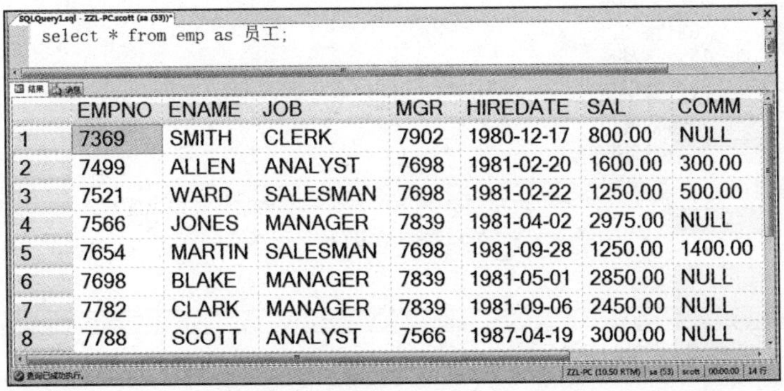

```
select * from emp as 员工;
```

	EMPNO	ENAME	JOB	MGR	HIREDATE	SAL	COMM
1	7369	SMITH	CLERK	7902	1980-12-17	800.00	NULL
2	7499	ALLEN	ANALYST	7698	1981-02-20	1600.00	300.00
3	7521	WARD	SALESMAN	7698	1981-02-22	1250.00	500.00
4	7566	JONES	MANAGER	7839	1981-04-02	2975.00	NULL
5	7654	MARTIN	SALESMAN	7698	1981-09-28	1250.00	1400.00
6	7698	BLAKE	MANAGER	7839	1981-05-01	2850.00	NULL
7	7782	CLARK	MANAGER	7839	1981-09-06	2450.00	NULL
8	7788	SCOTT	ANALYST	7566	1987-04-19	3000.00	NULL

图 6-89

6.9.2 列别名

列别名是为了增加列的可读性，或者给表达式起一个名称。建议养成给表达式指定别名的好习惯。内部查询中的表达式必须指定别名供外部查询使用。

针对列别名，SQL Server 数据库与 Oracle 数据库写法相同，一种是在列名后面加空格，空格之后跟上列的别名，如图 6-90 所示；另一种是列名后面跟上关键字 as，之后再跟上列的别名，如图 6-91 所示。建议使用如图 6-91 所示的写法，因为这种写法显得更工整。若用图 6-90 所示的写法，如果查询的两列中间漏掉了逗号，编译器就会把第 2 列当成了第 1 列的别名，而且这个错误不容易发现，如图 6-92 所示。

```
select empno 员工工号,ename 员工姓名 from emp 员工;
```

	员工工号	员工姓名
1	7369	SMITH
2	7499	ALLEN
3	7521	WARD
4	7566	JONES
5	7654	MARTIN
6	7698	BLAKE
7	7782	CLARK
8	7788	SCOTT
9	7839	KING
10	7844	TURNER

图 6-90

```
select empno as 员工工号,ename as 员工姓名 from emp 员工;
```

	员工工号	员工姓名
1	7369	SMITH
2	7499	ALLEN
3	7521	WARD
4	7566	JONES
5	7654	MARTIN
6	7698	BLAKE
7	7782	CLARK
8	7788	SCOTT
9	7839	KING
10	7844	TURNER

图 6-91

```
select empno ename from emp 员工;
```

	ENAME
1	7369
2	7499
3	7521
4	7566
5	7654
6	7698
7	7782
8	7788
9	7839
10	7844

图 6-92

另外，SQL Server 数据库还有一种独特的写法，如图 6-93 所示。因为此种写法离标准 SQL 相差太远，而且是 SQL Server 数据库独有的写法，不便于维护，所以不建议使用此种写法。

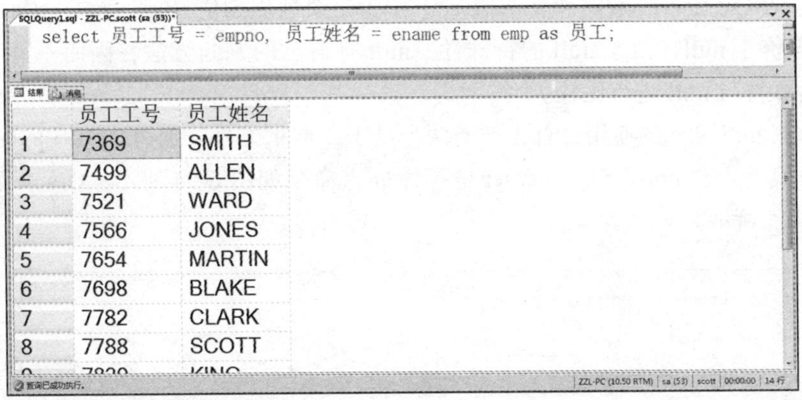

```
select 员工工号 = empno, 员工姓名 = ename from emp as 员工;
```

	员工工号	员工姓名
1	7369	SMITH
2	7499	ALLEN
3	7521	WARD
4	7566	JONES
5	7654	MARTIN
6	7698	BLAKE
7	7782	CLARK
8	7788	SCOTT

图 6-93

6.10 常见误区分析

6.10.1 count 争议

关于 count 方法一直存在争议，count（*）、count（列名）、count（常量），到底应该使用哪个？答案是，应该使用 count（*）。count（*）是 SQL92 定义的标准统计数的方法。阿里巴巴的开发规范里面也强制使用 count（*）。通过以下 4 个查询命令来说明 3 个方法的区别。

- select count（*）from emp;（查出的结果是员工的数量）
- select count（1）from emp;（查出的结果是员工的数量）
- select count（job）from emp;（查出的结果是工种不为空的员工的数量）
- select count（*）from emp where job is not null;（查出的结果是工种不为空的员工的数量）

显然，第 1 条与第 2 条的效果相同，第 3 条与第 4 条的效果相同。

至于前两条为什么选择第 1 条，是因为第 1 条大家都能看懂，第 2 条可能有很多读者不知道是什么意思。

至于后两条为什么选择第 4 条，是因为第 4 条大家都能看懂，第 3 条会因读者不同而带来理解不同。

有部分读者可能会说，count（*）没有 count（1）的效率高。通过在一张包含 3300 万条记录的表中使用 count(*) 和 count(1) 进行测试，发现所消耗的时间都是 3～4 秒。所以，大家完全可以不要因为效率问题而使用 count（1）了。

6.10.2 null 的比较

null 的含义是不确定的意思。对于空值（''），SQL Server 数据库和 Oracle 数据库处理方式是不同的，SQL Server 数据库将空值（''）作为一个独立的值处理，而 Oracle 数据库认为空值（''）等价于 null。由于 null 的特殊性，null 有自己的判断方法，因而不能直接使用普通的比较运算符与 null 进行比较。

为了举例 null 和 '' 的使用，首先新增两个员工，员工工号分别为 3030 和 3031，对应的员工姓名分别为 '' 和 null。SQL Server 数据库插入命令如图 6-94 所示；Oracle 数据库插入命令如图 6-95 所示。

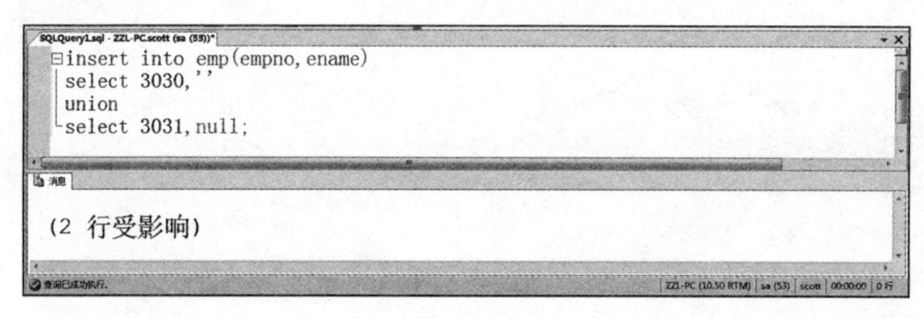

图 6-94

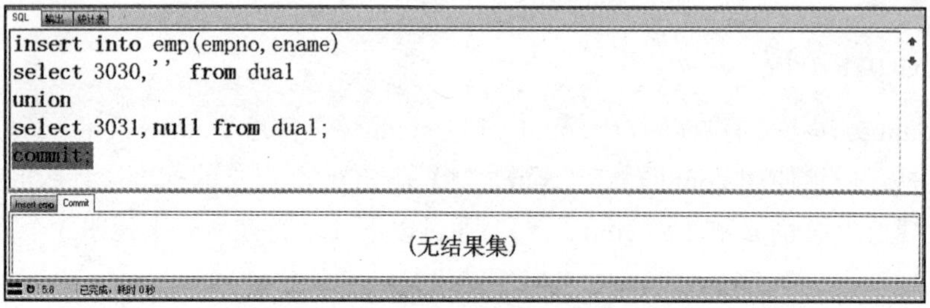

```
insert into emp(empno, ename)
select 3030,'' from dual
union
select 3031, null from dual;
commit;
```

（无结果集）

图 6-95

很多项目中，经常有程序员用"=null"来判断属性值为空，如图 6-96 所示。这种写法是错误的，因为"= null"永远为假，所以这种写法，永远查询不到记录。读者在以后的使用中一定要对此足够重视。

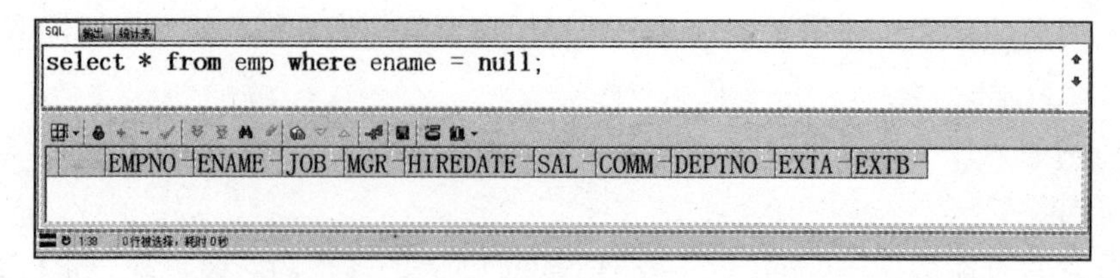

图 6-96

因为在 SQL Server 数据库中 null 和 '' 是不同的，所以在 SQL Server 数据库中，我们经常碰到如图 6-97 所示的写法。

```
select * from emp where ename is null or ename = '';
```

	EMPNO	ENAME	JOB	MGR	HIREDATE	SAL	COMM	DEPTNO
1	3030		NULL	NULL	2018-01-17	NULL	NULL	NULL
2	3031	NULL	NULL	NULL	2018-01-17	NULL	NULL	NULL

图 6-97

图 6-97 所示的语句等价于图 6-98 与图 6-99 所示的两条语句。我们可以看到，在 SQL Server 数据库中，图 6-98 与图 6-99 分别查询到了对应的员工记录。

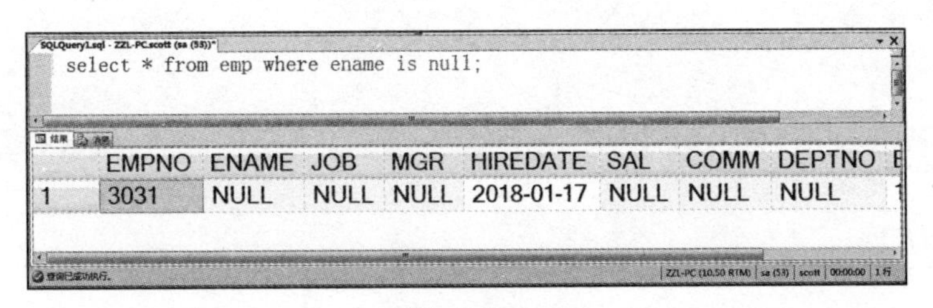

```
select * from emp where ename is null;
```

	EMPNO	ENAME	JOB	MGR	HIREDATE	SAL	COMM	DEPTNO
1	3031	NULL	NULL	NULL	2018-01-17	NULL	NULL	NULL

图 6-98

```
select * from emp where ename = '';
```

	EMPNO	ENAME	JOB	MGR	HIREDATE	SAL	COMM	DEPTNO
1	3030		NULL	NULL	2018-01-17	NULL	NULL	NULL

图 6-99

因为在 Oracle 数据库中 null 跟 '' 是等价的，由于同一套程序很可能既要适合 SQL Server 数据库，又要适合 Oracle 数据库，所以图 6-97 所示的命令在很多使用 Oracle 数据库的项目中也会出现，如图 6-100 所示。我们可以看到，在 Oracle 数据库中，查询到的记录与 SQL Server 数据库中是一样的。

```
select * from emp where ename is null or ename = '';
```

	EMPNO	ENAME	JOB	MGR	HIREDATE	SAL	COMM	DEPTNO	EXTA	EXTB
1	3030				2018/1/17 22:29:51				1	2
2	3031				2018/1/17 22:29:51				1	2

图 6-100

但是，这并不能说明在 Oracle 数据库中这种写法是没问题的。结果相同的原因是此处使用了逻辑或（OR），并不代表 OR 前后的条件跟 SQL Server 数据库的场景一样，分别对应一条记录。我们继续将图 6-100 所示的命令拆分成如图 6-101 和图 6-102 所示的两条命令。不难看出，两条记录都被图 6-101 所示的命令查询到了，说明在图 6-100 所示的命令中，真正起作用的是条件 ename is null。

```
select * from emp where ename is null;
```

	EMPNO	ENAME	JOB	MGR	HIREDATE	SAL	COMM	DEPTNO	EXTA	EXTB
1	3030				2018/1/17 22:29:51				1	2
2	3031				2018/1/17 22:29:51				1	2

图 6-101

```
select * from emp where ename = '';
```

	EMPNO	ENAME	JOB	MGR	HIREDATE	SAL	COMM	DEPTNO	EXTA	EXTB

图 6-102

6.10.3 单行子查询返回多行

读者是不是也经常碰到单行子查询返回多行的错误提示。这种错误并不能通过编译发现，而是完全基于数据的运行时错误。若不存在满足条件的数据就不会出现错误，一旦出现满足条件的数据就会让你措手不及。

编者印象深刻的事件是在一家医院系统上线，晚上 10 点多，急诊大夫突然发现有个病号的输血申请开不出来了。而输血申请是由第三方公司做的接口，当时客户非常着急，3 个同事同时查找原因，很不幸，一直没找到问题所在。大家开始怀疑问题出在第三方公司提供的接口上。到晚上 12 点的时候，同事们放弃了，都回去休息了。当时，编者还是有点担心，万一晚上急诊科有人需要输血怎么办？开不出输血申请是很严重的事故。抱着永远比别人多试一次的态度，编者对程序又进行了一次调试，也许因为夜深人静的关系，很庆幸这一次定位到问题所在了，就是因为单行子查询返回多行，而程序对这种错误的提示不是很明确，从而误导了大家查错的方向。

如果 SQL 语句非常复杂的话，这种错误排查起来相应也很困难。接下来，列举两条简单的查询语句供读者参考学习，语句分别如图 6-103 和图 6-104 所示。

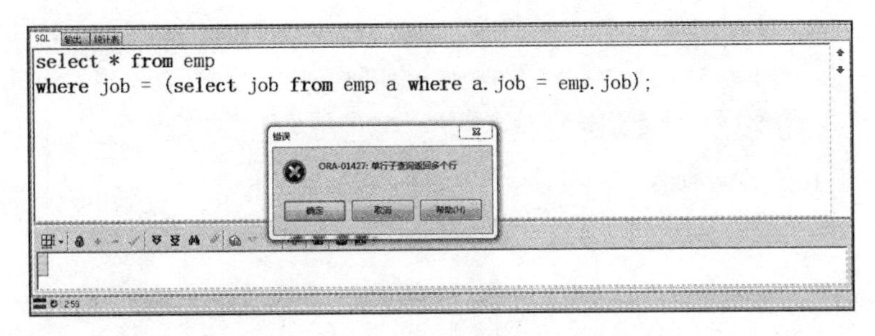

图　6-103

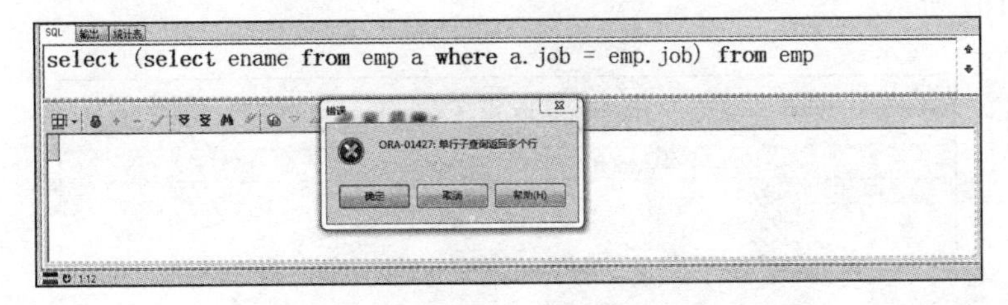

图　6-104

图 6-103 所示的查询语句，WHERE 条件里面的等于明显是单行比较符，当等于后面的子查询返回多行时，就会出现单行子查询返回多个行的错误提示。图 6-104 所示的查询语句，子查询的结果是作为父查询的一个列，所以也要求返回单行，当子查询出现多条返回记录时，同样会出现单行子查询返回多个行的错误提示。

6.10.4　分组函数的嵌套

读者可以分别在 SQL Server 数据库和 Oracle 数据库中尝试一下分组函数的嵌套。基于员工表，按照部门号进行分组，首先求工资的和，然后再求工资和的平均值。在 SQL Server 数据库中执行如图 6-105 所示的分组函数嵌套命令，会报错。SQL Server 不允许对聚合函数再次执行聚合函数。

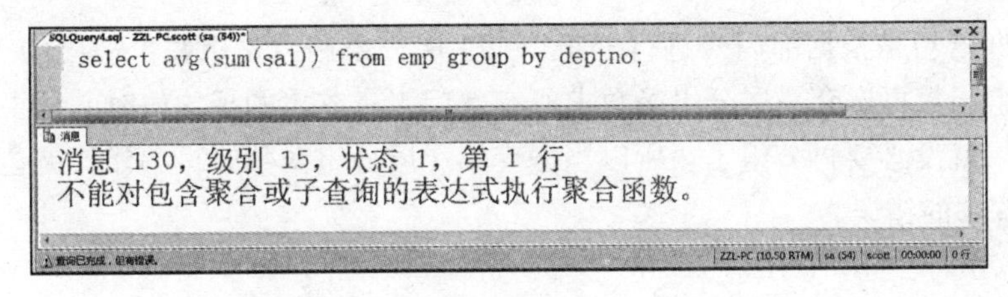

图　6-105

既然 SQL Server 数据库不支持分组函数的嵌套，那么变通一下，将第 1 个分组函数的结果集作为一张临时表，再对临时表运行第 2 次分组函数，如图 6-106 所示。

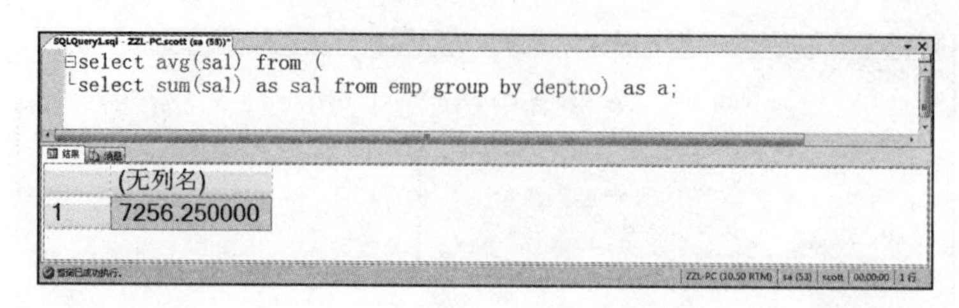

图 6-106

接下来，将同样的分组函数嵌套拿到 Oracle 数据库中执行。很幸运，得到了预期的结果，如图 6-107 所示。

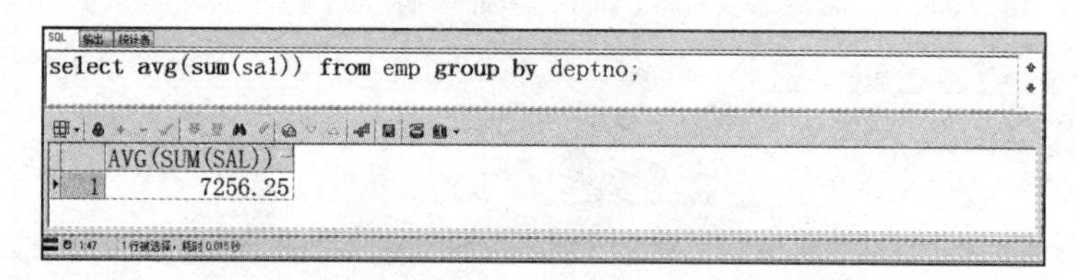

图 6-107

接着，在 Oracle 数据库中尝试第 3 层的分组嵌套，如图 6-108 所示。很不幸，当嵌套到第 3 层的时候，Oracle 数据库也报错了，提示“分组函数的嵌套太深”。这说明，Oracle 数据库分组函数最多嵌套两层。

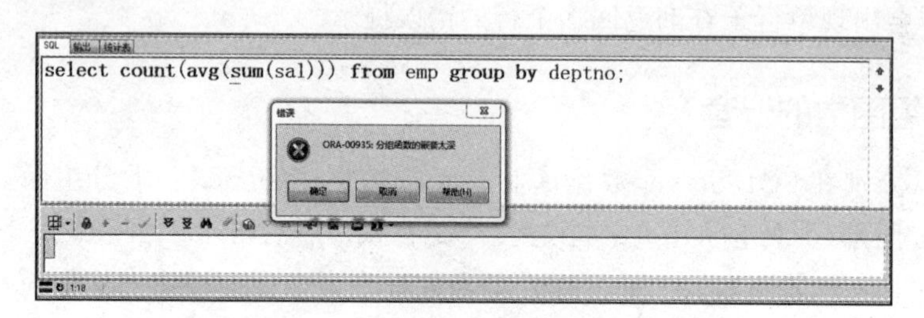

图 6-108

这条查询语句是根据部门号进行分组，第 1 层分组函数是求每个部门的工资支出和。当第 1 层分组函数再嵌套一层分组函数求所有部门工资支出的平均值时，结果就只剩一行了，一行结果就没必要再分组了。所以当嵌套第 3 层分组函数时，编译器就会报“分组函数的嵌套太深”的错误。

6.10.5 not in

通过一个举例来看一下 not in 的使用。查询最基层的员工，即没有下属的员工。很多读者可能会习惯性地使用 not in，最基层员工也就是员工工号没有在 MGR 字段中出现过的员工，SQL 语句如图 6-109 所示。不幸的是，SQL 命令执行完之后，没有找到任何符合条件的记录。

难道 Oracle 公司没有最基层员工？这也不合理啊，除非员工间的领导关系组成了一个环。

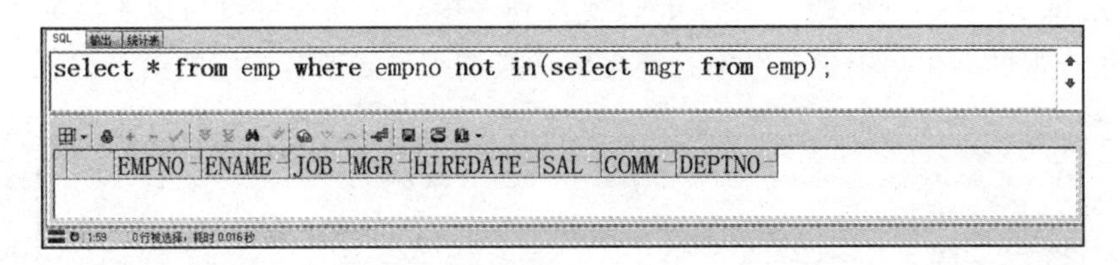

图 6-109

接下来，变通一下，用另一种方法查询一下看看结果。最基层员工，即不存在其他员工的直系领导属性值等于该基层员工的员工工号，SQL 语句如图 6-110 所示。执行该 SQL 语句后，发现存在 10 条记录。从而证明，Oracle 公司是有基层员工的，图 6-109 所示的查询语句是有问题的。

```
select * from emp a
where not exists(select * from emp b where b.mgr = a.empno);
```

	EMPNO	ENAME	JOB	MGR	HIREDATE	SAL	COMM	DEPTNO	EX
4	7499	ALLEN	ANALYST	7698	1981/2/20	1600.00	300.00	30	
5	7521	WARD	SALESMAN	7698	1981/2/22	1250.00	500.00	30	
6	7654	MARTIN	SALESMAN	7698	1981/9/28	1250.00	1400.00	30	
7	7844	TURNER	SALESMAN	7698	1981/9/8	1500.00	0.00	30	
8	7876	A%DAMS	CLERK	7788	1987/5/23	1100.00		20	
9	7900	JAMES	CLERK	7698	1981/12/3	950.00		30	
10	7934	MILLER	CLERK	7782	1982/1/23	1300.00		10	

图 6-110

我们来思考一下，为什么图 6-109 所示的 SQL 语句查询不到记录呢？查询一下员工工号为 7839 的员工记录，如图 6-111 所示。不难看出，该员工的直接领导为空。也正是由于这条记录的存在，造成了如图 6-109 所示的 SQL 语句查询不到记录。

```
select * from emp where empno = 7839;
```

	EMPNO	ENAME	JOB	MGR	HIREDATE	SAL	COMM	DEPTNO	EXTA	EXTB
1	7839	KING	PRESIDENT		1981/11/17	5000.00		10	1	2

图 6-111

not in 的意思即条件字段的值不会出现在子查询的结果集中，也就是不等于任何一个结果集中的值。条件字段的值会与子查询中的所有值逐一比较，当结果集中存在空值时，不等于 null 是永远不成立的，这样就造成了查询不到任何记录。所以，使用 not in 的时候一定要小心，一旦 not in 后面跟的结果集中含有 null，就会查询不到任何记录。in 后面跟的结果集包含 null，不会出现问题，因为 in 只要找到一个满足的条件就可以了。如图 6-112 所示，虽然子查询的结果集中含有空值，还是成功查询到了 6 条有下属的员工记录。

```
select * from emp where empno in(select mgr from emp);
```

	EMPNO	ENAME	JOB	MGR	HIREDATE	SAL	COMM	DEPTNO	EXTA	EXTB
1	7566	JONES	MANAGER	7839	1981/4/2	2975.00		20	1	2
2	7698	BLAKE	MANAGER	7839	1981/5/1	2850.00		30	1	2
3	7782	CLARK	MANAGER	7839	1981/6/9	2450.00		10	1	2
4	7788	SCOTT	ANALYST	7566	1987/4/19	3000.00			1	2
5	7839	KING	PRESIDENT		1981/11/17	5000.00		10	1	2
6	7902	FORD	ANALYST	7566	1981/12/3	3000.00		20	1	2

图 6-112

6.10.6 with (nolock)

众所周知，默认情况下 SQL Server 数据库 update 会引起 select 阻塞，即一个事务对一条记录加上排他锁后，其他事务不能再对该记录加共享锁。

SQL Server MANAGEMENT STUDIO 默认情况下对 DML 操作是自动进行事务提交的，从这个章节开始，我们要经常进行事务的举例。为了模拟效果，我们在系统选项中勾选 SET IMPLICIT_TRANSACTIONS，即改为手动提交，如图 6-113 所示。此后所有 SQL Server 数据库下面的 DML 举例都采用手动提交事务。

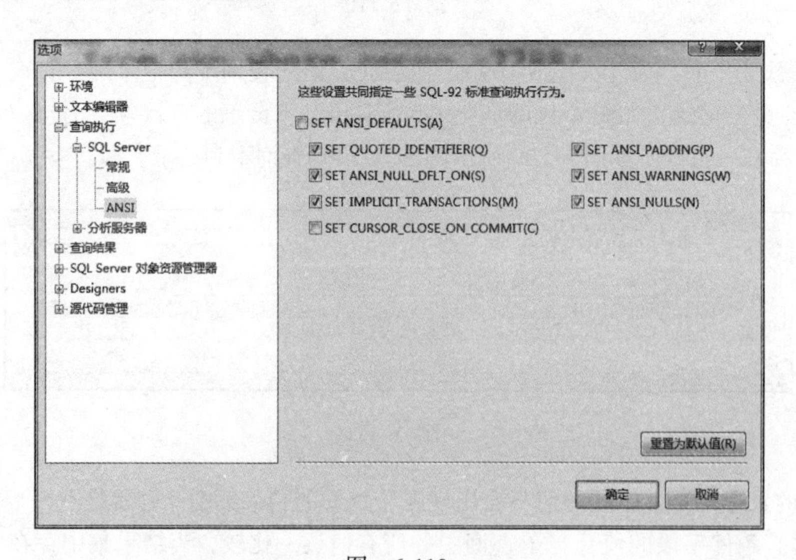

图 6-113

with(nolock) 中的 nolock 是无锁的意思。在查询的时候，使用 with(nolock)，不管要查询的记录是否已经被别的事务加上了排他锁，都正常执行查询。

通过举例来验证 with（nolock）的原理。首先，查询一下员工工号为 7902 的员工的月薪，发现其月薪为 3000 美元，如图 6-114 所示。

```
select sal from emp where empno = 7902;
```

	sal
1	3000.00

图 6-114

接下来，给员工工号为 7902 的员工加薪 1000 美元。执行 update 后，暂时不进行 commit，保持该事务对该记录的排他锁不释放，如图 6-115 所示。

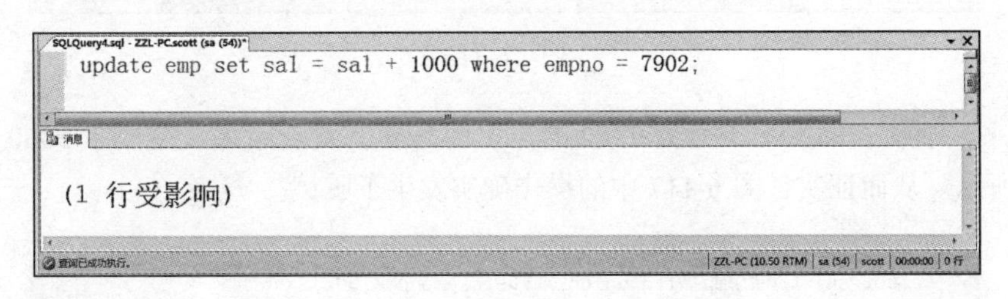

图 6-115

接下来，继续新开一个会话，查询员工工号为 7902 的员工的月薪，发现该会话被阻塞，如图 6-116 所示。此处说明，默认情况下，一个事务对一条记录加了排他锁后，其他事务不能再对该记录加共享锁。即很多人所讲的，update 阻塞 select。

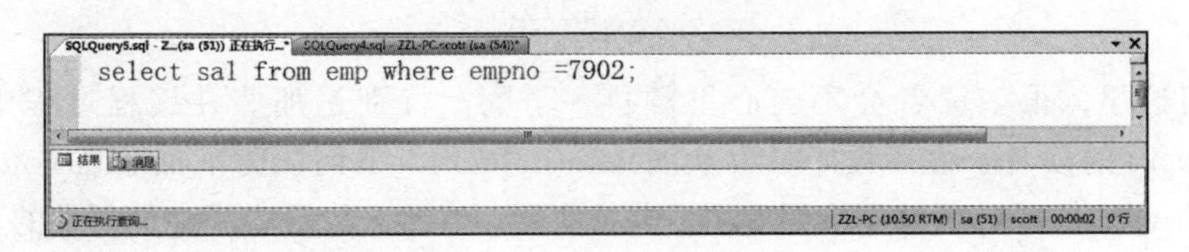

图 6-116

为了避免这种阻塞，很多读者喜欢在查询语句中加上 with(nolock)。加上 with(nolock) 后查询，发现成功显示了要查询的记录，如图 6-117 所示。但是，请读者们看一下查到的结果，此时结果为 4000 美元。但是前面的更新操作，并没有 commit。这就是典型的脏读。脏读的知识将在第 13 章进行详细的介绍。

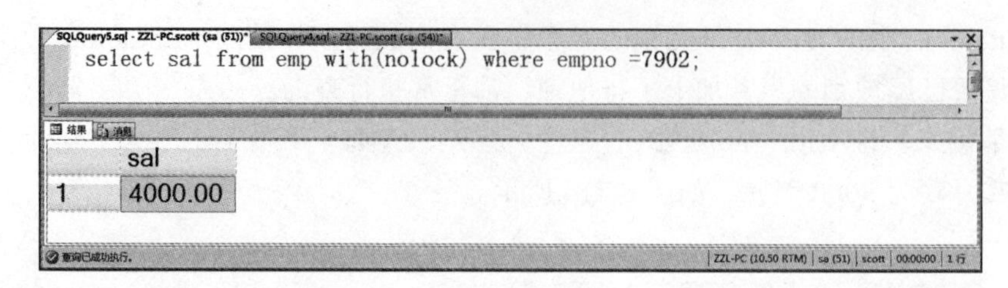

图 6-117

为了证明确实发生了脏读，将图 6-115 所示的 update 语句进行 rollback 操作，如图 6-118 所示。

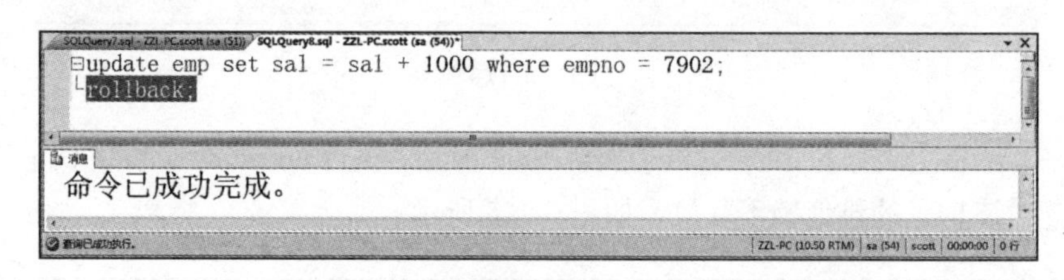

图 6-118

接下来，继续查询员工工号为 7902 的员工的月薪，发现结果又变成了 3000 美元，如图 6-119 所示。从而证实，图 6-117 中的操作确实发生了脏读。

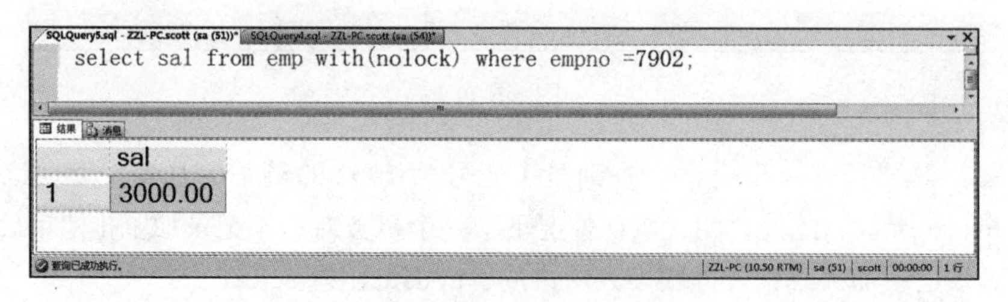

图 6-119

看到这里，很多读者会不会心里颤抖一下啊？特别是那些在编程过程中使用过 with(nolock) 的读者。很多程序员喜欢加 with(nolock)，他们认为不加 with(nolock) 会阻塞，加了 with(nolock) 后就不会阻塞了，非常实用。这些人也教会了他们所带的新人如此使用 with(nolock)，久而久之，仿佛这就变成了一种规范。其实，没有人静下心来想一想，with(nolock) 既然不阻塞了，是拿什么来换取的呢？经过讲解，相信很多读者会回过头去再看一看以前加 with(nolock) 的地方，会不会由于脏读引起严重的问题呢？相信很多场景是不允许出现脏读的。

6.10.7 with (readpast)

with(readpast) 中的 read 是读，past 是跳过。readpast 是指在读的时候碰到阻塞的记录就跳过。跟 with(nolock) 一样，这也是一种 SQL Server 数据库避免发生数据库阻塞的方法。不同的是 with(nolock) 对被阻塞的记录进行脏读，with(readpast) 遇到阻塞的记录就跳过。

继续给员工工号为 7902 的员工加薪 1000 美元处理。update 之后，暂时不进行 commit，如图 6-120 所示。此时员工工号为 7902 的员工记录已经被数据库加上了排他锁，默认情况下，其他事务是不能读取员工工号为 7902 的员工记录的。

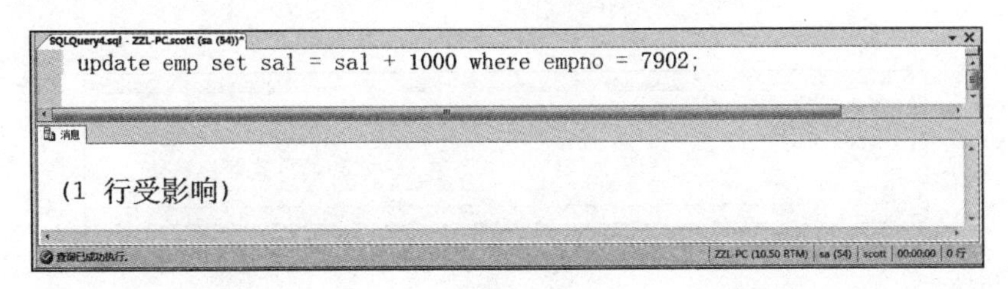

图 6-120

对员工表进行全表扫描，emp 表后面加上了 with (readpast)。此时，我们发现员工工号为 7902 的员工记录没有显示出来，如图 6-121 所示。这就充分证明，with (readpast) 在查询的时候，会自动跳过被数据库加上排他锁的记录。如果应用场景中，在查询的时候，允许跳过被加上排他锁的记录，可以使用 with(readpast)，以避免发生查询阻塞。

建议读者能够理解 with(readpast) 的意思，而不能盲目地使用它来避免查询阻塞。

```
select * from emp with(readpast) order by empno desc;
```

	EMPNO	ENAME	JOB	MGR	HIREDATE	SAL	COMM
1	7934	MILLER	CLERK	7782	1982-01-23	1300.00	NULL
2	7900	JAMES	CLERK	7698	1981-12-03	950.00	NULL
3	7876	A%DAMS	CLERK	7788	1987-05-23	1100.00	0.00
4	7844	TURNER	SALESMAN	7698	1980-09-08	1500.00	0.00
5	7839	KING	PRESIDENT	NULL	1981-11-17	5000.00	NULL
6	7788	SCOTT	ANALYST	7566	1987-04-19	3000.00	NULL
7	7782	CLARK	MANAGER	7839	1981-09-06	2450.00	NULL

图 6-121

6.10.8 max 用于字符型属性

很多业务表在设计的时候会考虑把类似单号这样的属性设计成字符型，因为设计人员认为单号中可能会出现字符。而实际项目在使用的时候，往往在单号字段中保留的全是数字。

有的程序员在计算单号累加的时候，往往会先从业务表中查询出最大的单号，然后进行加1操作，将得到的值作为新的单号使用。这种设计方案本身是存在问题的，单机模式下也许能正常使用，在并发情况下，这种设计方案会出现冲突。当然了，使用这种方案的程序员可能会说，对于使用单号的业务，本身并发情况并不多，当并发出现后，系统继续加1重新获取新的最大值就可以了。此处我们暂且不去争论这种方案的可行性。

我们来看一下，在这种方案下出现的一种误区。新建一张只包含一个字符型字段的表，如图6-122所示。

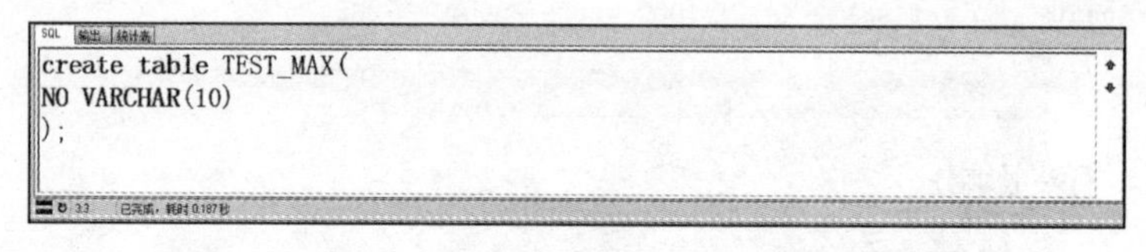

图 6-122

表建完之后，往表里面插入两条记录，分别为9和10，如图6-123所示。

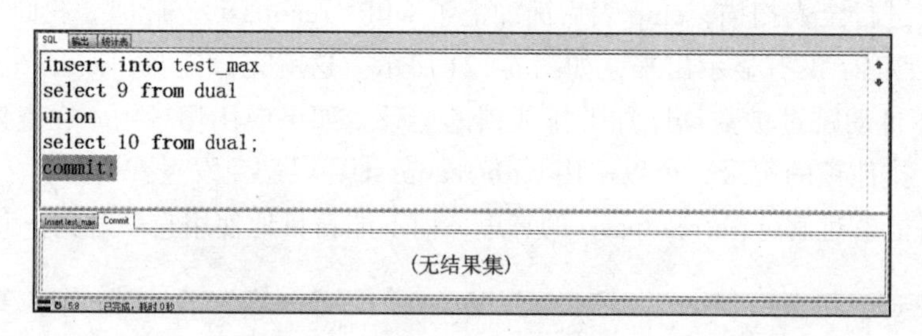

图 6-123

我们查询一下表test_max中最大的no，如图6-124所示。此时发现，最大值是9，并不是我们以为的10。但是很多程序员在使用的时候都是按照返回10来设计的。

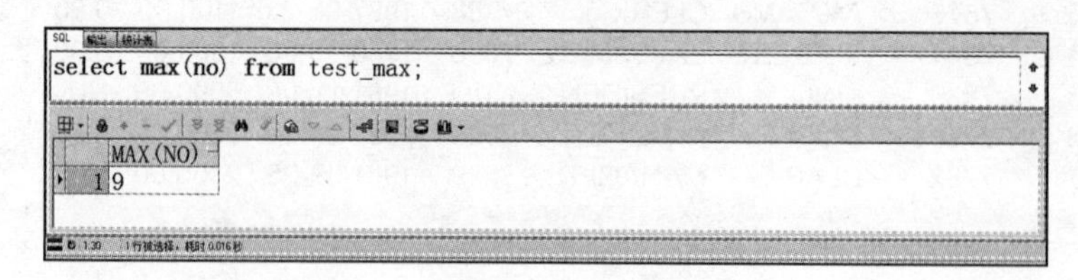

图 6-124

我们分析一下，为什么会出现这种情况。在数据库中，字符串的比较是按位比较的，首先比较两个字符串第1位的大小，如果相同，则继续比较下一位的大小，直到比较出大小为止。每位字符的大小比较，是比较的字符的ASCII码。通过图6-125所示的语句，我们可以看到9的ASCII码是57，1的ASCII码是49。字符10跟9比较时，首先比较第1位，发现9胜出，则无需继续比较后面的字符了。所以，数据库认为9比10大。

select ascii(9),ascii(1) from dual;
ASCII(9)
ASCII(1)
1
57
49

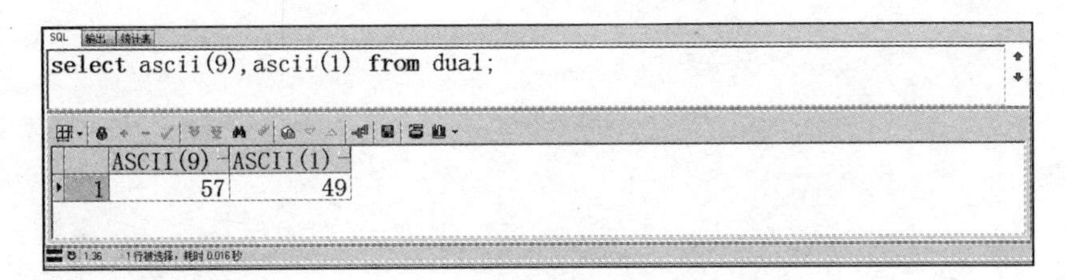

图　6-125

为了解决这个问题，有的程序员考虑在插入 no 的时候，保证数值的位数相同，比如此处如果考虑单号为两位长度，则插入 9 的时候，用 09 替换。我们将记录中单号为 9 的记录修改为 09，如图 6-126 所示。

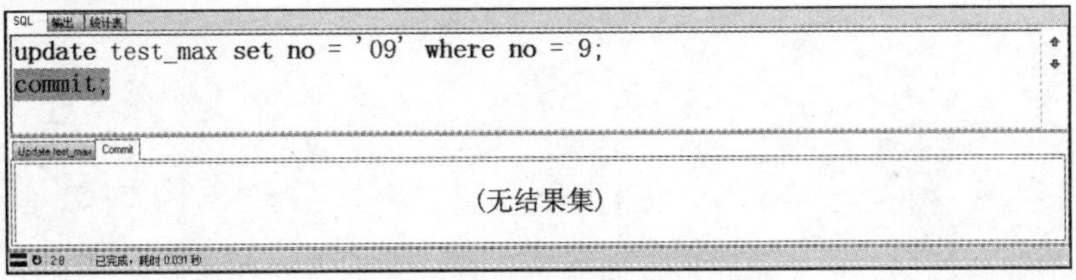

update test_max set no = '09' where no = 9;
commit;
(无结果集)

图　6-126

接下来，继续查询最大值，发现成功取到了 10，如图 6-127 所示。这种方案也是可行的，但是处理起来复杂度有点高了。设计人员在加 1 操作完之后，要考虑左边通过补零得到需要的位数。当单号的位数不够用的时候，通常需要扩展位数，但是位数扩展后，又会遇到同样的问题。所以说，设计人员的责任是重大的，设计的时候，一定要充分考虑各方面的问题，使设计方案既简单又便于扩展。

select max(no) from test_max;
MAX(NO)
1
10

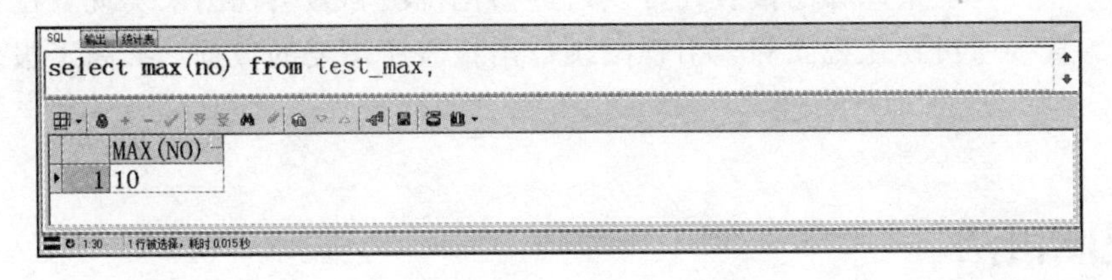

图　6-127

6.11　总结

查询语句是 DML 中相对来说内容最多的语句，也是最常用的语句。往往一次性操作的数据量比较大，而且语句运用得不好，很容易造成系统性能的降低。

数据的检索必须要配合合适的索引使用，如果没有合适的索引，当数据量增长到一定数量级之后，系统的阻塞将会变成必然。索引的知识在第 8 章中会进行详细的介绍。

Chapter 7 第 7 章

视　　图

视图并不存储数据，它存储的是查询语句。它从基本表或者其他视图中查询数据。可以像查询表一样，从视图中查询数据。

Oracle 数据库提供了物化视图，SQL Server 数据库提供了类似 Oracle 物化视图的索引视图。从严格意义上来讲，物化视图和索引视图并不是视图，物化视图和索引视图占用物理空间用于存储数据，它不满足视图不存储数据的条件。物化视图和索引视图能够实现将基表的数据实时同步到物化视图和索引视图中，一些查询可以由原来从基表中查询修改成从物化视图和索引视图中查询，在实现查询功能的同时又提高了基础表正常的 DML 操作的效率。一些复杂计算的报表，可以通过物化视图和索引视图来实现。在数据更改的过程中，直接通过物化视图和索引视图统计出报表所需要的数据，提高了报表查询的效率。

7.1　视图语法

视图语法主要包含创建语法、修改语法和删除语法。

7.1.1　创建语法

SQL Server 数据库创建视图语法如下代码所示。

```
CREATE VIEW view_name AS
SELECT column_name(s)
FROM table_name
WHERE condition;
```

各关键字的解释如下。

- ❑ CREATE：关键字，标识此命令是创建对象的命令。
- ❑ VIEW：关键字，标识要创建的对象的类型。
- ❑ VIEW_NAME：指定要创建的对象的名称。
- ❑ AS：指定查询语句。

7.1.2 修改语法

SQL Server 数据库修改视图语法如下代码所示：

```
alter view view_name as
SELECT column_name（s）
FROM table_name
WHERE condition;
```

各关键字的解释如下。

- ❑ alter：关键字，标识此命令是修改对象的命令。
- ❑ view：关键字，标识要修改的对象的类型。
- ❑ view_name：指定要修改的对象的名称。
- ❑ as：指定查询语句。

Oracle 数据库可以将创建及修改视图合并到一个语法中，如下代码所示：

```
create or replace view view_name as
SELECT column_name（s）
FROM table_name
WHERE condition;
```

视图不存在的时候创建它，视图存在的时候替换它。各关键字的解释如下。

- ❑ create or replace：关键字，标识对象不存在的时候创建，存在的时候修改。
- ❑ view：关键字，标识要创建的对象的类型。
- ❑ view_name：指定要创建的对象的名称。
- ❑ as：指定查询语句。

7.1.3 删除语法

删除视图的语法如下代码所示：

```
drop view view_name;
```

各关键字的解释如下。

- ❑ drop：关键字，标识当前命令是删除对象的命令。
- ❑ view：关键字，标识要删除的对象的类型为视图。
- ❑ view_name：指定要删除的对象的名称。

7.2 视图举例

例 7-1：创建视图 VI_EMP_CLERK，用于显示所有职员的员工工号和员工姓名。

SQL Server 数据库中的写法如图 7-1 所示。

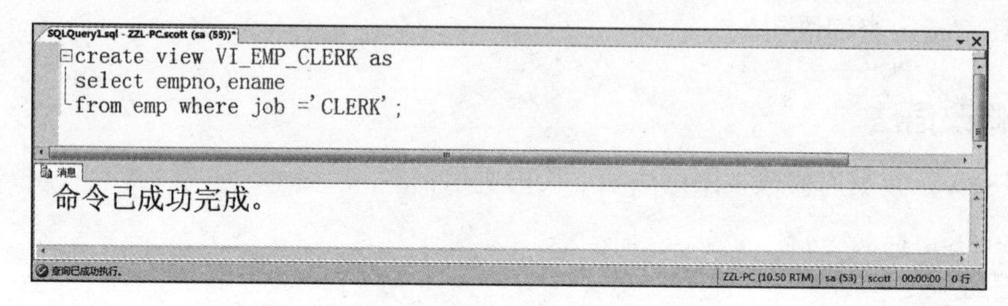

图 7-1

Oracle 数据库中的写法如图 7-2 所示。

```
create view VI_EMP_CLERK as
select empno, ename
from emp where job = 'CLERK';
```

图 7-2

修改视图 VI_EMP_CLERK，增加月薪列。

SQL Server 数据库中的写法如图 7-3 所示。

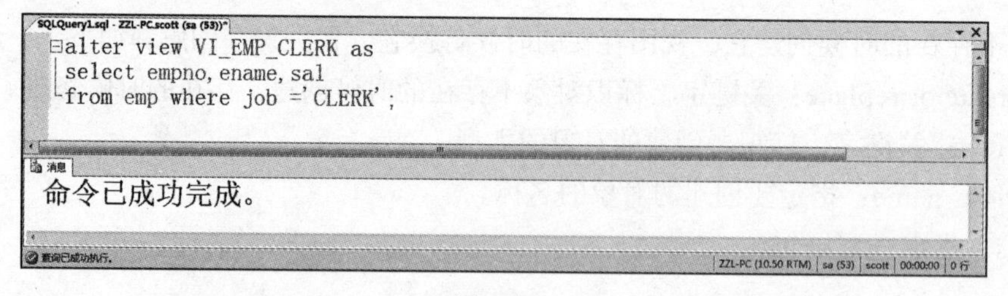

图 7-3

Oracle 数据库中的写法如图 7-4 所示。

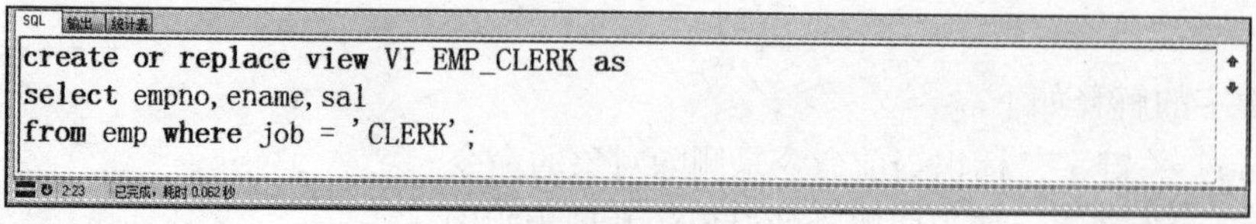

```
create or replace view VI_EMP_CLERK as
select empno, ename, sal
from emp where job = 'CLERK';
```

图 7-4

删除视图 VI_EMP_CLERK 的写法如图 7-5 所示。

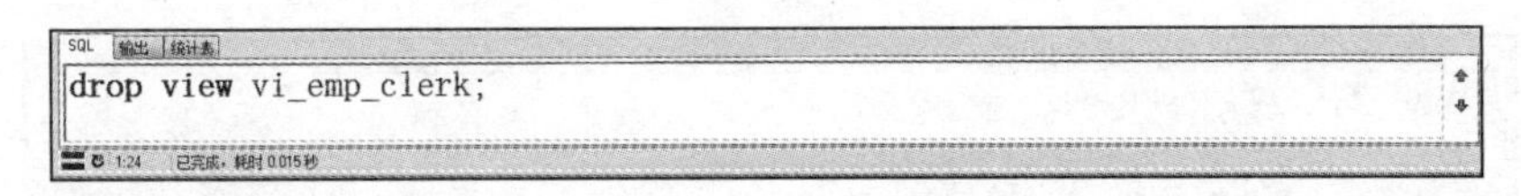

图 7-5

7.3 视图的作用

视图的作用主要包含两个方面，分别是定制用户数据和复杂查询简单化。接下来，通过举例来看一下视图在这两方面的应用场景。

7.3.1 定制用户数据

例 7-2：对于员工信息来说，财务部门关心的是员工的员工工号、员工姓名和员工月薪。行政部门关心的是员工的员工工号、员工姓名和员工工种。我们可以分别创建两个视图供两个部门使用。创建视图的 SQL 语句如图 7-6 和图 7-7 所示。视图的查询如图 7-8 和图 7-9 所示。

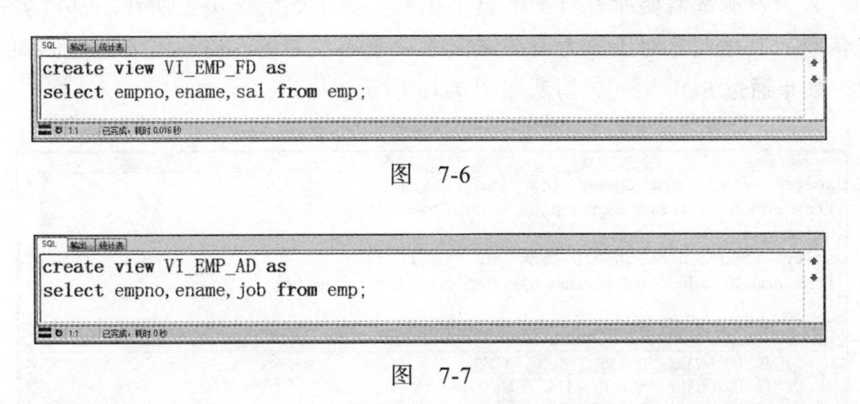

图 7-6

图 7-7

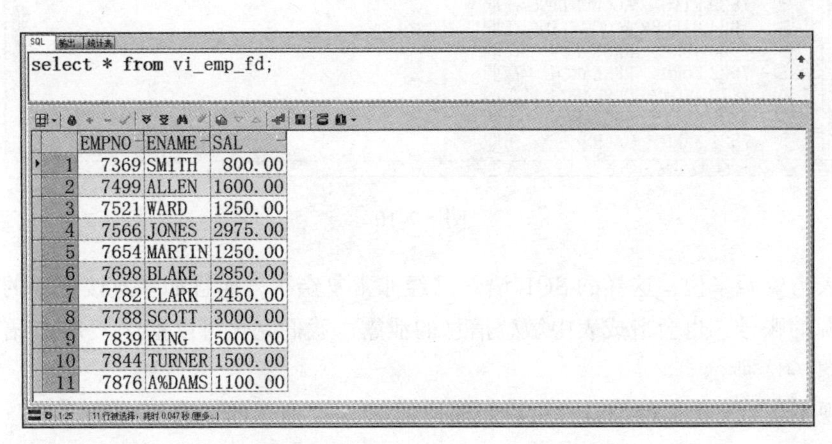

	EMPNO	ENAME	SAL
1	7369	SMITH	800.00
2	7499	ALLEN	1600.00
3	7521	WARD	1250.00
4	7566	JONES	2975.00
5	7654	MARTIN	1250.00
6	7698	BLAKE	2850.00
7	7782	CLARK	2450.00
8	7788	SCOTT	3000.00
9	7839	KING	5000.00
10	7844	TURNER	1500.00
11	7876	A%DAMS	1100.00

图 7-8

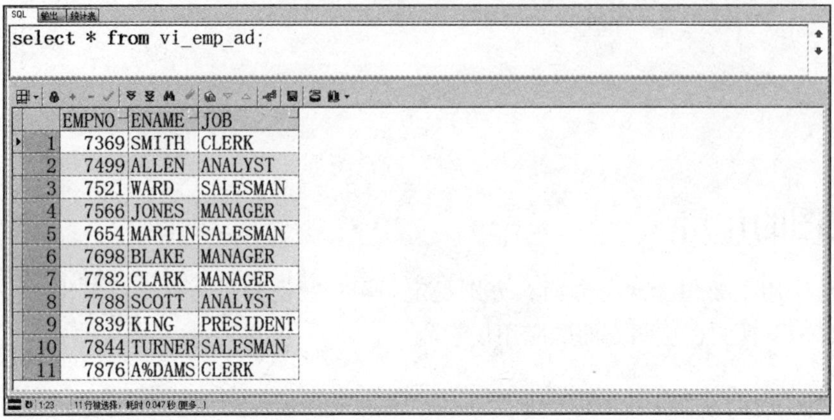

```sql
select * from vi_emp_ad;
```

	EMPNO	ENAME	JOB
1	7369	SMITH	CLERK
2	7499	ALLEN	ANALYST
3	7521	WARD	SALESMAN
4	7566	JONES	MANAGER
5	7654	MARTIN	SALESMAN
6	7698	BLAKE	MANAGER
7	7782	CLARK	MANAGER
8	7788	SCOTT	ANALYST
9	7839	KING	PRESIDENT
10	7844	TURNER	SALESMAN
11	7876	A%DAMS	CLERK

图 7-9

7.3.2 复杂查询简单化

假如，人力资源部需要所有员工的员工工号、员工姓名、员工所在的部门名称和员工在职状态信息，其他信息对于人力资源部门来说是不关心的，也不需要让他们知道，如员工的佣金。如果通过 SQL 语句，写法如图 7-10 所示。

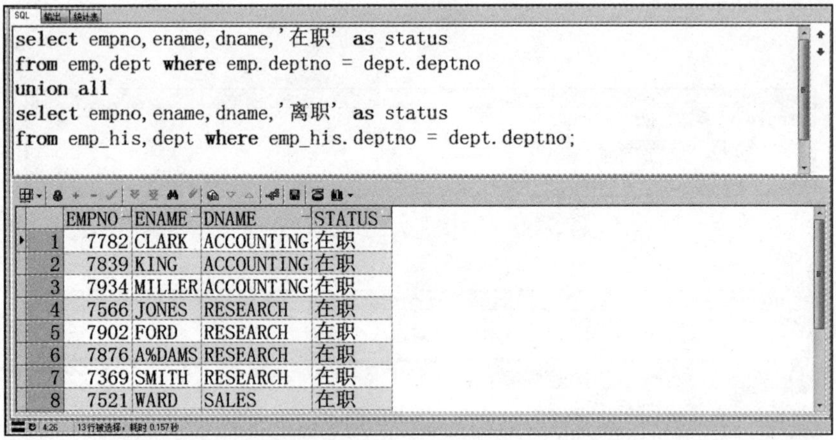

```sql
select empno, ename, dname,'在职' as status
from emp, dept where emp.deptno = dept.deptno
union all
select empno, ename, dname,'离职' as status
from emp_his, dept where emp_his.deptno = dept.deptno;
```

	EMPNO	ENAME	DNAME	STATUS
1	7782	CLARK	ACCOUNTING	在职
2	7839	KING	ACCOUNTING	在职
3	7934	MILLER	ACCOUNTING	在职
4	7566	JONES	RESEARCH	在职
5	7902	FORD	RESEARCH	在职
6	7876	A%DAMS	RESEARCH	在职
7	7369	SMITH	RESEARCH	在职
8	7521	WARD	SALES	在职

图 7-10

对于人力资源来说，这样的 SQL 语句已经非常复杂了，而且如果直接把表的权限分配给人力资源的账号，也会造成表中敏感信息的泄露。我们完全可以把这个 SQL 语句创建成视图，如图 7-11 所示。

有了视图之后，上面的情景，可以精简成如图 7-12 所示的 SQL 语句。

```
create view VI_EMP_HR as
select empno, ename, dname, '在职' as status
from emp, dept where emp. deptno = dept. deptno
union all
select empno, ename, dname, '离职' as status
from emp_his, dept where emp_his. deptno = dept. deptno;
```

图 7-11

```
select * from vi_emp_hr;
```

	EMPNO	ENAME	DNAME	STATUS
1	7782	CLARK	ACCOUNTING	在职
2	7839	KING	ACCOUNTING	在职
3	7934	MILLER	ACCOUNTING	在职
4	7566	JONES	RESEARCH	在职
5	7902	FORD	RESEARCH	在职
6	7876	A%DAMS	RESEARCH	在职
7	7369	SMITH	RESEARCH	在职
8	7521	WARD	SALES	在职
9	7844	TURNER	SALES	在职
10	7499	ALLEN	SALES	在职
11	7900	JAMES	SALES	在职

图 7-12

7.4 简单视图

对于简单视图来说，视图与基表的记录存在一对一的关系，可以通过修改视图来修改基表中的记录。注意，这里的一对一是记录的对应关系，并不是对象的对应关系，多个表组成的视图可能是简单视图，单个表组成的视图也可能是复杂视图。

7.5 复杂视图

对于复杂视图来说，视图与基表的记录存在一对多的关系。复杂视图可能基于单张表创建，也可能基于多张表创建，复杂视图不能执行除查询以外的 DML 操作。

7.6 键值保存表

如果连接视图中的一个“基表的键”（主键、唯一键）在它的视图中仍然存在，并且“基表的键”仍然是“连接视图中的键”（主键、唯一键）；即，某列在基表中是主键或唯一键，在视图中仍然是主键或唯一键，则称这个基表为“键值保存表”。

在表关联的视图中，Oracle 数据库不允许修改非键值保存表的列，SQL Server 数据库允许修改。

7.7 只读视图

因为简单视图支持 DML 操作，有时候，我们给第三方公司提供视图只是为了让他们查询数据用，并不希望他们通过视图来进行 DML 操作。除了通过 DCL 控制用户的权限外，我们还可以通过指定视图只读来实现。这正是 with read only 的用途。

下面通过一个举例来验证一下 with read only 的作用。首先创建视图 VI_EMP_SALESMAN，在视图创建命令的最后增加 with read only 来实现只读功能，如图 7-13 所示。

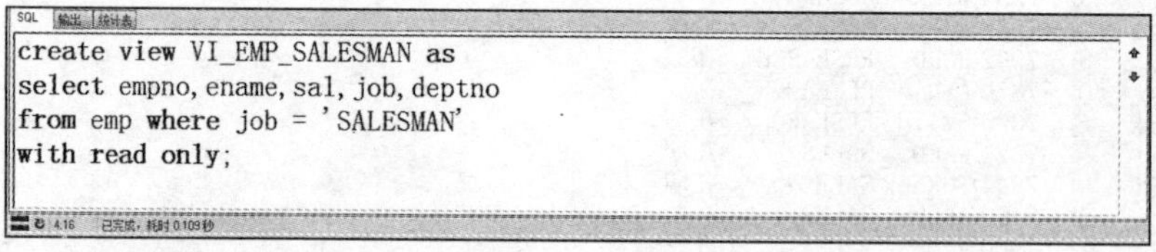

```
create view VI_EMP_SALESMAN as
select empno, ename, sal, job, deptno
from emp where job = 'SALESMAN'
with read only;
```

图 7-13

接着尝试对视图 VI_EMP_SALESMAN 执行 DML 操作，报“无法对只读视图执行 DML 操作”的错误，如图 7-14 所示。

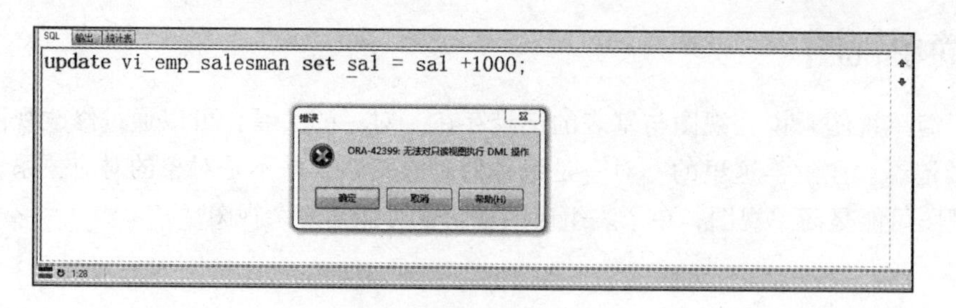
update vi_emp_salesman set sal = sal +1000;
错误
ORA-42399: 无法对只读视图执行 DML 操作
确定
取消
帮助(H)

图 7-14

7.8 with check option

with check option 的作用是，当基于视图对象进行 DML 操作时，按照视图定义中的检索条件进行检查，满足检索条件则允许执行，不满足条件则不允许执行。这是业务的一种需求。试想，如果用户能够通过视图更新一条视图查询不到的记录，该是多么恐怖的一件事情。

下面通过一个举例，来演示一下 with check option 的使用。

首先基于 EMP 表创建视图 VI_EMP_CLERK，该视图用于检索工种为职员的员工信息，如图 7-15 所示。

```
create view VI_EMP_CLERK as
select empno, ename, sal, job, deptno
from emp
where job = 'CLERK';
```

图　7-15

视图 VI_EMP_CLERK 创建好之后，基于 VI_EMP_CLERK 查询一下所有职员的信息，如图 7-16 所示。

```
select * from vi_emp_clerk;
```

	EMPNO	ENAME	SAL	JOB	DEPTNO
1	7369	SMITH	800.00	CLERK	20
2	7876	A%DAMS	1100.00	CLERK	20
3	7900	JAMES	950.00	CLERK	30
4	7934	MILLER	1300.00	CLERK	10

图　7-16

接着尝试通过 VI_EMP_CLERK 插入一条销售工种的员工信息，如图 7-17 所示。

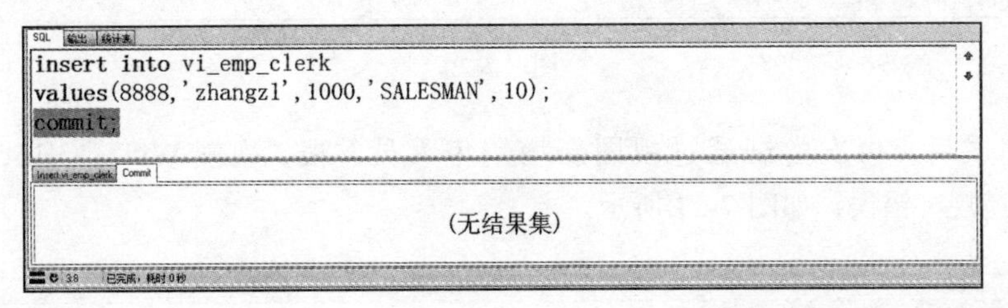

图　7-17

插入成功后，继续查询视图 VI_EMP_CLERK，发现没有显示新增的员工记录，如图 7-18 所示。

```
select * from vi_emp_clerk;
```

	EMPNO	ENAME	SAL	JOB	DEPTNO
1	7369	SMITH	800.00	CLERK	20
2	7876	A%DAMS	1100.00	CLERK	20
3	7900	JAMES	950.00	CLERK	30
4	7934	MILLER	1300.00	CLERK	10

图　7-18

原因很明确，因为我们插入的是销售人员，而视图查询的是职员，当然看不到我们新增的记录了。这样就会出现一个问题，我们通过视图新增了一条通过视图永远查询不到的记录。

在大多数情况下，是不允许这样操作的。此时就需要增加关键词 with check option 了。

修改视图 VI_EMP_CLERK，增加 with check option 限制。SQL Server 数据库写法如图 7-19 所示；Oracle 数据库写法如图 7-20 所示。

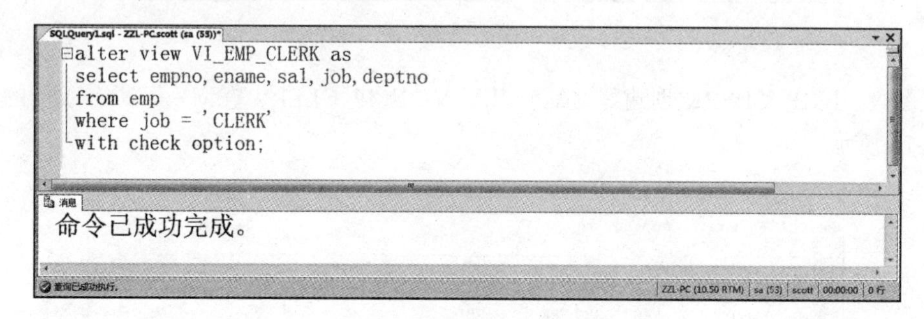

图 7-19

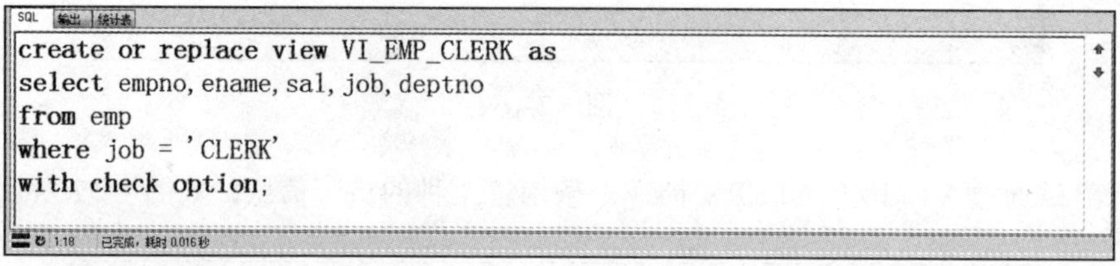

```
create or replace view VI_EMP_CLERK as
select empno, ename, sal, job, deptno
from emp
where job = 'CLERK'
with check option;
```

图 7-20

修改完成后，再次尝试通过视图新增销售人员，报“视图 WITH CHECK OPTION where 子句违规”错误，如图 7-21 所示。

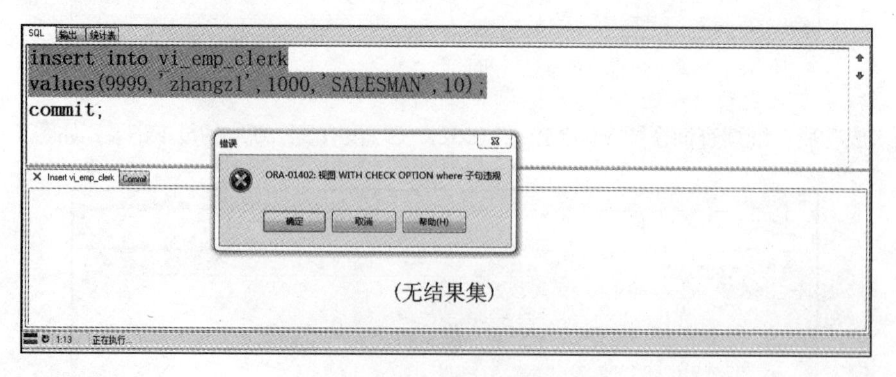

图 7-21

尝试插入一条职员记录，因为满足了 where 条件，所以插入成功，如图 7-22 所示。

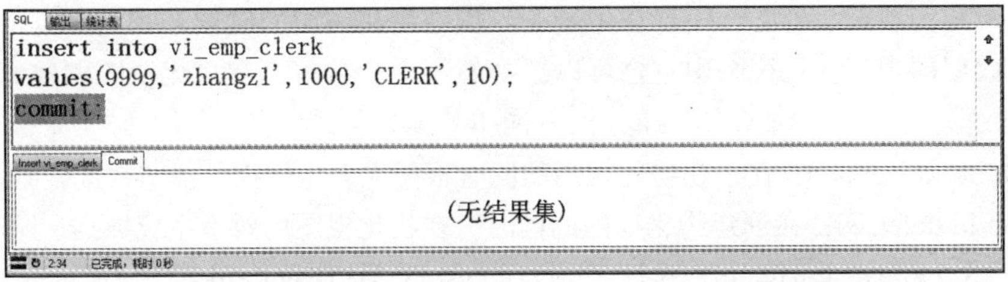
SQL 输出 统计表
insert into vi_emp_clerk
values(9999,'zhangzl',1000,'CLERK',10);
commit;
Insert vi_emp_clerk Commit
(无结果集)
2:34 已完成，耗时 0秒

图 7-22

7.9 物化视图

物化视图是 Oracle 数据库中的概念，普通视图在数据库中只保存 SQL 语法，而物化视图会保存数据。Oracle 中的物化视图提供了强大的功能，可以用于预先计算并保存表连接或聚集等耗时较多的操作的结果，这样，在执行查询时，就可以避免进行这些耗时的操作，从而快速地得到结果。物化视图有很多方面和索引很相似，使用物化视图的目的是提高查询性能。物化视图对应用透明，增加和删除物化视图不会影响应用程序中 SQL 语句的正确性和有效性，物化视图需要占用存储空间，当基表发生变化时，物化视图也应当刷新。

物化视图创建语法如下所示：

```
create materialized view [view_name]
Build [ immediate|Build deferred]
refresh [fast|complete|force]
[
on [commit|demand] |
start with (start_time) next (next_time)
]
as
{创建物化视图用的查询语句}
```

各关键字的解释如下。

- ❑ create：关键字，标识当前命令是创建对象命令。
- ❑ materialized view：关键字，标识创建的对象类型。
- ❑ view_name：指定对象的名称。
- ❑ build：关键字，指定物化视图创建时是否立即同步数据。
- ❑ refresh：关键字，指定物化视图刷新数据的方式。
- ❑ on 和 start：关键字，指定物化视图刷新数据的时间。
- ❑ as：关键字，指定创建物化视图的查询语句。

7.9.1 创建时生成数据选项

物化视图与普通视图一样基于基表创建，不同的是物化视图需要保存数据。在创建物化视图的时候，基表中可能已经存在记录了。创建物化视图的时候，我们可以指定立即将基表中的数据同步到物化视图中，也可以选择暂不同步数据，等物化视图创建好之后，再手动同步数据。接下来详细介绍一下这两种同步数据方法。

- Build immediate：在创建物化视图的同时根据主表生成物化视图数据，默认选项。
- Build deferred：在创建物化视图的同时，在物化视图内暂不生成数据。

如果选用 Build deferred，可以执行存储过程 DBMS_MVIEW.Refresh（'MV_name','C'）完成物化视图数据的刷新。注意必须使用全量刷新，默认是增量刷新，所以这里参数必须是 C，因为之前都没有生成数据，所以必须全量。

7.9.2 刷新方式

物化视图刷新方式分 3 种，分别是 complete、fast 和 force。

- complete：完全刷新整个物化视图，相当于重新生成物化视图，此时即使增量刷新可用也要全量刷新。
- fast：当有数据更新时依照相应的规则对物化视图进行更新。该选项必须在创建有物化视图日志的情况下才能使用。
- force：增量刷新可用则增量刷新，增量刷新不可用则全量刷新（此项为默认选项）。

7.9.3 数据刷新的时间

物化视图刷新的时间有 3 种情况：on demand（按需刷新）、on commit（提交时刷新）和 start……（指定时间点刷新）。

- on demand：在用户需要刷新的时候刷新，这里就要求用户自己手动刷新数据了（也可以使用 job 定时刷新）。
- on commit：当主表中有数据提交的时候，立即刷新物化视图中的数据。说明：物化视图使用 on commit 选项时，基表必须和物化视图在同一个数据库（实例）中，而且不能是远程数据库。
- start……：从指定的时间开始，每隔一段时间（由 next 指定）就刷新一次。

手动刷新物化视图时调用存储过程 dbms_mview.refresh，主要传入两个参数，第 1 个参数为物化视图的名称；第 2 个参数指定刷新方式，C 代表完全刷新，F 代表快速刷新。执行命令如下所示：

```
--完全刷新
begin
dbms_mview.refresh('MV_NAME','C');
end;
--快速刷新
begin
dbms_mview.refresh('MV_NAME','F');
end;
```

7.9.4 物化视图索引

因为物化视图与基表一样，会存放数据，所以，物化视图也可以像基表那样创建索引。在物化视图上创建索引的语法与在表上创建索引一样，只要将表名替换成物化视图名就可以了。

7.9.5 物化视图举例

基于EMP表和DEPT表创建物化视图。该例中物化视图采用快速刷新的方式，所以，首先需要在DEPT表和EMP表上面创建物化视图日志，如图7-23所示。

```
CREATE MATERIALIZED VIEW LOG ON DEPT WITH ROWID;
CREATE MATERIALIZED VIEW LOG ON EMP WITH ROWID;
```

图 7-23

接着基于EMP表和DEPT表创建物化视图MV_EMP_DEPT，如图7-24所示。

```
CREATE MATERIALIZED VIEW MV_EMP_DEPT
BUILD DEFERRED
REFRESH FAST ON COMMIT
AS
SELECT
EMP.ROWID AS EMPROWID,
DEPT.ROWID AS DEPTROWID,
EMP.EMPNO,
EMP.ENAME,
DEPT.DNAME
FROM EMP,DEPT
WHERE EMP.DEPTNO = DEPT.DEPTNO
```

图 7-24

由于在创建物化视图的时候使用了Build deferred，所以，物化视图创建完成后，直接查询物化视图，没有查询到任何记录，如图7-25所示。

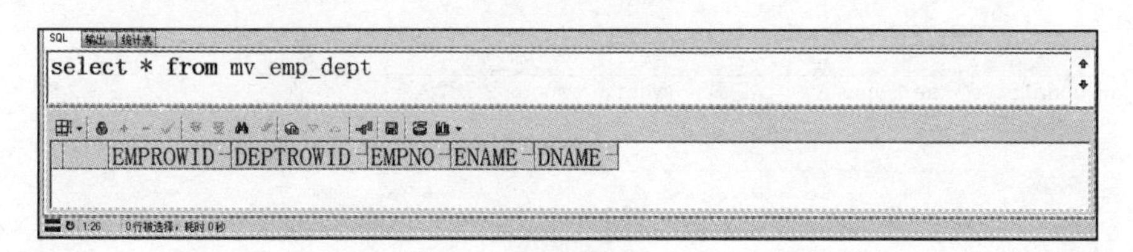

图 7-25

接着执行存储过程refresh，完成物化视图数据的完全同步，如图7-26所示。

```
begin
  dbms_mview.refresh('MV_EMP_DEPT', 'C');
end;
```

图 7-26

同步完成后，继续查询物化视图的数据，发现成功查询到了数据，如图 7-27 所示。

```
select * from mv_emp_dept
```

	EMPROWID	DEPTROWID	EMPNO	ENAME	DNAME
1	AAAZj4AAEAAAAO/AAN	AAAZjaAAEAAAAOtAAE	7934	MILLER	ACCOUNTING
2	AAAZj4AAEAAAAO/AAI	AAAZjaAAEAAAAOtAAE	7839	KING	ACCOUNTING
3	AAAZj4AAEAAAAO/AAG	AAAZjaAAEAAAAOtAAE	7782	CLARK	ACCOUNTING
4	AAAZj4AAEAAAAO/AAH	AAAZjaAAEAAAAOtAAF	7788	SCOTT	RESEARCH
5	AAAZj4AAEAAAAO/AAD	AAAZjaAAEAAAAOtAAF	7566	JONES	RESEARCH
6	AAAZj4AAEAAAAO/AAA	AAAZjaAAEAAAAOtAAF	7369	SMITH	RESEARCH
7	AAAZj4AAEAAAAO/AAK	AAAZjaAAEAAAAOtAAF	7876	ADAMS	RESEARCH
8	AAAZj4AAEAAAAO/AAM	AAAZjaAAEAAAAOtAAF	7902	FORD	RESEARCH
9	AAAZj4AAEAAAAO/AAB	AAAZjaAAEAAAAOtAAG	7499	ALLEN	SALES
10	AAAZj4AAEAAAAO/AAC	AAAZjaAAEAAAAOtAAG	7521	WARD	SALES
11	AAAZj4AAEAAAAO/AAE	AAAZjaAAEAAAAOtAAG	7654	MARTIN	SALES

图 7-27

通过物化视图查询员工工号为 7876 的记录，如图 7-28 所示。

```
select * from mv_emp_dept where empno = 7876;
```

	EMPROWID	DEPTID	EMPNO	ENAME	DNAME
1	AAAZzqAAEAAAo61AAK	AAAZzoAAEAAAo6VAAB	7876	A%DAMS	RESEARCH

图 7-28

在基表 EMP 中，修改员工工号为 7836 的员工的姓名，如图 7-29 所示。

```
update emp set ename = 'ADAMS' where empno = 7876;
commit;
```

(无结果集)

图 7-29

基表修改完成后，查询物化视图，发现基表中数据的更改成功地同步到了物化视图中，如图 7-30 所示。

图　7-30

在物化视图中查询员工工号为 7876 的记录，通过执行计划，可以看到进行了全视图扫描，如图 7-31 所示。

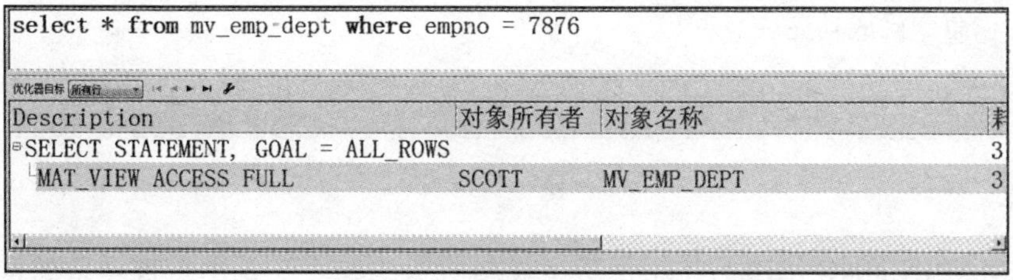

```
select * from mv_emp_dept where empno = 7876
```

Description	对象所有者	对象名称	耗
SELECT STATEMENT, GOAL = ALL_ROWS			3
MAT_VIEW ACCESS FULL	SCOTT	MV_EMP_DEPT	3

图　7-31

在物化视图上创建唯一索引，如图 7-32 所示。

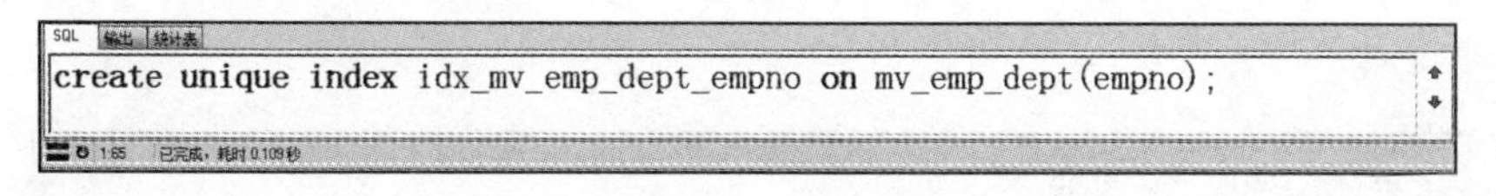

图　7-32

视图创建完成后，通过物化视图查询员工工号为 7876 的记录。通过执行计划，可以看到成功地使用了索引，如图 7-33 所示。

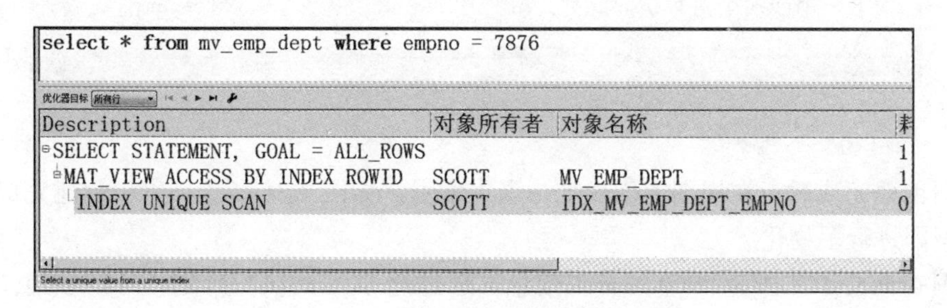

图　7-33

7.10 索引视图

SQL Server 数据库中的索引视图类似于 Oracle 数据库中的物化视图。在视图上创建索引可以将视图数据物化，如果要在视图上创建索引，则创建视图的时候必须指定 WITH SCHEMABINDING，如图 7-34 所示。

```
CREATE VIEW IV_EMP_DEPT
WITH SCHEMABINDING
AS
SELECT
DBO.EMP.EMPNO,
DBO.EMP.ENAME,
DBO.DEPT.DNAME
FROM DBO.EMP,DBO.DEPT
WHERE DBO.EMP.DEPTNO = DBO.DEPT.DEPTNO;
```

命令已成功完成。

图 7-34

SCHEMABINDING 选项的作用是防止视图所引用的表在视图未被调整的情况下发生改变。也就是说，一旦视图被指定了 WITH SCHEMABINDING 选项，那么，在修改用于生成当前视图的表或视图时，一旦对当前视图产生影响（导致视图失效），则不允许修改。尝试删除 EMP 表的 ENAME 列，因为视图 IV_EMP_DEPT 已经引用了 EMP 表的 ENAME 列，所以此操作失败，如图 7-35 所示。

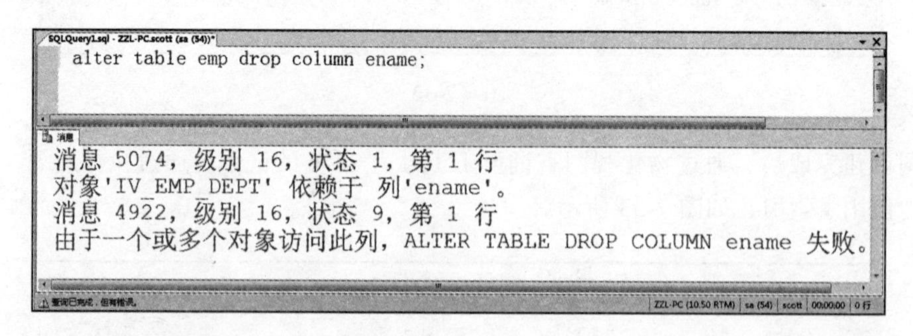

alter table emp drop column ename;
消息 5074，级别 16，状态 1，第 1 行
对象'IV_EMP_DEPT' 依赖于 列'ename'。
消息 4922，级别 16，状态 9，第 1 行
由于一个或多个对象访问此列，ALTER TABLE DROP COLUMN ename 失败。

图 7-35

视图创建完成后，在视图上创建唯一聚集索引，如图 7-36 所示。索引创建完成后，视图的数据即进行了物化。

视图查询员工工号为 7900 的员工信息。通过此 SQL 的执行计划，可以看到，此查询成功地使用了视图上的索引，如图 7-37 所示。

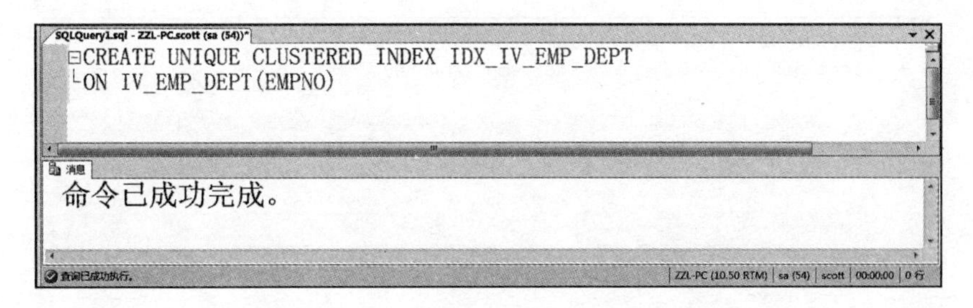

图 7-36

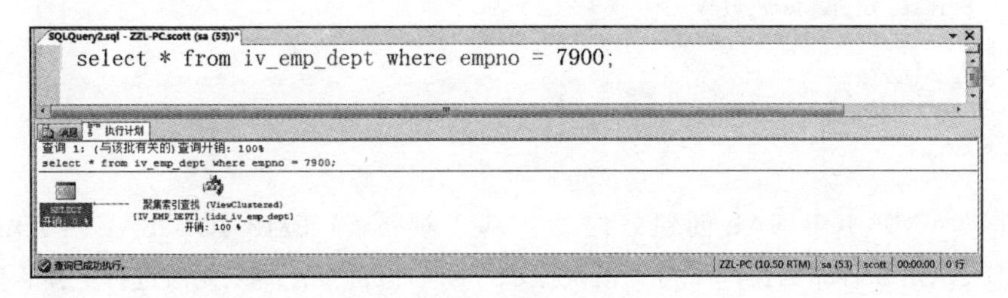

图 7-37

为了不影响后续举例，此处我们删除视图 iv_emp_dept，如图 7-38 所示。

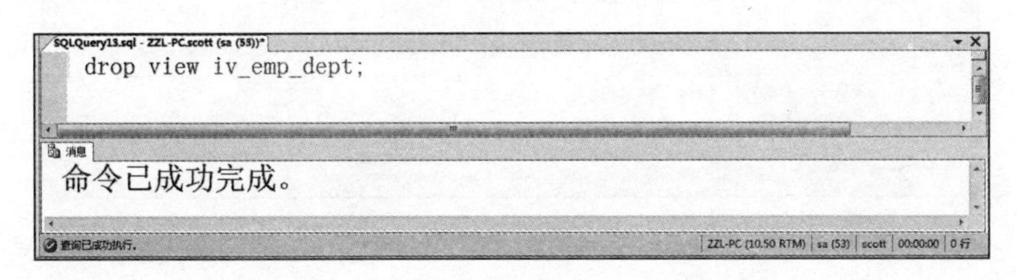

图 7-38

7.11 常见误区分析

7.11.1 单张表组成的视图可以更新

也许很多读者被灌输过，简单视图（单张表组成的视图）可以更新。我们来验证一下这个说法是错误的。

我们创建一个视图对象 VI_EMP_JOB_SAL，它基于 EMP 单一表创建，用途是查询每个工种并显示该工种所包含的所有员工的月薪总和。

SQL Server 数据库中的创建语句如图 7-39 所示。

Oracle 数据库中的创建语句如图 7-40 所示。

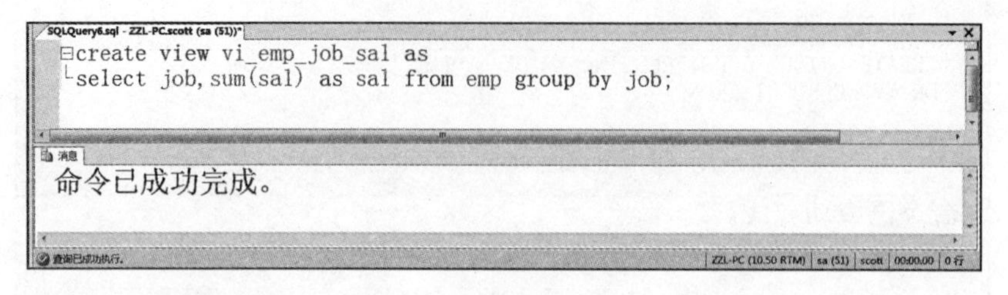

图 7-39

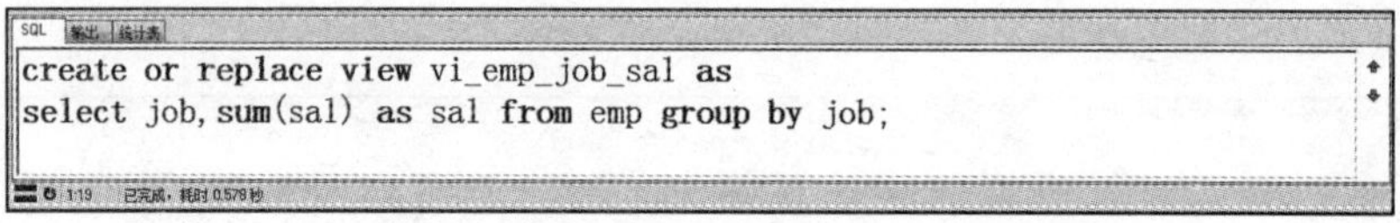

```
create or replace view vi_emp_job_sal as
select job, sum(sal) as sal from emp group by job;
```

图 7-40

视图VI_EMP_JOB_SAL创建好之后，基于视图VI_EMP_JOB_SAL对JOB列进行update操作，SQL Server数据库中得到错误提示，因为包含聚合所以无法进行更新，如图7-41所示。

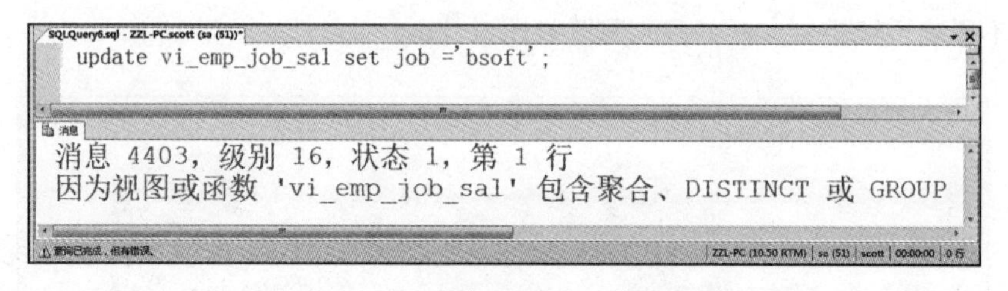

图 7-41

Oracle数据库中得到错误提示，"此视图的数据操纵操作非法"，如图7-42所示。

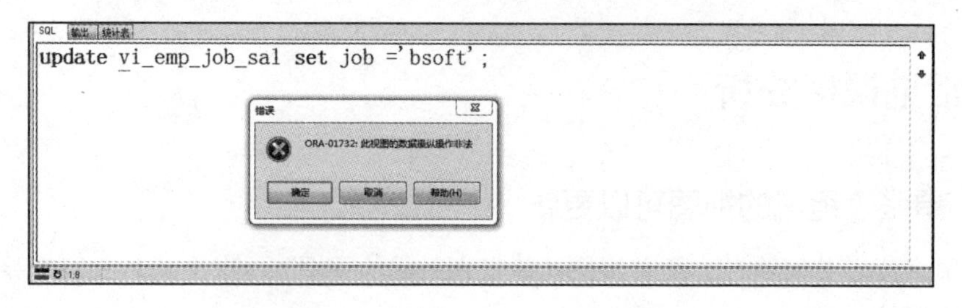

图 7-42

此时，可以得出结论，并不是基于单一表创建的视图就可以更新。虽然视图只是由单个基表组成，但是使用job列分组后，造成视图的记录无法与基表的记录一一对应，所以说此视图是一张复杂视图，不能直接对它进行update操作。

7.11.2 多张表组成的视图不能更新

关于视图更新操作，很多读者被灌输过的另一种说法是，复杂视图（多张表组成的视图）不能更新。我们来验证一下这个说法也是错误的。

通过举例来看一下基于多张表创建的视图能否进行 update 操作。首先创建一个视图对象 VI_EMP_DEPT，该视图基于 EMP 和 DEPT 两张基表进行关联查询，用途是查询所有员工的员工工号、员工姓名、员工月薪、员工所在的部门号及员工所在部门的部门名。

SQL Server 数据库中创建语句如图 7-43 所示。

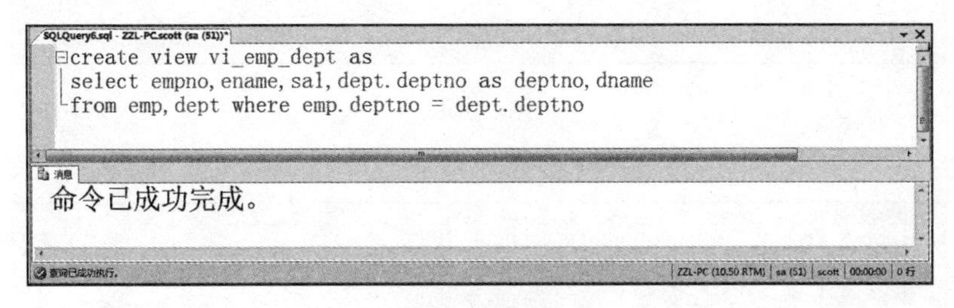

图 7-43

Oracle 数据库中创建语句如图 7-44 所示。

```
create or replace view vi_emp_dept as
select empno, ename, sal, dept.deptno as deptno, dname
from emp, dept where emp.deptno = dept.deptno
```

图 7-44

视图对象 VI_EMP_DEPT 创建好之后，尝试基于视图 VI_EMP_DEPT 对 SAL 列和 DNAME 列进行更新操作。

在 SQL Server 数据库中基于视图 VI_EMP_DEPT 对员工工号为 7900 的员工加薪 1000 美元处理。加薪语句及加薪前后员工工号为 7900 的员工信息如图 7-45 所示。

```
select * from vi_emp_dept where empno = 7900;
update vi_emp_dept set sal = sal + 1000 where empno = 7900;
select * from vi_emp_dept where empno = 7900;
```

	empno	ename	sal	deptno	dname
1	7900	JAMES	950.00	30	SALES

	empno	ename	sal	deptno	dname
1	7900	JAMES	1950.00	30	SALES

图 7-45

在 Oracle 数据库中基于视图 VI_EMP_DEPT 对员工工号为 7900 的员工加薪 1000 美元处理。加薪语句及加薪前后员工工号为 7900 的员工信息如图 7-46 和图 7-47 所示。

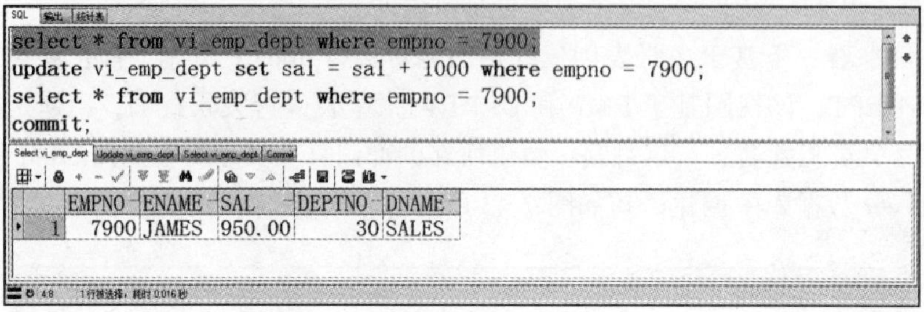

```
select * from vi_emp_dept where empno = 7900;
update vi_emp_dept set sal = sal + 1000 where empno = 7900;
select * from vi_emp_dept where empno = 7900;
commit;
```

	EMPNO	ENAME	SAL	DEPTNO	DNAME
1	7900	JAMES	950.00	30	SALES

图 7-46

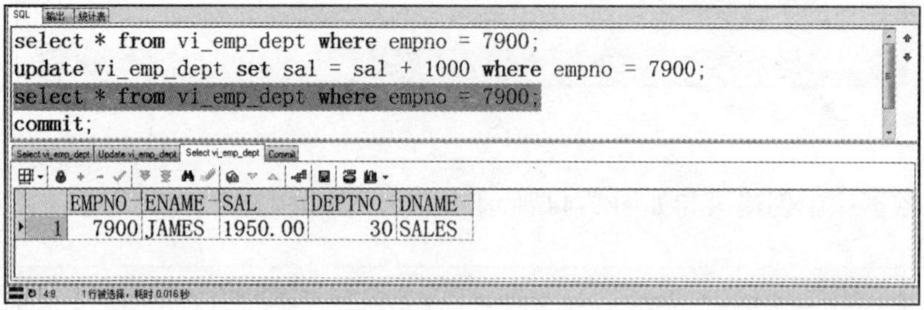

```
select * from vi_emp_dept where empno = 7900;
update vi_emp_dept set sal = sal + 1000 where empno = 7900;
select * from vi_emp_dept where empno = 7900;
commit;
```

	EMPNO	ENAME	SAL	DEPTNO	DNAME
1	7900	JAMES	1950.00	30	SALES

图 7-47

在 SQL Server 数据库中，基于视图 VI_EMP_DEPT 将部门号为 20 的部门的部门名称修改成 bsoft，更新语句及更新前后部门号为 20 的部门信息如图 7-48 所示。

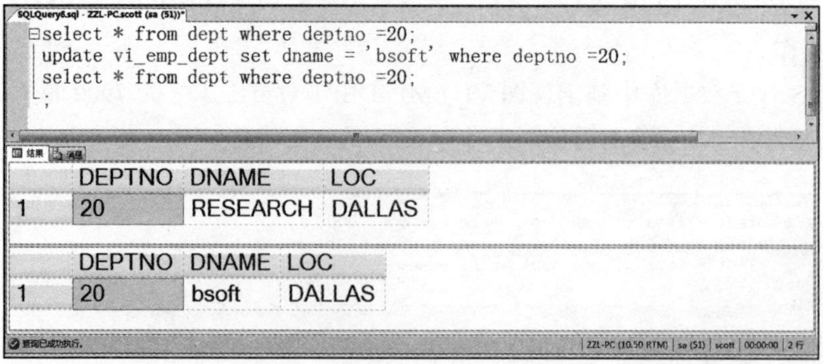

```
select * from dept where deptno =20;
update vi_emp_dept set dname = 'bsoft' where deptno =20;
select * from dept where deptno =20;
;
```

	DEPTNO	DNAME	LOC
1	20	RESEARCH	DALLAS

	DEPTNO	DNAME	LOC
1	20	bsoft	DALLAS

图 7-48

在 Oracle 数据库中，基于视图 VI_EMP_DEPT 将部门号为 20 的部门的部门名称修改成 bsoft，更新语句如图 7-49 所示。

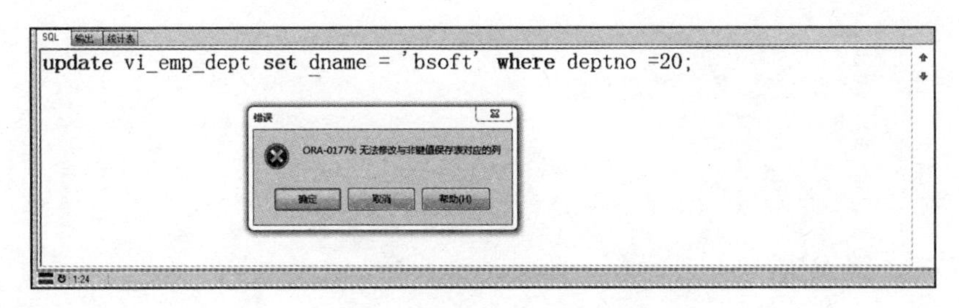

图　7-49

从结果可以看出，基于视图VI_EMP_DEPT更新SAL列，无论是SQL Server数据库还是Oracle数据库都更新成功了。而当基于视图VI_EMP_DEPT更新DNAME列时，SQL Server数据库更新成功，Oracle数据库则报“无法修改与非键值保存表对应的列”的错误。此处不难看出，在对多表关联成的视图进行update时，Oracle数据库比较严格，只能更新键值保存表的列；而SQL Server数据库比较松散，既可以更新键值保存表对应的列，又可以更新非键值保存表对应的列。

7.12　总结

视图在项目中使用的还是很普遍的，基本上都是专门供查询使用。对视图进行更新操作时，视图到底能不能被更新，主要是看要更新的视图的记录是否能够在基表中找到对应的记录，如果找到则能够更新，找不到则不能更新，这与视图是基于单一表创建的还是基于多张表创建的没有关系。

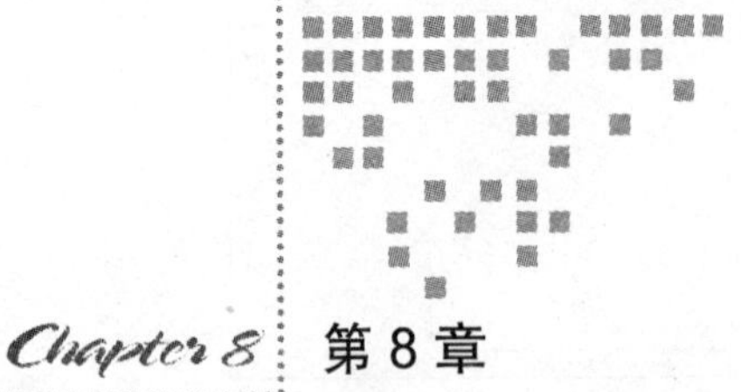

Chapter 8 第8章

索　引

索引是与表相关的一个可选结构，索引对象保存的数据在逻辑上和物理上都独立于表的数据。索引是为检索而生，其目的就是优化查询，而副作用是降低了增删改（DML）操作的效率，因为DML操作的时候会维护索引数据，如果索引太多，索引维护工作就变多，副作用就更明显。

平时，读者遇到的浅层次的性能优化，一般都会通过增加索引解决，会大大提升查询的速率。但是并不是索引越多越好，索引会带来两方面的弊端，一方面，索引会保存数据，这样就会占用物理空间；另一方面，索引过多的话，增加了索引维护的难度，表记录的增加与删除，以及索引列数据的更新都会牵涉索引的维护。所以在实际项目中，要把索引看作一个有限的宝贵资源，在尽量不增加索引数量的前提下，合理创建必需的索引，提高查询的效率。编者曾经碰到有个表里居然创建了30多个索引的情况，这只能说明系统的业务逻辑设计存在严重的问题。

查询Oracle数据库的段，我们发现无论是表还是索引，都有对应的段存在，如图8-1所示。这也就说明了索引跟表一样，需要物理空间存放数据。

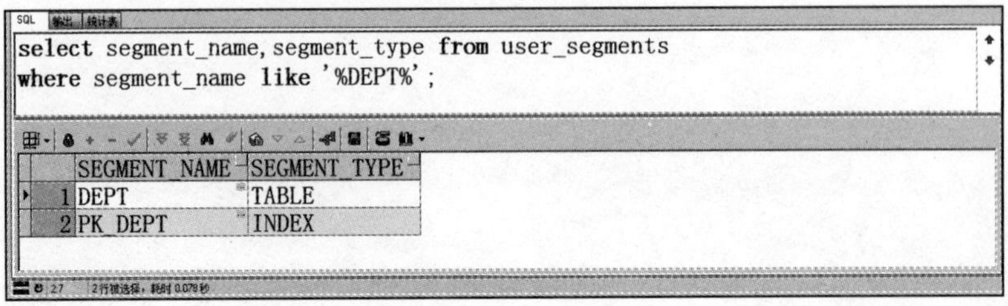

```
select segment_name, segment_type from user_segments
where segment_name like '%DEPT%';
```

	SEGMENT_NAME	SEGMENT_TYPE
1	DEPT	TABLE
2	PK_DEPT	INDEX

图　8-1

8.1 索引语法

索引语法主要包含创建语法和删除语法。下面针对两种语法分别给出详细介绍。

8.1.1 创建语法

创建索引的语法如下所示：

```
create [type] index index_name on table_name(column_list);
```

各关键字的解释如下。

- create：关键字，标识当前命令是创建对象的命令。
- [type]：指定要创建的索引的类型。
- index：关键字，标识当前命令要创建的对象类型是索引。
- index_name：指定当前要创建的索引名称。
- on table_name：指定索引所依附的表。
- column_list：指定索引创建在哪些列上面。

8.1.2 删除语法

删除索引语法如下所示：

```
drop index index_name;
```

各关键字的解释如下。

- drop：关键字，标识当前命令是删除对象的命令。
- index：关键字，标识当前命令要删除的对象类型是索引。
- index_name：指定当前要删除的索引名称。

8.2 B-Tree 索引

多叉平衡树（B-Tree）是存储索引数据的很好的数据结构，无论是 SQL Server 数据库还是 Oracle 数据库，除位图索引外的索引都采用 B-Tree 数据结构。

弄清楚 B-Tree 索引的原理，对我们合理创建及使用索引有非常大的帮助，所以在此详细讲解一下 B-Tree 索引的原理及存储结构。

emp 表 pk_empno 索引在 Oracle 数据库的理想 B-Tree 结构如图 8-2 所示。因为 emp 表中总共只有 14 条记录，所以简单的两层 B-Tree 就可以存储下所有键值。最上面一层是根节点，它里面包含了两条条目，分别指向两个叶子节点。两个叶子节点里面，分别保存了 7 个键值和它们对应的表记录物理地址，叶子节点之间组成双向连接。

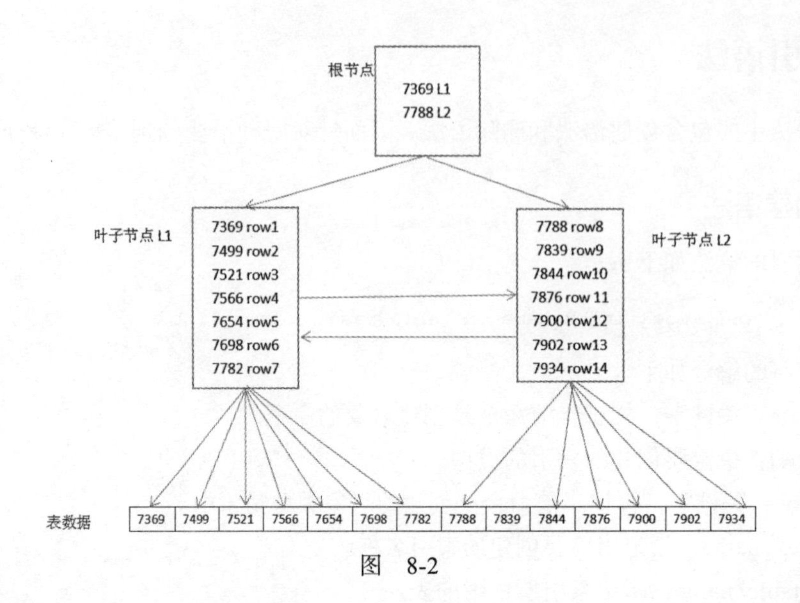

图 8-2

假如要查询员工工号为 7788 的员工信息，如图 8-3 所示。此时数据库会使用 PK_EMP 索引，结合图 8-2，我们看一下数据库的执行顺序。首先数据库加载根节点所在的数据块，加载完根节点的数据块后，从根节点可知，检索关键值为 7788 的记录需要加载叶子节点 L2 所在的数据块。加载完叶子节点 L2 所在的数据块后，通过叶子节点 L2，可知键值 7788 对应的表记录的行号为 row8。接着通过加载 row8 所在的数据块，找到我们要检索的员工工号为 7788 的记录，完成检索。

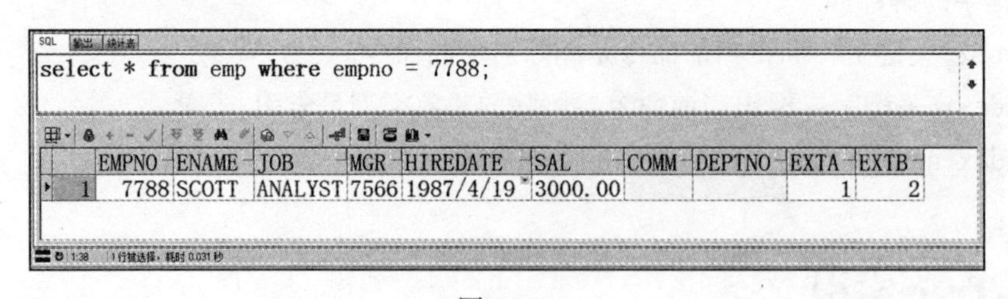

图 8-3

为了能够查看到 Oracle 数据库中真实的 B-Tree 索引存储结构，通过下面的例子，将索引数据转储成文件来查看里面的内容。

首先，使用建表新增语句基于 dba_objects 创建一张新表 BSOFT，并将 dba_objects 中的所有数据插入 BSOFT 中，如图 8-4 所示。

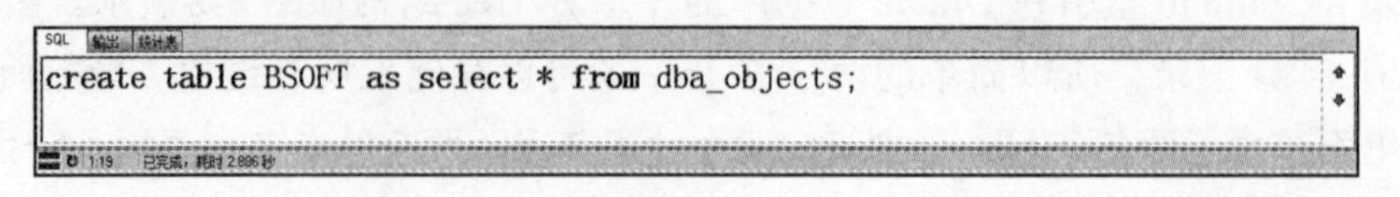

图 8-4

BSOFT 表创建完之后，查询 BSOFT 里面存储的记录数，发现有将近 8 万条，如图 8-5 所示。数据量足够进行索引存储结构的分析。

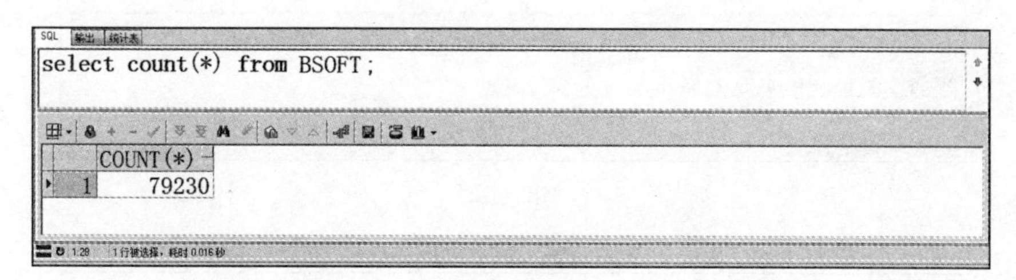

图 8-5

接着，在 BSOFT 表的 object_name 列上创建索引 idx_bsoft_object_name，如图 8-6 所示。

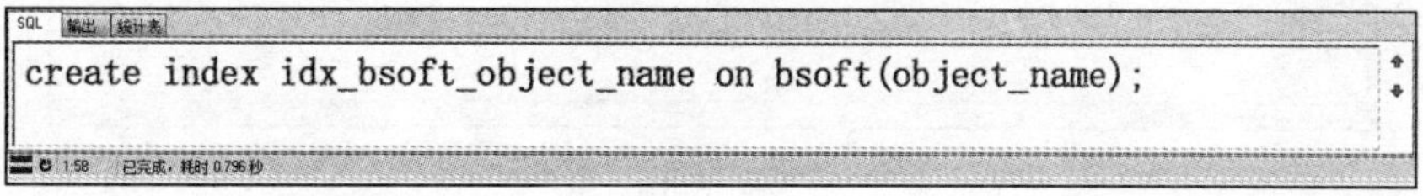

```
create index idx_bsoft_object_name on bsoft(object_name);
```

1:58 已完成，耗时 0.796 秒

图 8-6

通过系统视图 dba_indexes 我们可以查到，索引 idx_bsoft_object_name 的平衡树的平衡层级是 2，如图 8-7 所示。

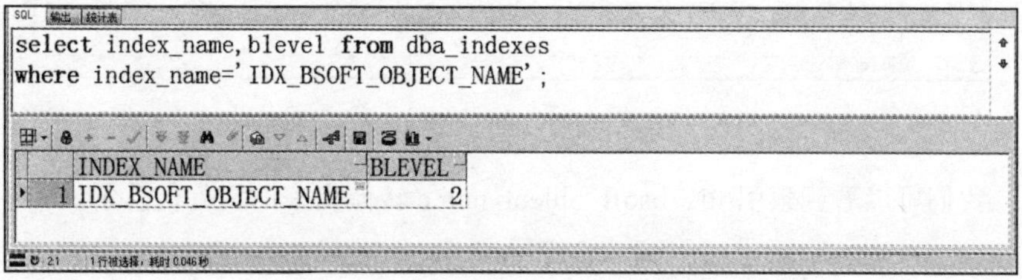

```
select index_name,blevel from dba_indexes
where index_name='IDX_BSOFT_OBJECT_NAME';
```

	INDEX_NAME	BLEVEL
1	IDX_BSOFT_OBJECT_NAME	2

2:1 1行被选择，耗时 0.046 秒

图 8-7

接着分析一下索引 idx_bsoft_object_name，如图 8-8 所示。

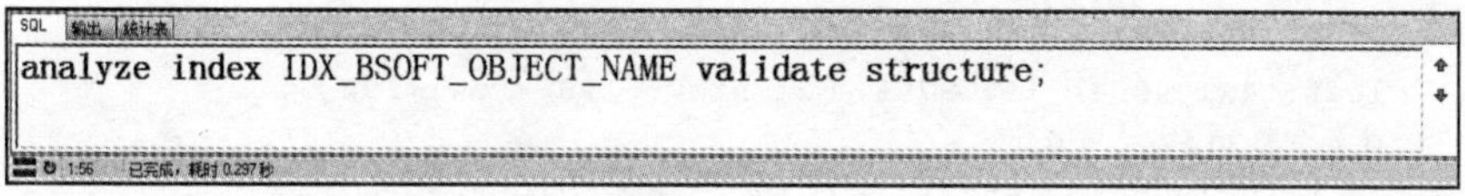

```
analyze index IDX_BSOFT_OBJECT_NAME validate structure;
```

1:56 已完成，耗时 0.297 秒

图 8-8

通过系统视图 index_stats，我们可以看到索引 idx_bsoft_object_name 的平衡树的存储高度是 3，如图 8-9 所示。

通过系统视图 dba_objects，我们可以查到视图 idx_bsoft_object_name 的对象 id 是 104813，对象类型是 index，如图 8-10 所示。

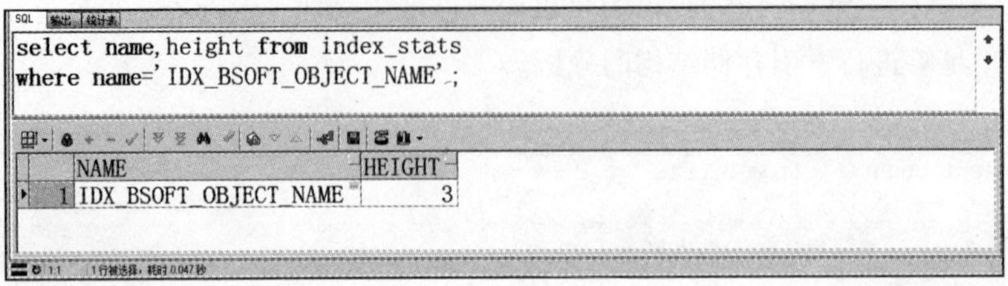

```
select name,height from index_stats
where name='IDX_BSOFT_OBJECT_NAME';
```

	NAME	HEIGHT
1	IDX_BSOFT_OBJECT_NAME	3

图 8-9

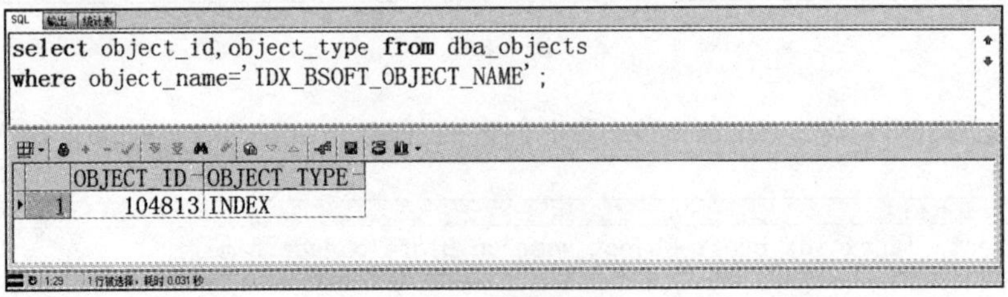

```
select object_id,object_type from dba_objects
where object_name='IDX_BSOFT_OBJECT_NAME';
```

	OBJECT_ID	OBJECT_TYPE
1	104813	INDEX

图 8-10

查到索引的对象ID后，对索引进行treedump处理，将存储结果转储成文件，如图8-11所示。

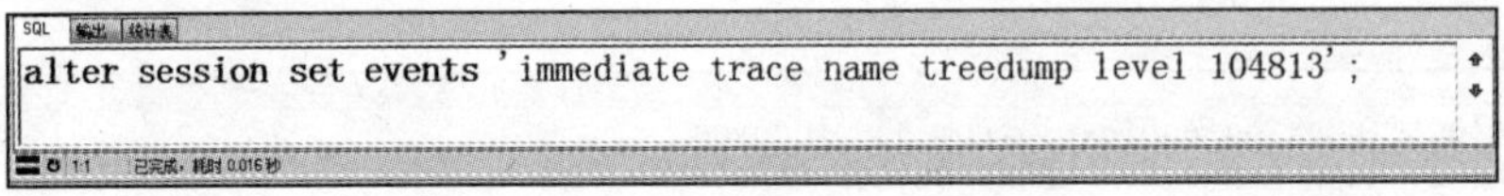

```
alter session set events 'immediate trace name treedump level 104813';
```

图 8-11

至此，我们可以看到索引idx_bsoft_object_name转储出来的文件信息了，如下所示：

```
----- begin tree dump
*** 2017-12-19 21:38:50.057
branch: 0x10009eb 16779755 (0: nrow: 2, level: 2)
    branch: 0x1000f50 16781136 (-1: nrow: 320, level: 1)
        leaf: 0x10009ec 16779756 (-1: nrow: 184 rrow: 184)
        leaf: 0x10009ed 16779757 (0: nrow: 184 rrow: 184)
        leaf: 0x10009ee 16779758 (1: nrow: 188 rrow: 188)
        leaf: 0x10009ef 16779759 (2: nrow: 190 rrow: 190)
        此处省略314个叶节点
        leaf: 0x1000f4d 16781133 (317: nrow: 219 rrow: 219)
        leaf: 0x1000f4e 16781134 (318: nrow: 202 rrow: 202)
    branch: 0x1000f90 16781200 (0: nrow: 62, level: 1)
        leaf: 0x1000f4f 16781135 (-1: nrow: 183 rrow: 183)
        leaf: 0x1000f51 16781137 (0: nrow: 177 rrow: 177)
        leaf: 0x1000f52 16781138 (1: nrow: 190 rrow: 190)
        leaf: 0x1000f53 16781139 (2: nrow: 217 rrow: 217)
        此处省略56个页节点
```

```
        leaf: 0x1000f8e 16781198 (59: nrow: 190 rrow: 190)
        leaf: 0x1000f8f 16781199 (60: nrow: 133 rrow: 133)
----- end tree dump
```

各关键知识点如下。

- 第1列表示节点类型：branch是分支节点（包括了根节点），而leaf则是叶子节点。
- 第2列表示节点地址：用十六进制显示。
- 第3列表示节点地址：用十进制显示。
- 第4列表示相对于前一个节点的位置：根节点从0算起，其他分支节点和叶子节点从-1开始算。
- 第5列（nrow）表示当前节点所含索引条目的数量（包括delete的条目）。
- 第6列（level）表示：分支节点的层级。在Oracle的索引中，层级号是倒过来的，也就是说假设某个索引有N层，则根节点的层级号为N，而根节点下一层的分支节点的层级号为N–1。
- 第7列（rrow）表示：有效的索引条目的数量，因为当索引条目被删除后，不会立即被清除出索引块。所以nrow减rrow的数量就表示已经被删除的索引条目数量。

通过上面导出的数据我们可以看出，索引idx_bsoft_object_name的存储结构中，包含了一个根节点，两个分支节点，第1个分支节点包含了320个叶子节点，第2个分支节点包含了62个叶子节点。BSOFT表中将近8万条记录的索引值，分布在382个叶子节点中。

接下来，进一步分析一下根节点的存储结构。根据根节点的物理地址16779755可查询到根节点数据块所在的文件号和数据块号，如图8-12所示。

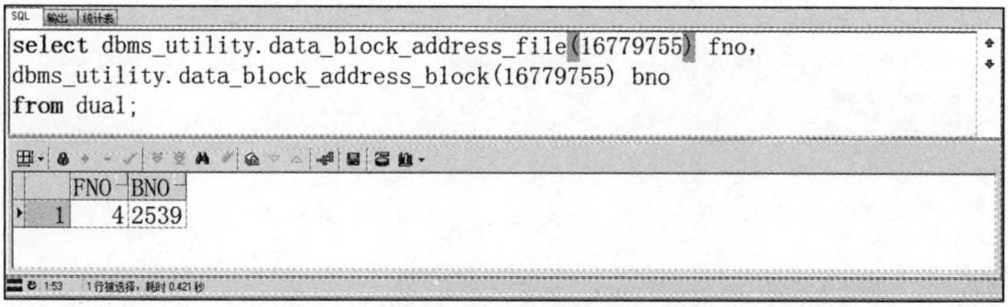

SQL | 输出 | 统计表

```
select dbms_utility.data_block_address_file(16779755) fno,
dbms_utility.data_block_address_block(16779755) bno
from dual;
```

	FNO	BNO
1	4	2539

1:53 1行被选择，耗时 0.421 秒

图 8-12

接着，将索引idx_bsoft_object_name的根节点所在的数据块转储到文件中，如图8-13所示。

SQL | 输出 | 统计表

```
alter system dump datafile 4 block 2539;
```

1:40 已完成，耗时 0.047 秒

图 8-13

索引 idx_bsoft_object_name 的根节点所在的数据块转储出的文件内容如下所示：

```
*** 2017-12-19 22:07:37.980
Start dump data blocks tsn: 4 file#:4 minblk 2539 maxblk 2539
Block dump from cache:
Dump of buffer cache at level 4 for tsn=4, rdba=16779755
BH (0x9AFDDA34) file#: 4 rdba: 0x010009eb (4/2539) class: 1 ba: 0x9AB46000
    set: 10 pool 3 bsz: 8192 bsi: 0 sflg: 2 pwc: 267,19
    dbwrid: 0 obj: 104813 objn: 104813 tsn: 4 afn: 4 hint: f
    hash: [0xBE781C70,0xBE781C70] lru: [0x9B7D29A8,0x9AFDD790]
    ckptq: [NULL] fileq: [NULL] objq: [0x9AFD88FC,0x9AFDDA24]
    st: XCURRENT md: NULL tch: 3
    flags: block_written_once redo_since_read
    LRBA: [0x0.0.0] LSCN: [0x0.0] HSCN: [0xffff.ffffffff] HSUB: [15]
    cr pin refcnt: 0 sh pin refcnt: 0
Block dump from disk:
buffer tsn: 4 rdba: 0x010009eb (4/2539)
scn: 0x0000.0134e0cf seq: 0x01 flg: 0x04 tail: 0xe0cf0601
frmt: 0x02 chkval: 0x47eb type: 0x06=trans data
Hex dump of block: st=0, typ_found=1
Dump of memory from 0x0E494000 to 0x0E496000
E494000 0000A206 010009EB 0134E0CF 04010000  [..........4.....]
此处省略若干数据
E495FF0 00000000 00000000 00000000 E0CF0601  [................]
Block header dump:  0x010009eb
 Object id on Block? Y
 seg/obj: 0x1996d  csc: 0x00.134e090  itc: 1  flg: E  typ: 2 - INDEX
     brn: 0  bdba: 0x10009e8 ver: 0x01 opc: 0
     inc: 0  exflg: 0

 Itl           Xid                  Uba         Flag  Lck        Scn/Fsc
0x01   0xffff.000.00000000  0x00000000.0000.00  C---    0  scn 0x0000.0134e090
Branch block dump
=================
header address 239681612=0xe49404c
kdxcolev 2
KDXCOLEV Flags = - - -
kdxcolok 0
kdxcoopc 0x80: opcode=0: iot flags=--- is converted=Y
kdxconco 2
kdxcosdc 0
kdxconro 1
kdxcofbo 30=0x1e
kdxcofeo 8018=0x1f52
kdxcoavs 7988
kdxbrlmc 16781136=0x1000f50
kdxbrsno 0
kdxbrbksz 8060
kdxbr2urrc 0
row#0[8018] dba: 16781200=0x1000f90
col 0; len 30; (30):
```

```
 63 6f 6d 2f 73 75 6e 2f 6a 64 69 2f 65 76 65 6e 74 2f 56 4d 53 74 61 72 74
 45 76 65 6e 74
col 1; len 6; (6): 01 00 0b 4b 00 23
----- end of branch block dump -----
End dump data blocks tsn: 4 file#: 4 minblk 2539 maxblk 2539
```

从以上所示文件可以看出，根节点里记录的索引条目，总共1行再加上 kdxbrlmc 所指向的第一个分支节点，该根节点中总共存放了两个分支节点的索引条目。每个索引条目都指向一个分支节点，其中，col 1 表示所链接的分支节点的地址；col 0 表示该分支节点所链接的最小键值。Oracle 数据库在 Branch block 中只记录索引键值的前缀，而不是所有值，因为这样可以节约空间，从而能够存储更多的索引条目。同时，我们也能理解了为什么查询使用 like '%xxx' 这种方法不会走 BTREE 索引，因为 Branch block 中存储的只是前缀。

接下来，进一步分析一下第1个叶子节点的存储结构。根据第1个叶子节点的物理地址 16779756，可查询到第1个叶子节点数据块所在的文件号和数据块号，如图 8-14 所示。

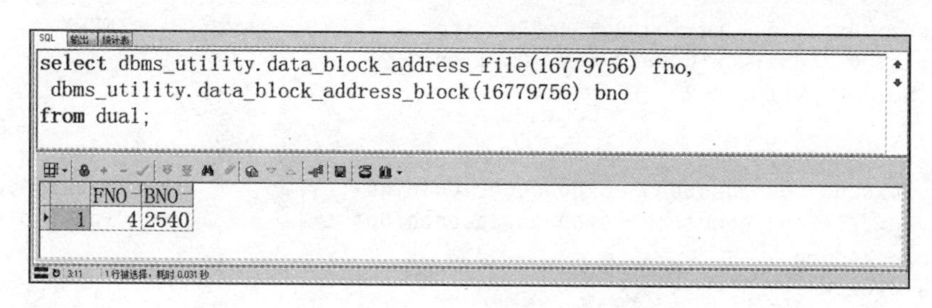

图 8-14

接着，将索引 idx_bsoft_object_name 的第1个叶子节点所在的数据块转储到文件，如图 8-15 所示。

```
alter system dump datafile 4 block 2540;
```

图 8-15

索引 idx_bsoft_object_name 的第1个叶子节点所在的数据块转储出的文件如下所示：

```
*** 2017-12-19 22:55:36.098
Start dump data blocks tsn: 4 file#:4 minblk 2540 maxblk 2540
Block dump from cache:
Dump of buffer cache at level 4 for tsn=4, rdba=16779756
BH (0x9AFD02E4) file#: 4 rdba: 0x010009ec (4/2540) class: 1 ba: 0x9A93E000
    set: 9 pool 3 bsz: 8192 bsi: 0 sflg: 2 pwc: 243,28
    dbwrid: 0 obj: 104813 objn: 104813 tsn: 4 afn: 4 hint: f
    hash: [0xBD8D0BD0,0xBD8D0BD0] lru: [0x9AFD0538,0x9AFD07B4]
```

```
    ckptq: [NULL] fileq: [NULL] objq: [0xBA152D84,0x9AFD02D4]
    st: XCURRENT md: NULL tch: 2
    flags:
    LRBA: [0x0.0.0] LSCN: [0x0.0] HSCN: [0xffff.ffffffff] HSUB: [65535]
    cr pin refcnt: 0 sh pin refcnt: 0
Block dump from disk:
buffer tsn: 4 rdba: 0x010009ec (4/2540)
scn: 0x0000.0134e094 seq: 0x02 flg: 0x04 tail: 0xe0940602
frmt: 0x02 chkval: 0x36fa type: 0x06=trans data
Hex dump of block: st=0, typ_found=1
Dump of memory from 0x0E494000 to 0x0E496000
E494000 0000A206 010009EC 0134E094 04020000  [..........4.....]
此处省略若干数据
E495FC0 00010661 1B00660B 00000000 00000000  [a....f..........]
E495FD0 00000000 00000000 00000000 00000000  [................]
        Repeat 1 times
E495FF0 00000000 00000000 00000000 E0940602  [................]
Block header dump:  0x010009ec
 Object id on Block? Y
 seg/obj: 0x1996d  csc: 0x00.134e090  itc: 2  flg: E  typ: 2 - INDEX
     brn: 0  bdba: 0x10009e8 ver: 0x01 opc: 0
     inc: 0  exflg: 0

 Itl           Xid                  Uba         Flag  Lck        Scn/Fsc
0x01   0x0000.000.00000000  0x00000000.0000.00  ----    0  fsc 0x0000.00000000
0x02   0xffff.000.00000000  0x00000000.0000.00  C---    0  scn 0x0000.0134e090
Leaf block dump
===============
header address 239681636=0xe494064
kdxcolev 0
KDXCOLEV Flags = - - -
kdxcolok 0
kdxcoopc 0x80: opcode=0: iot flags=--- is converted=Y
kdxconco 2
kdxcosdc 0
kdxconro 184
kdxcofbo 404=0x194
kdxcofeo 1252=0x4e4
kdxcoavs 848
kdxlespl 0
kdxlende 0
kdxlenxt 16779757=0x10009ed
kdxleprv 0=0x0
kdxledsz 0
kdxlebksz 8036
row#0[7996] flag: ------, lock: 0, len=40
col 0; len 30; (30):
 2f 31 30 30 30 33 32 33 64 5f 44 65 6c 65 67 61 74 65 49 6e 76 6f 63 61 74
 69 6f 6e 48 61
col 1; len 6; (6):  01 00 0b 66 00 1b
row#1[7956] flag: ------, lock: 0, len=40
```

```
col 0; len 30; (30):
 2f 31 30 30 30 33 32 33 64 5f 44 65 6c 65 67 61 74 65 49 6e 76 6f 63 61 74
 69 6f 6e 48 61
col 1; len 6; (6):  01 00 0b 66 00 1c
row#2[7916] flag: ------, lock: 0, len=40
col 0; len 30; (30):
 2f 31 30 30 30 65 38 64 31 5f 4c 69 6e 6b 65 64 48 61 73 68 4d 61 70 56 61
 6c 75 65 49 74
col 1; len 6; (6):  01 00 0c 09 00 0c
此处省略179个条目
row#182[1292] flag: ------, lock: 0, len=40
col 0; len 30; (30):
 2f 31 31 31 62 39 64 38 38 5f 52 65 6e 64 65 72 61 62 6c 65 49 6d 61 67 65
 50 72 6f 64 75
col 1; len 6; (6):  01 00 0c 1a 00 10
row#183[1252] flag: ------, lock: 0, len=40
col 0; len 30; (30):
 2f 31 31 31 62 39 64 38 38 5f 52 65 6e 64 65 72 61 62 6c 65 49 6d 61 67 65
 50 72 6f 64 75
col 1; len 6; (6):  01 00 0c 1a 00 11
----- end of leaf block dump -----
End dump data blocks tsn: 4 file#: 4 minblk 2540 maxblk 2540
```

对与分支节点不同的值解析如下。

- kdxlespl：表示当前叶子节点被拆分时，未提交的事务数量。
- kdxlende：表示被删除的索引条目数量。
- kdxlenxt：表示当前叶子节点的下一个叶子节点的地址。
- kdxlprv：表示当前叶子节点的上一个叶子节点的地址。
- kdxledsz：表示被删除的空间。
- lock：0：表示 ITL 中的锁信息，0 表示没有被锁。
- len：表示索引值长度。
- flag：表示标记，如删除标记等。
- col：表示列号，从 0 开始。接下来就是索引的键值以及 rowid 中后 3 部分（相对文件号、块号、行号），即：col 0 是键值，col 1 是 rowid。

可以看出，第 1 个叶子节点存储了 184 条索引条目，即保存了 184 个索引值与对应的 184 条表记录的行地址的对应关系。

也就是说，叶子节点主要存储了完整的索引键值，以及相关索引键值的部分 rowid（这个 rowid 去掉了 data object number 部分）。同时 leaf 节点还存储了两个指针，分别指向上一个 leaf 节点以及下一个 leaf 节点。这样叶子节点便是双向链表的结构。我们看到前面对 B 树索引的体系结构的描述，可以知道其为一个树状的立体结构。但对应到数据文件里的排列当然还是一个平面的形式。因此，当 Oracle 需要访问某个索引块的时候，势必会在这个结构上跳跃式地移动。

当 Oracle 数据块需要获得一个索引块时，首先从根节点开始，根据所要查找的键值，从而知道其所在的下一层的分支节点；然后访问下一层的分支节点，再次同样根据键值访问再下一层的分支节点；如此这般，最终访问到最底层的叶子节点。可以看出，其获得物理 I/O 块时，是一个接着一个、按照顺序、串行进行的。在获得最终物理块的过程中，我们不能同时读取多个块，因为在没有获得当前块的时候不知道接下来应该访问哪个块。因此，在索引上访问数据块时，会对应到 db file sequential read 等待事件，其根源在于我们是按照顺序从一个索引块跳到另一个索引块，从而找到最终的索引块的。

8.3 聚集索引

聚集索引是通过索引的逻辑顺序决定数据物理顺序的索引。它是 SQL Server 数据库中的对象。每个表的聚集索引最多只能有一个，因为数据的物理存储顺序只能有一种。聚集索引的叶子节点即为数据表。SQL Server 数据库在创建表的时候，如果不在主键列上指定是否聚集，则系统会自动在主键列上创建聚集索引。主键的知识在第 9 章会详细介绍。

我们尝试在 emp 表的 ename 列创建聚集索引。因为 SQL Server 数据库默认在 EMP 表的主键 empno 列上创建了聚集索引，所以，提示“无法对表 emp 创建多个聚集索引”错误，如图 8-16 所示。从而证明，一个表上最多只能创建一个聚集索引。

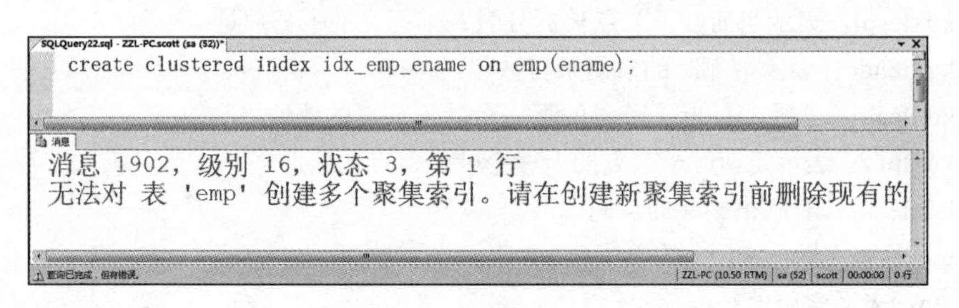

图 8-16

8.4 唯一索引

唯一索引是指键值不重复的索引。需要创建唯一索引的一个或者多个组合列上已经存在的数据必须唯一。一旦在一个或者多个组合列上创建了唯一索引，这个列或这些组合列上就不允许插入重复的值。

唯一索引能够进一步提升查询效率。因为一旦找到第 1 条记录，就不需要再继续往下找了，唯一索引保证了后面不会再出现同样的记录。

Oracle 数据库在创建表的时候，如果不给主键指定索引，则系统会自动在主键列上创建唯一索引。

在 emp 表的 ename 列上创建唯一索引，提示“找到重复的关键字”错误，如图 8-17 所示。

SQL
输出
统计表
create unique index idx_emp_ename on emp(ename);
错误
ORA-01452: 无法 CREATE UNIQUE INDEX; 找到重复的关键字
确定
取消
帮助(H)

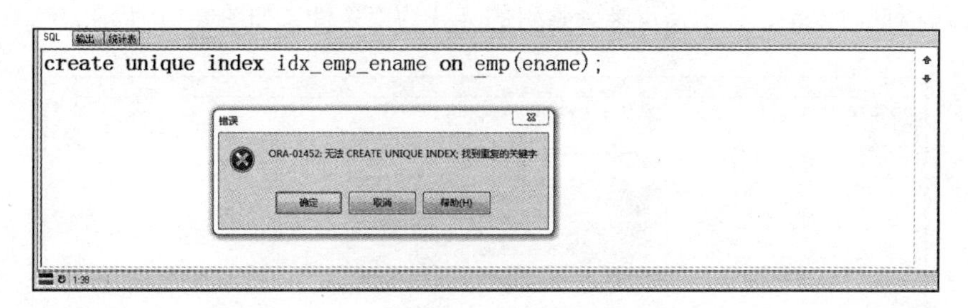

图　8-17

创建唯一索引列上的值必须唯一，如图 8-17 所示的错误，说明 emp 表中存在 ename 相同的记录。我们可以通过如图 8-18 所示的命令来查询到底哪些值重复了。通过查询，我们看到员工姓名为 zhangzl 的记录存在重名情况。

SQL
输出
统计表
select ename from emp group by ename having count(*)>1;
ENAME
1 zhangzl
1 行被选择，耗时 0.031 秒

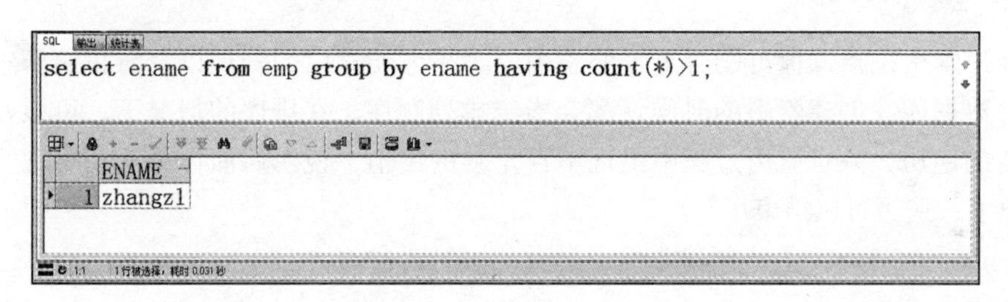

图　8-18

为了能够在 ename 列上创建唯一索引，尝试修改重名记录中的一条记录的姓名，命令如图 8-19 所示。

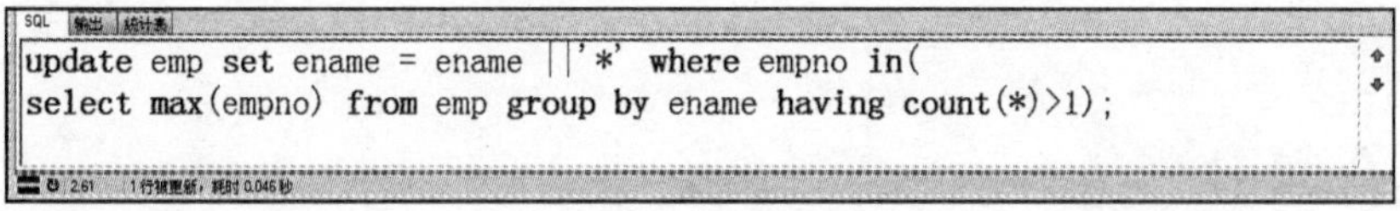

SQL
输出
统计表
update emp set ename = ename ||'*' where empno in(
select max(empno) from emp group by ename having count(*)>1);
1 行被更新，耗时 0.046 秒

图　8-19

经过如图 8-19 所示的命令处理后，emp 表中已经不再存在重名的记录了。继续在 emp 表的 ename 列上创建唯一索引，此时创建成功，如图 8-20 所示。

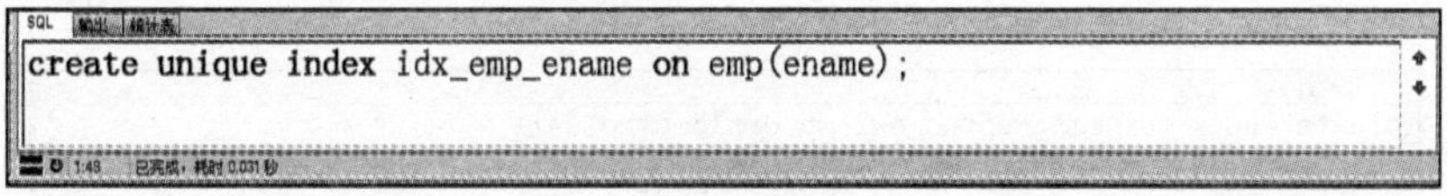

SQL
输出
统计表
create unique index idx_emp_ename on emp(ename);
已完成，耗时 0.031 秒

图　8-20

在 emp 表的 ename 列上创建唯一索引后，尝试将工号为 8888 的员工的员工姓名修改为 SCOTT。因为 emp 表中已经存在姓名为 SCOTT 的员工了，而 ename 列上已经创建了唯一索引，所以此时报错，提示违反唯一索引的唯一约束条件，如图 8-21 所示。

图 8-21

8.5 非唯一索引

非唯一索引是指键值可能会重复的索引。为了方便索引的管理以及防止遍历索引的所有键值，数据库在创建索引的时候，都会指定排列顺序。在排序的情况下，可以及时跳出索引键值的遍历，一旦遍历过程中出现不再重复的键值，说明后面再也不会出现当前要查询的键值了，遍历可以结束了。

在 emp 表的 mgr 列上，创建非唯一索引，如图 8-22 所示。

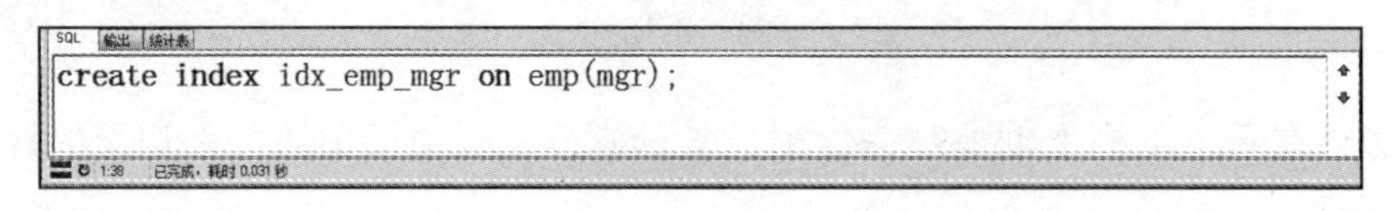

图 8-22

8.6 组合索引

组合索引（composite）是绑定了两个以上列的索引。在某些特别需求下，往往需要使用逻辑与进行数据检索，此时适合将这些字段创建组合索引，提高查询的效率。关于组合索引如何进行索引，将在 8.10.6 节详细介绍。

在 emp 表的 deptno 和 sal 列上创建组合索引，如图 8-23 所示。

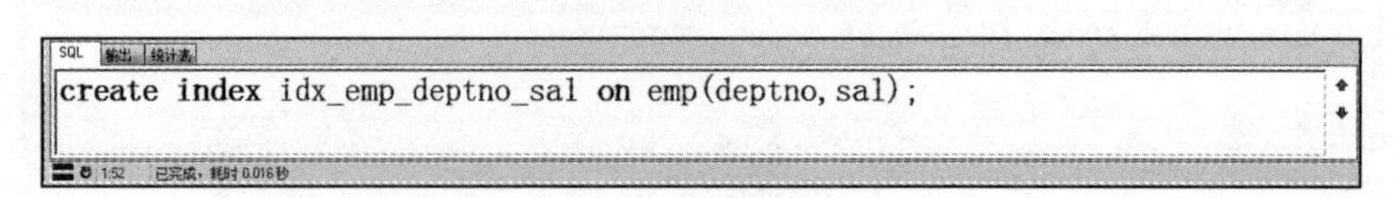

图 8-23

8.7 反向键索引

反向键索引（reverse）是将索引列值按照字节倒置后组建键值的索引。由 8.1 节的知识可知，索引的键值保存到叶子节点的，而连续的数值有极大的概率保存到同一个叶子节点中。当使用序列产生主键索引时，产生的数值都是连续的，会产生叶节点的争用，我们称之为叶子节点热快现象。当我们对连续的数值进行反转后，可以使序列产生的数值分散到不同的叶子节点，从而避免热快现象的产生。

使用建表新增基于 emp 表创建 emp4，如图 8-24 所示。然后在表 emp4 的 empno 列上创建反向键索引，如图 8-25 所示。

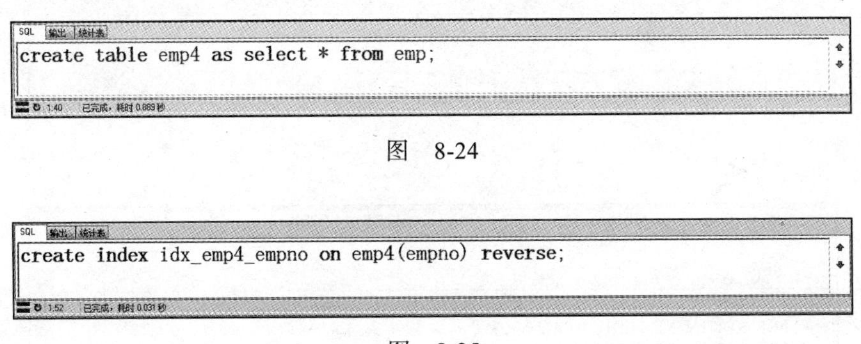

图 8-24

图 8-25

8.8 函数索引

函数索引是以索引列值的函数值组织的索引。在特定业务需求下，可能需要通过函数检索数据，此时可以创建函数索引，在索引中保存函数的返回值作为键值，这样整个函数在使用的时候就可以进行索引了。

例 8-1：将计算员工年薪的函数作为函数索引，Oracle 数据库创建语法如图 8-26 所示。SQL Server 数据库不能直接创建函数索引，需要首先创建持久列，如图 8-27 所示；然后基于持久列再创建索引，如图 8-28 所示。

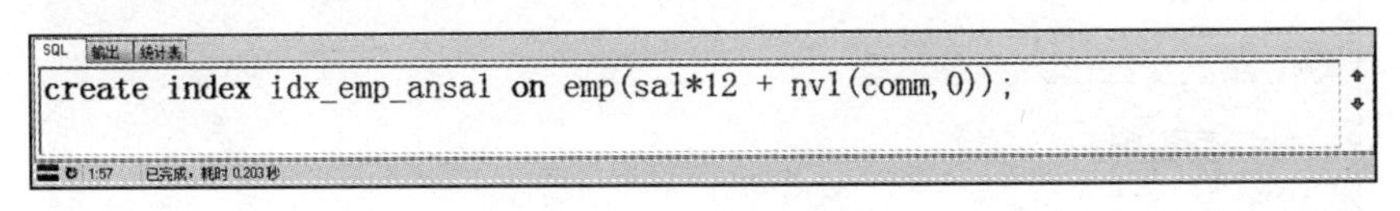

图 8-26

查询年薪等于 10 000 美元的员工信息。Oracle 数据库如图 8-29 所示。发现执行计划成功地进行了函数索引。

```
alter table emp add ANSAL  as sal * 12 + isnull(comm,0) persisted;
```

消息

命令已成功完成。

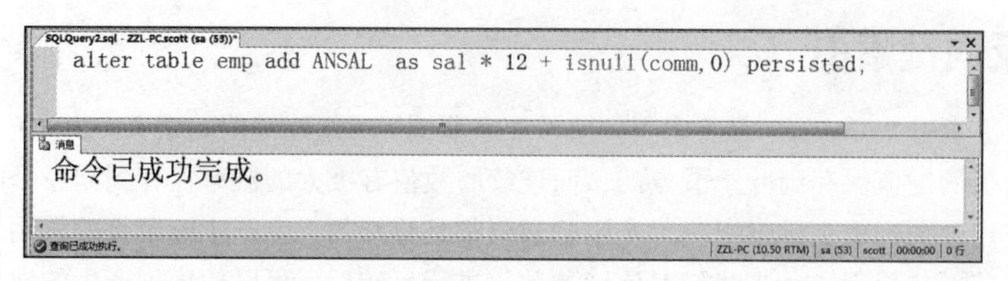

图 8-27

```
create index IDX_EMP_ANSAL on EMP(ANSAL);
```

消息

命令已成功完成。

图 8-28

```
select * from emp where sal *12 + nvl(comm,0) =10000
```

Description	对象所有者	对象名称	耒
SELECT STATEMENT, GOAL = ALL_ROWS			2
TABLE ACCESS BY INDEX ROWID	SCOTT	EMP	2
INDEX RANGE SCAN	SCOTT	INX_EMP_ANSAL	1

图 8-29

emp 表目前本身就是一张小表，SQL Server 数据库会根据数据量的多少，选择它认为最合适的执行计划。为了体现计划的准确性，向 emp 表中循环插入 2 万条记录，如图 8-30 所示。

```
declare @empno int
set @empno = 10000
while @empno <30000
begin
insert into emp(empno,ename,mgr,sal) values(@empno,@empno,@empno,1000);
set @empno =@empno +1
end
```

消息

(1 行受影响)

(1 行受影响)

(1 行受影响)

图 8-30

数据插入完成后，我们使用持久列 ansal 查询年薪为 10 000 美元的员工，发现成功使用了索引，如图 8-31 所示。换一种方式，直接使用计算表达式，发现同样能够使用索引，如图 8-32 所示。

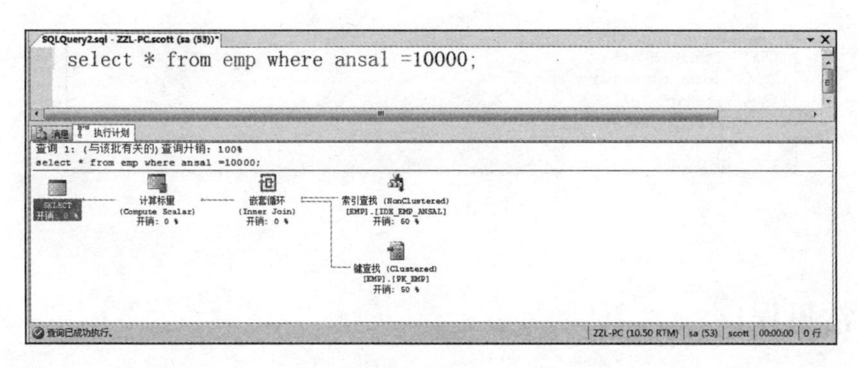

图 8-31

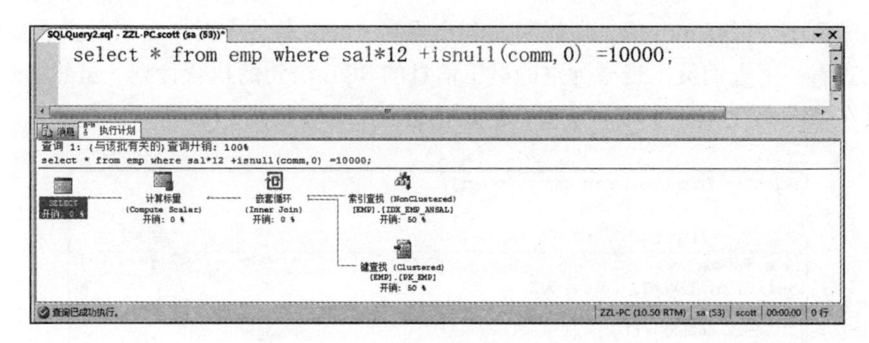

图 8-32

举例完成后，我们将刚刚插入的 2 万条员工记录删除，如图 8-33 所示。

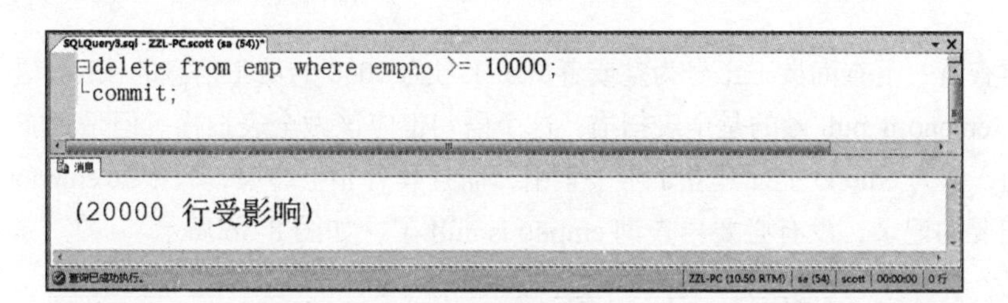

图 8-33

8.9 索引组织表

索引组织表（IOT）是 Oracle 数据库中的对象，表中的所有字段都放在索引上，这样在进行查询的时候就可以少访问很多的数据块，因为只从索引数据中就可以找到我们需要的数据。但是在插入数据的时候，速度就比普通的表慢一些。经常更新的表不适合使用 IOT。

创建索引组织表的语法如图 8-34 所示。

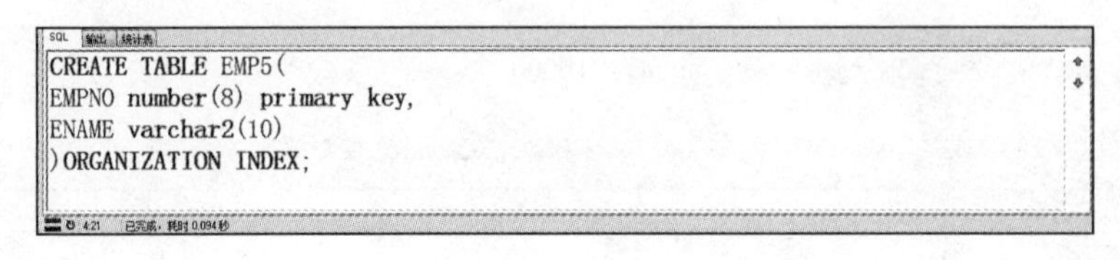

```
CREATE TABLE EMP5(
EMPNO number(8) primary key,
ENAME varchar2(10)
)ORGANIZATION INDEX;
```

图 8-34

8.10 常见误区

8.10.1 null 全表扫描

索引键值不会保存 null 值，所以当 null 出现在 where 条件中时，会引起全表扫描。

我们查看一下查询员工工号为空的员工信息的 SQL 语句的执行计划，虽然 empno 是主键，并且在 empno 上建立了唯一索引，但是还是做了全表扫描，如图 8-35 所示。

```
select * from emp where empno is null;
```

Description	对...	对象名称	耗费	基数	字
SELECT STATEMENT, GOAL = ALL			0	1	36
FILTER					
TABLE ACCESS FULL	SCOTT	EMP	3	9	324

图 8-35

我们再查看一下查询员工工号为空或者员工工号为 3030 的员工信息的 select 语句的执行计划，理论上 empno is null 做的是全表扫描，这个语句也应该做全表扫描。但是只能说 Oracle 还是很聪明的，因为 empno 上面建立了唯一索引，而且具有非空约束，只根据 empno='3030' 就可以找到我们要的记录，没有必要再查询 empno is null 了，如图 8-36 所示。

```
select * from emp where empno is null or empno =3030;
```

Description	对...	对象名称	耗费	基数	字
SELECT STATEMENT, GOAL = ALL			1	1	36
TABLE ACCESS BY INDEX ROWIE	SCOTT	EMP	1	1	36
INDEX UNIQUE SCAN	SCOTT	PK_EMP	0	1	

图 8-36

继续讲一个唯一索引的例子。在 dept 表的 dname 列上创建唯一索引，如图 8-37 所示。

```
create unique index idx_dept_dname on dept(dname);
```

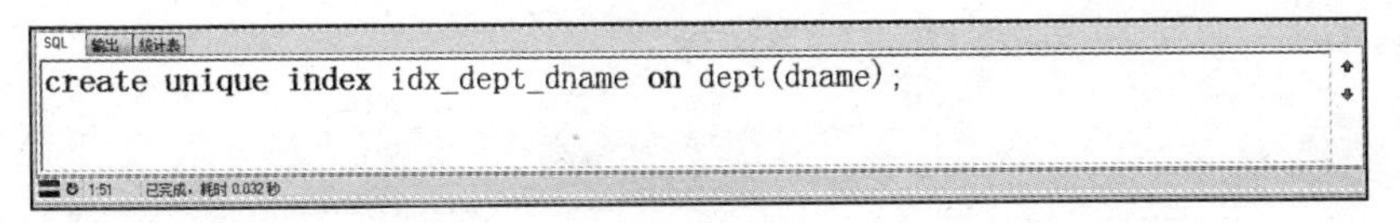

图 8-37

我们看查询部门名称为销售部的部门信息的 select 语句的执行计划，因为 dname 上面创建了唯一索引，所以索引起了作用，如图 8-38 所示。

```
Select * from dept where dname = 'SALES'
```

Description	对象所有者	对象名称	耗费	基数	字节
SELECT STATEMENT, GOA			1	1	20
TABLE ACCESS BY INDEX	SCOTT	DEPT	1	1	20
INDEX UNIQUE SCAN	SCOTT	UIDX_DEPT	0	1	

图 8-38

我们再看查询部门名称为销售部或者部门名称为空的部门信息的 select 语句的执行计划，因为 dname 可以为空，所以必须查询 dname is null 的记录，从而造成全表扫描，如图 8-39 所示。

```
Select * from dept where dname = 'SALES' or dname is null;
```

Description	对象所有者	对象名称	耗费	基数	字节
SELECT STATEMENT, GOA			3	1	20
TABLE ACCESS FULL	SCOTT	DEPT	3	1	20

图 8-39

8.10.2 <> 比较符引起全表扫描

很多读者可能觉得，只要在列上创建了索引，在 where 条件中就可以使用任意比较运算符了。但其实 <> 运算符不会使用索引，而是进行全表扫描。因为索引里存的是列的值，在不等于的情况下，如果要使用索引，也是要把索引里面保存的所有值比较一遍，在这种情况下，不如直接使用全表扫描。

通过执行计划，可以看到，Oracle 数据库使用了全表扫描，如图 8-40 所示。

```
select * from emp where empno <> 3030
```

Description	对...	对象名称	耗费	基数	字
SELECT STATEMENT, GOAL = ALL			3	8	288
TABLE ACCESS FULL	SCOTT	EMP	3	8	288

图 8-40

emp 表目前本身就是一张小表，SQL Server 数据库会根据数据量的多少，选择它认为最合适的执行计划。为了体现计划的准确性，向 emp 表中循环插入 2 万条记录，如图 8-41 所示。

```
declare @empno int
set @empno=10000
while @empno<30000
begin
insert into emp(empno, ename, mgr) values(@empno, @empno, @empno)
set @empno=@empno+1
end
```

图 8-41

前面已经在 emp 表的 mgr 列上创建了索引，查询直接领导工号为 3030 的员工信息，发现使用了索引，如图 8-42 所示。

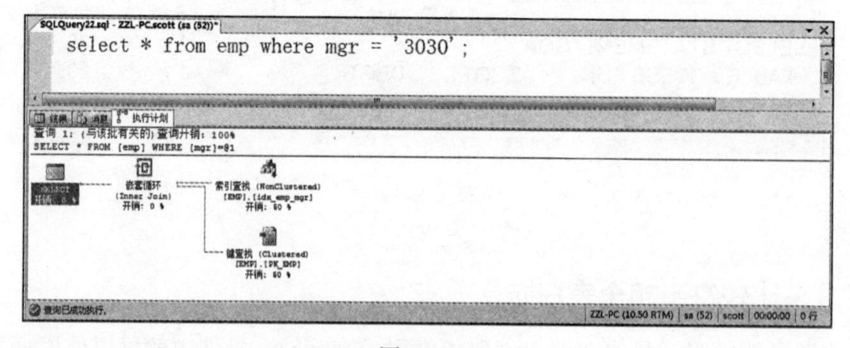

图 8-42

查询直接领导工号不等于 3030 的员工信息，发现虽然在 mgr 列上建有索引，但是 <> 比较符引起了全表扫描，如图 8-43 所示。

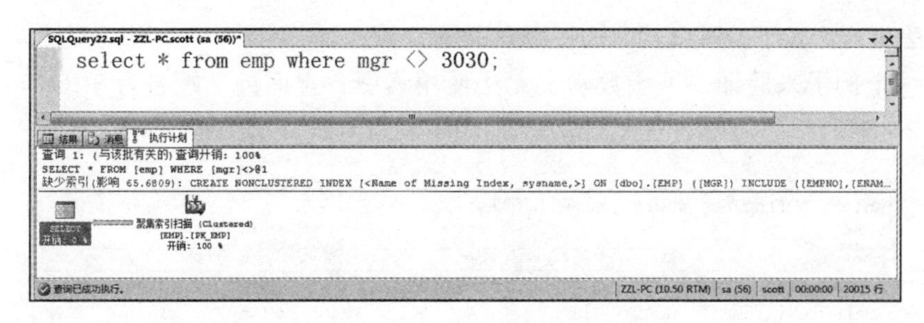

图 8-43

8.10.3 <or> 引起全表扫描

我们知道，索引的键值在索引对象里是按排序存放的，单独的大于或者单独的小于会使用索引。但是当大于和小于通过逻辑或一起作为查询条件时，会不会使用索引呢?

通过一个例子来验证一下。查询一下员工工号小于3030或者员工工号大于7788的员工信息。在Oracle数据库执行时，通过执行计划可以看到，使用了全表扫描，如图8-44所示。

```
select * from emp where empno < 3030 or empno >7788;
```

优化器目标 所有行

Description	对...	对象名称	耗费	基数	字
SELECT STATEMENT, GOAL = ALL			3	2	72
TABLE ACCESS FULL	SCOTT	EMP	3	2	72

Return all rows from a table

图 8-44

在SQL Server数据库执行时，通过执行计划可以看到，同样做了全表扫描，如图8-45所示。

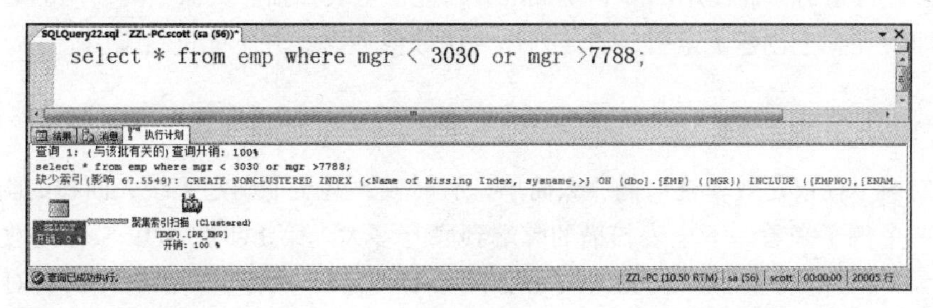

图 8-45

8.10.4 函数造成全表扫描

读者可能经常听到函数使索引失效的说法。通过前面索引知识的讲解我们知道，索引存放的键值是索引列的值。当索引列经过函数计算后，函数得到的结果与索引里保存的键值已经无法进行比较了，所以就无法使用索引了。

通过一个例子来验证一下函数确实无法使用索引。查询员工姓名为 SCOTT 的员工记录，如图 8-46 所示。发现执行计划成功地使用了索引 IDX_EMP_ENAME。

```
select * from emp where ename='SCOTT';
```

Description	对...	对象名称	耗费	基数	字
SELECT STATEMENT, GOAL = ALL			1	1	36
TABLE ACCESS BY INDEX ROWID	SCOTT	EMP	1	1	36
INDEX UNIQUE SCAN	SCOTT	IDX_EMP_ENAME	0	2	

Select a unique value from a unique index

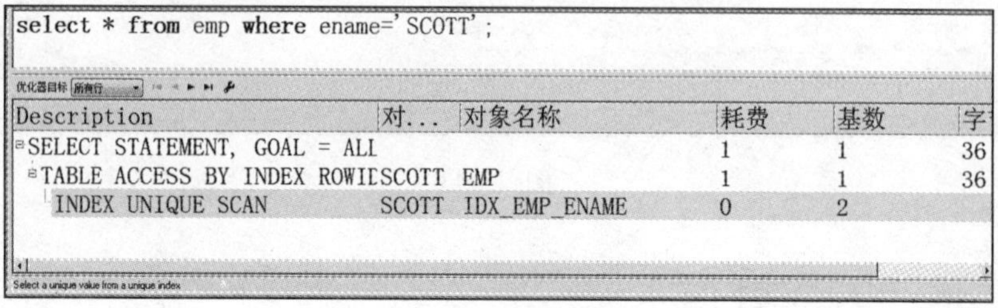

图 8-46

接着尝试在 ename 列上执行 upper 函数，然后再查询员工姓名为 SCOTT 的员工记录，发现此时进行了全表扫描，如图 8-47 所示。

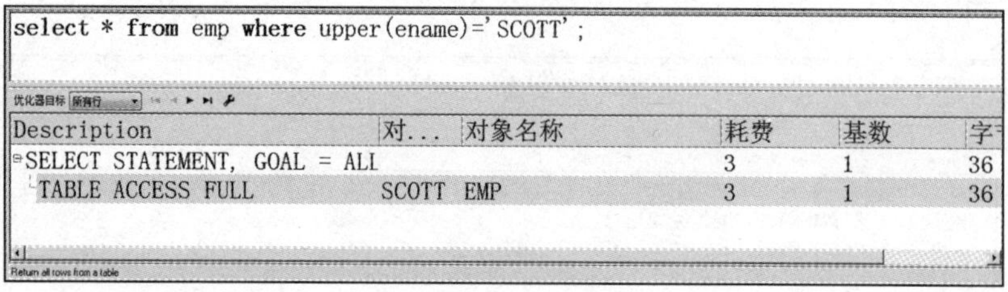

```
select * from emp where upper(ename)='SCOTT';
```

Description	对...	对象名称	耗费	基数	字
SELECT STATEMENT, GOAL = ALL			3	1	36
TABLE ACCESS FULL	SCOTT	EMP	3	1	36

Return all rows from a table

图 8-47

虽然 ename 列上创建了索引，但是 upper（ename）还是进行了全表扫描。这是因为，索引存放的键值是 ename 列的值，索引里面并没有 upper（ename）的键值，所以使用 ename 能够进行索引，而使用 upper（ename）则进行全表扫描。大家平时使用的时候，一定要注意，即便在列上创建了索引，当该列作为函数参数时，并不能进行索引。

8.10.5 慎用全表扫描

全表扫描不仅仅是效率查询低那么简单，有时候，甚至能引起系统大面积的阻塞。

通过一个例子来看一下全表扫描的弊端到底有多大。第 1 步在 SQL Server 数据库中给员工工号为 7788 的员工加薪 1000 美元，如图 8-48 所示。执行更新的时候，会对员工工号为 7788 的员工记录加上行级排他锁。暂时先不提交。

第 2 步，查询佣金为空的员工记录，发现查询语句被阻塞住了，如图 8-49 所示。造成阻塞的原因是，表 emp 在 comm 列上没有索引，此处会造成全表扫描。SQL Server 数据库行级排他锁会排斥行级共享锁，因为员工工号为 7788 的员工记录存在行级排他锁，无法再在此条记录上加共享锁，而全表扫描需要在此记录上加共享锁，从而造成了出现阻塞的情况。

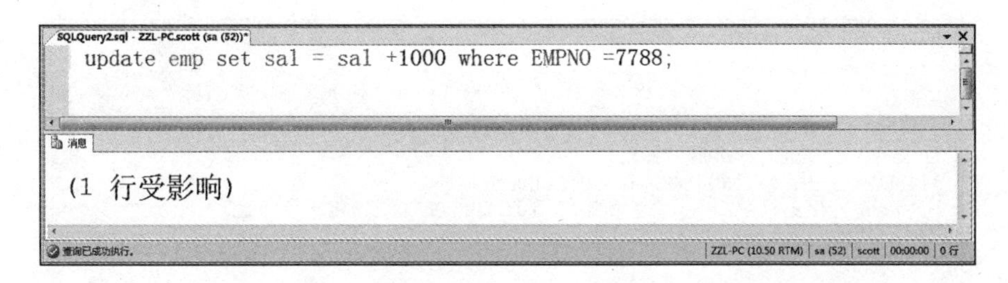

图　8-48

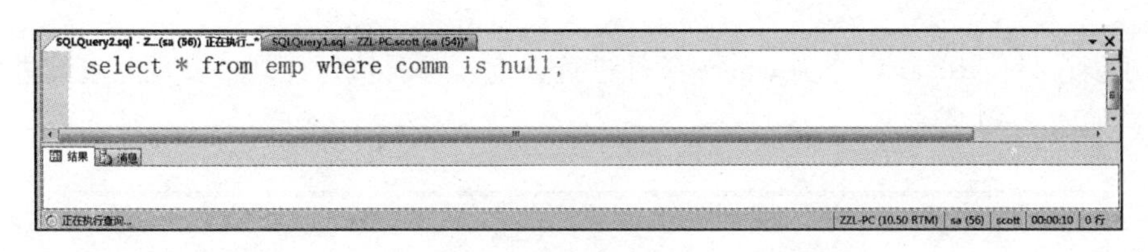

图　8-49

编者曾经在项目中遇到过上述场景。当时由于特殊原因，住院模块对住院病人相关的一行记录加上了排他锁，而此排他锁持续的时间比较长，门诊医生端在病人就诊的时候想要判断此病人是否存在住院记录，判断的时候进行了全表扫描，从而造成全院门诊医生端阻塞。这种情况发生在 SQL Server 数据库中。因为 Oracle 数据库中排他锁不会排斥共享锁，所以此种情况如果发生在 Oracle 数据库中则不会造成阻塞，而只是全表扫描效率低下而已。这也是此问题很难被查找到的原因。

8.10.6　组合索引如何进行索引

基于图 8-23 所示的索引 idx_emp_deptno_sal 进行查询。

第 1 步，对 deptno 列和 sal 列进行逻辑与，作为 where 条件进行查询，查看执行计划，发现此查询成功地使用了索引 idx_emp_detpno_sal，如图 8-50 所示。

```
select * from emp where deptno = 10 and sal >1000;
```

Description	对...	对象名称	耗费	基数	字
SELECT STATEMENT, GOAL = ALL			2	4	144
TABLE ACCESS BY INDEX ROWII	SCOTT	EMP	2	4	144
INDEX RANGE SCAN	SCOTT	IDX_EMP_DEPTNO_SAL	1	6	

图　8-50

第 2 步，只使用 deptno 列作为 where 条件进行查询。查看执行计划，发现此查询同样成功地使用了索引 idx_emp_detpno_sal，如图 8-51 所示。

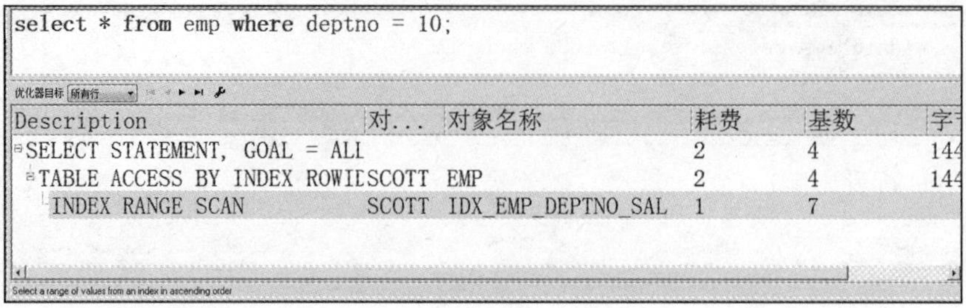

```
select * from emp where deptno = 10;
```

优化器目标 所有行

Description	对...	对象名称	耗费	基数	字
SELECT STATEMENT, GOAL = ALL			2	4	144
TABLE ACCESS BY INDEX ROWID	SCOTT	EMP	2	4	144
INDEX RANGE SCAN	SCOTT	IDX_EMP_DEPTNO_SAL	1	7	

Select a range of values from an index in ascending order

图 8-51

第 3 步，只使用 sal 列作为 where 条件进行查询。查看执行计划，发现此查询进行了全表扫描，如图 8-52 所示。

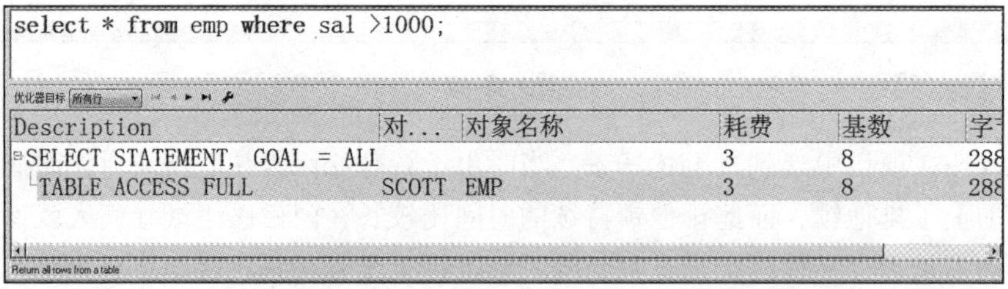

```
select * from emp where sal >1000;
```

优化器目标 所有行

Description	对...	对象名称	耗费	基数	字
SELECT STATEMENT, GOAL = ALL			3	8	288
TABLE ACCESS FULL	SCOTT	EMP	3	8	288

Return all rows from a table

图 8-52

第 4 步，同时使用 deptno 列和 sal 列作为 where 条件进行查询，但是使用关键字 or 连接二者。查看执行计划，发现此查询进行了全表扫描，如图 8-53 所示。

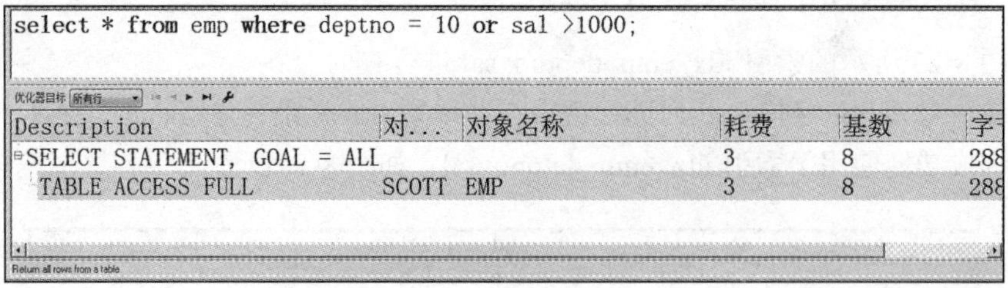

```
select * from emp where deptno = 10 or sal >1000;
```

优化器目标 所有行

Description	对...	对象名称	耗费	基数	字
SELECT STATEMENT, GOAL = ALL			3	8	288
TABLE ACCESS FULL	SCOTT	EMP	3	8	288

Return all rows from a table

图 8-53

组合索引是由多个列组成的索引，我们看一下索引 idx_emp_deptno_sal 的组合列的情况，如图 8-54 所示。deptno 列和 sal 列都按照升序保存，deptno 列的位置号是 1，sal 列的位置号是 2。索引保存的数据是按照 deptno 值在前、sal 值在后保存的。所以，同时使用 deptno 和 sal 列可以进行索引，只使用 deptno 列也可以进行索引，但是单独使用 sal 列是无法进行索引的。需要注意的是，我们说同时使用 deptno 列和 sal 列是指逻辑与的关系，如果两列进行逻辑或操作，是无法走索引的。

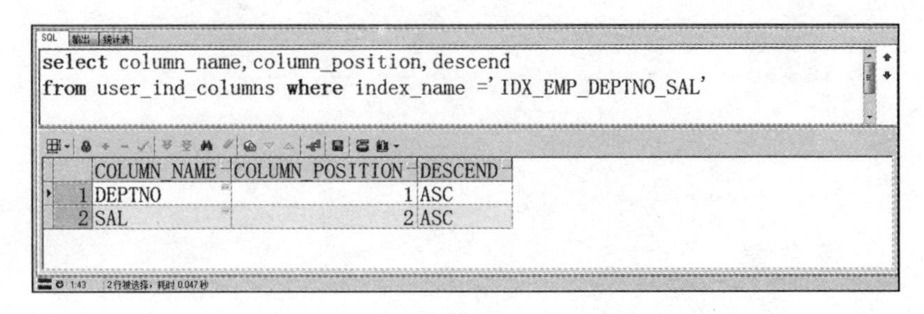

图 8-54

8.11 总结

索引是把双刃剑，它在提高查询性能的同时降低了增删改的效率。而且增加索引要占用一定的存储空间。但是，对于信息管理系统来说，查询是必不可少的业务，特别是数据量大的业务表必须创建索引，否则系统将无法运行。

到底怎样创建索引，应该在设计表结构的时候就要设计好。但是，很多项目往往不是这么做的，设计人员不是提前设计好索引，而是在项目运行过程中，发现哪里慢了，就通过索引来解决。没有索引的限制，大家使用的检索条件往往都太随意。当检索条件太多之后，在每种条件下面都增加索引，最后发现创建了太多的索引。索引太多之后，系统可选择的计划就多了，有时候甚至可能实施了一个较差的计划。

举个例子，如果北京到上海交通工具只有京沪高铁的话，大家就没得选择了。但是北京到上海还可以坐飞机，正常来说飞机会比高铁快的。假如，我们买好飞机票，发现飞机延误了，比高铁还慢了几个小时，这就是计划选择失误，认为快的不一定就是快的。

对于提前设计索引与后期增加索引的区别，我们也可以通过北京到上海的交通来举例。假如京沪高铁就是提前设计好的唯一索引，大家可能就都选择京沪高铁了，这就是提前设计。假如没有京沪高铁，第 1 人甲从北京经临沂去上海，第 2 个人乙从北京经郑州去上海。此时，我们发现甲、乙步行太慢了，就建了两条高铁线路：一条经过临沂，一条经过郑州。这样甲和乙就可以坐高铁从北京去上海了。假如第 3 个人丙打算从北京经昆明去上海，难道我们还要修建一条高铁线路经过昆明再到上海吗？

Chapter 9 第9章

约　束

约束是数据库能够实现业务规则以及保证数据遵循ER模型的一种手段，它与索引一样也是依附在表对象上的一种对象结构。

约束主要分为以下几类：

- 主键约束
- 外键约束
- 唯一性约束
- 非空约束
- Check 约束
- 默认值约束

本章会针对每种约束分别给出详细说明并举例。

9.1 约束语法

约束语法主要包括创建语法和删除语法。下面分别给出这两种语法的详细介绍。

9.1.1 创建语法

创建表的时候可以一起创建约束，主要包含字段级定义和表级定义。这两种方式的语法在后续介绍各类约束时介绍。表创建完成后再新增约束的语法如下所示：

```
alter table <table_name>
add [constraint <constraint_name>]
type （<column_name>）;
```

各关键字解释如下：

- alter：关键字，标识当前命令为修改对象的命令。
- table：关键字，标识要修改的对象类型。
- table_name：指定要修改的对象名称。
- add：关键字，标识要在表对象上增加附属对象。
- constraint：关键字，标识要增加的附属对象为约束对象。
- constraint_name：指定要增加的约束的名称。
- type：关键字，指定约束类型。
- column_name：指定在哪个列上创建约束。

9.1.2 删除语法

删除约束语法如下所示：

```
alter table <table_name> drop constraint <constraint_name>
```

各关键字解释如下：

- alter：关键字，标识当前命令为修改对象的命令。
- table：关键字，标识要修改的对象类型。
- table_name：指定要修改的对象名称。
- drop：关键字，标识要在表对象上面删除附属对象。
- constraint：关键字，标识要删除的附属对象为约束对象。
- constraint_name：指定要删除的约束的名称。

9.2 主键约束

唯一标识表中每行的列或者列的组合叫作关键字；用以标识每条记录的唯一性，并作为该表与其他表实现关联之用的关键字称为主键，主键必须唯一，必须非空；主键之外的关键字称为候选关键字。表没有强制要含有主键，但是建议任何一张表都应该拥有主键。试想，如果一张表没有主键，如何对这张表进行DML操作呢？因为无法确保DML操作只影响到相关的行。

创建表的时候有两种定义主键约束的方法，字段级定义可以定义只包含一列的主键，如图9-1所示。 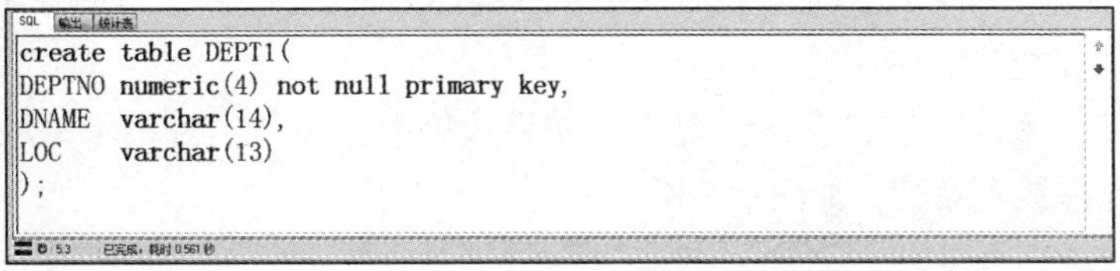

```
create table DEPT1(
DEPTNO numeric(4) not null primary key,
DNAME  varchar(14),
LOC    varchar(13)
);
```

图 9-1

也可以使用表级定义创建表的主键约束表级定义既适合单一列作为主键的情况，也适合组合列作为主键的情况。当组合列作为主键时，列与列之间用逗号隔开就可以了，如图 9-2 所示。

```
create table DEPT2(
DEPTNO numeric(4) not null,
DNAME  varchar(14),
LOC    varchar(13),
CONSTRAINT PK_DEPT2 PRIMARY KEY (DEPTNO)
);
```

图 9-2

上面两种方法是在创建表的时候一起指定主键。如果创建表的时候没有指定主键，如图 9-3 所示，当表存在之后，再增加主键的情况，可以使用如图 9-4 所示的命令。

```
create table DEPT3(
DEPTNO numeric(4) not null,
DNAME  varchar(14),
LOC    varchar(13)
);
```

图 9-3

```
alter table dept3 add constraint PK_DEPT3 primary key (DEPTNO);
```

图 9-4

9.3 外键约束

外键用于两张表的关联，并引用主表的主键列（列组合）或者唯一键列（列组合）。外键列的个数要与主表的引用列的个数相等。在外键中，主表与从表之间存在一对多的关系，从表引用主表的列（列组合）时，被引用的列（列组合）必须唯一，所以引用的主表的列（列组合）只能为主键或者唯一键。

存在主外键关系的时候，默认情况下，如果从表中存在与主表记录关联的记录，则主表的记录是不允许被删除的，如图 9-5 所示。

delete from dept where deptno = 10;
错误
ORA-02292: 违反完整约束条件 (SCOTT.FK_EMP_DEPTNO) - 已找到子记录
确定
取消
帮助(H)

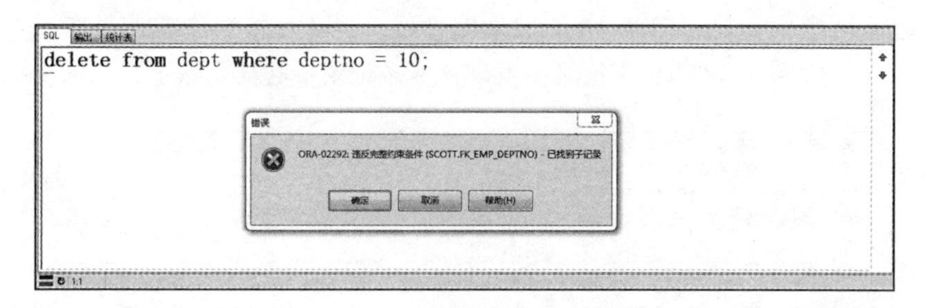

图 9-5

在某些特殊情况下，这种限制显得不是很友好。假如，我们允许主表删除的话，主表删除的记录对应的子表记录必须做出对应的处理。有两种方案可以处理。第 1 种是，主表记录被删除的时候，主表记录对应的从表记录一起被删除。可以通过指定关键词 on delete cascade 实现。我们按照此种方案修改 emp 表的外键，如图 9-6 所示。

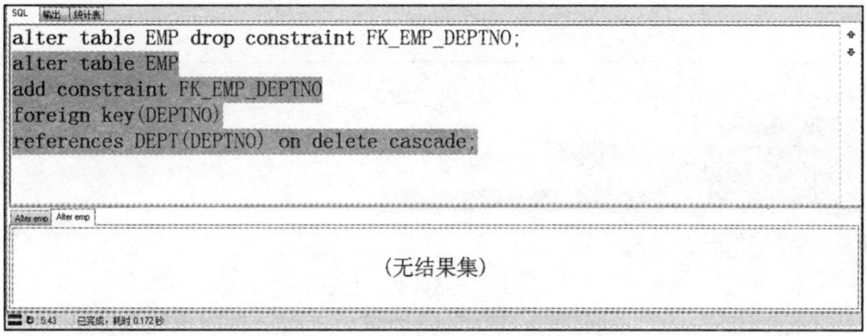

alter table EMP drop constraint FK_EMP_DEPTNO;
alter table EMP
add constraint FK_EMP_DEPTNO
foreign key(DEPTNO)
references DEPT(DEPTNO) on delete cascade;
(无结果集)

图 9-6

修改完成后，我们继续进行删除主表记录的操作。假如我们要删除 dept 表中 deptno 为 10 的记录。首先我们先查询一下 emp 表 dept=10 的记录，发现有 5 条记录，员工工号分别为 8888、9999、7934、7782 和 7839，如图 9-7 所示。

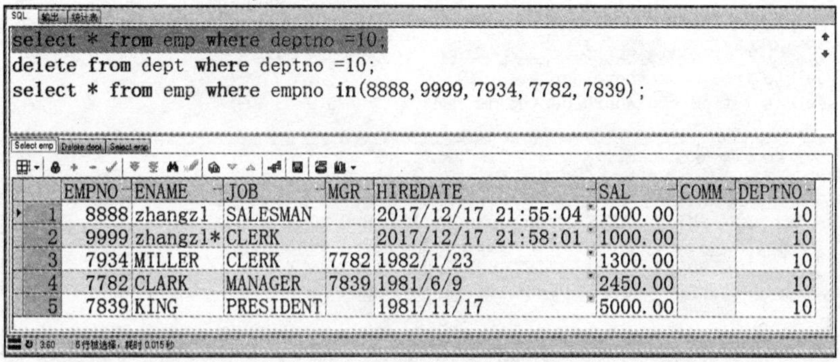

select * from emp where deptno =10;
delete from dept where deptno =10;
select * from emp where empno in(8888, 9999, 7934, 7782, 7839);
EMPNO ENAME JOB MGR HIREDATE SAL COMM DEPTNO
1 8888 zhangzl SALESMAN 2017/12/17 21:55:04 1000.00 10
2 9999 zhangzl* CLERK 2017/12/17 21:58:01 1000.00 10
3 7934 MILLER CLERK 7782 1982/1/23 1300.00 10
4 7782 CLARK MANAGER 7839 1981/6/9 2450.00 10
5 7839 KING PRESIDENT 1981/11/17 5000.00 10

图 9-7

我们把 dept 表中 deptno 等于 10 的记录删除后，再到 emp 表中查询员工工号为 8888、9999、7934、7782 和 7839 的员工记录，发现这 5 条记录一起被删除了，如图 9-8 所示。

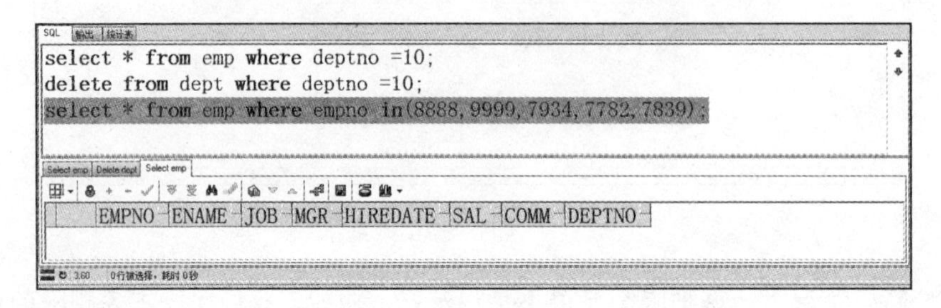

图 9-8

第 2 种是，主表记录被删除的时候，主表记录对应的从表记录外键列更新成 NULL。可以通过指定关键词 on delete set null 实现。我们按照此种方案修改 emp 表的外键，如图 9-9 所示。

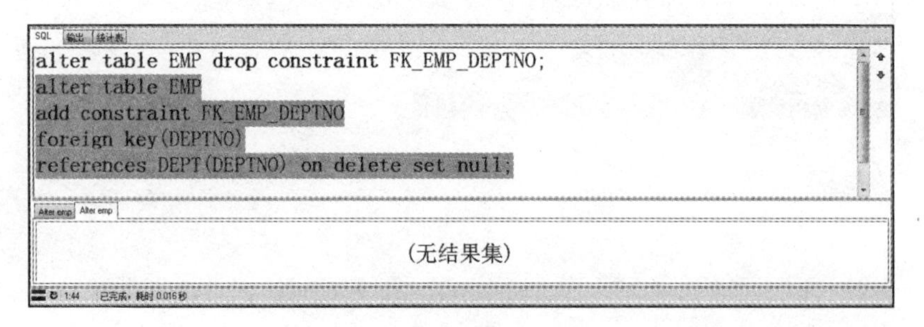

图 9-9

修改完成后，我们继续进行删除主表记录的操作。假如，我们要删除 dept 表中 deptno 为 20 的记录，首先我们先查询一下 emp 表中 dept=20 的记录，发现有 4 条记录，员工工号分别为 7369、7566、7876 和 7902，如图 9-10 所示。

```
select * from emp where deptno = 20;
delete from dept where deptno = 20;
select * from emp where deptno is null;
```

	EMPNO	ENAME	JOB	MGR	HIREDATE	SAL	COMM	DEPTNO	EXTA	EXTB
1	7369	SMITH	CLERK	7902	1980/12/17	800.00		20	1	2
2	7566	JONES	MANAGER	7839	1981/4/2	2975.00		20	1	2
3	7876	ADAMS	CLERK	7788	1987/5/23	1100.00		20	1	2
4	7902	FORD	ANALYST	7566	1981/12/3	3000.00		20	1	2

图 9-10

我们把 dept 表中 deptno 等于 20 的记录删除后，再到 emp 表中查询员工工号为 7369、7566、7876 和 7902 的员工记录，发现这 4 条记录的 deptno 列被更新成了 NULL，如图 9-11 所示。

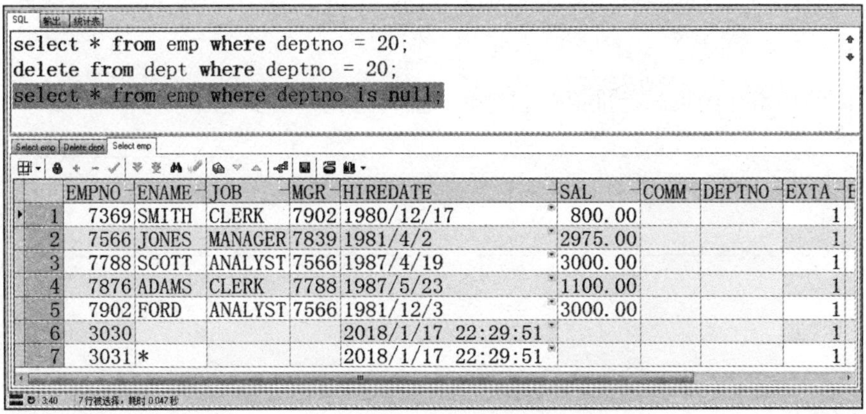

SQL | 输出 | 统计表

```
select * from emp where deptno = 20;
delete from dept where deptno = 20;
select * from emp where deptno is null;
```

Select emp | Delete dept | Select emp

	EMPNO	ENAME	JOB	MGR	HIREDATE	SAL	COMM	DEPTNO	EXTA	E
1	7369	SMITH	CLERK	7902	1980/12/17	800.00			1	
2	7566	JONES	MANAGER	7839	1981/4/2	2975.00			1	
3	7788	SCOTT	ANALYST	7566	1987/4/19	3000.00			1	
4	7876	ADAMS	CLERK	7788	1987/5/23	1100.00			1	
5	7902	FORD	ANALYST	7566	1981/12/3	3000.00			1	
6	3030				2018/1/17 22:29:51				1	
7	3031	*			2018/1/17 22:29:51				1	

3:40 7行被选择，耗时 0.047 秒

图 9-11

为了后续操作的方便，将部门号为空的所有员工的部门号更新成 20，然后将外键 FK_EMP_DEPTNO 还原到默认状态，如图 9-12 所示。

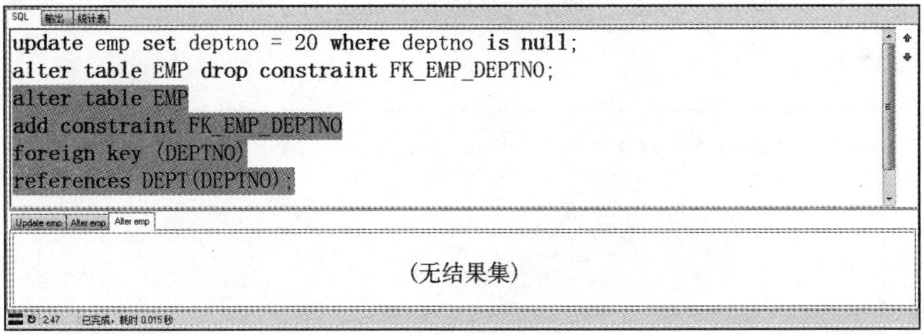

SQL | 输出 | 统计表

```
update emp set deptno = 20 where deptno is null;
alter table EMP drop constraint FK_EMP_DEPTNO;
alter table EMP
add constraint FK_EMP_DEPTNO
foreign key (DEPTNO)
references DEPT(DEPTNO);
```

Update emp | Alter emp | Alter emp

(无结果集)

2:47 已完成，耗时 0.015 秒

图 9-12

9.4 唯一性约束

unique 约束唯一标识表中的每条记录。

如果在相关列上创建唯一性约束，则这些相关列上的组合非空值不能重复，该相关列可以插入空值。SQL Server 数据库只能有一条记录可以插入空值，Oracle 数据库则允许多条记录插入空值。

修改 dept 表的 dname 列唯一性约束的语法如图 9-13 所示。

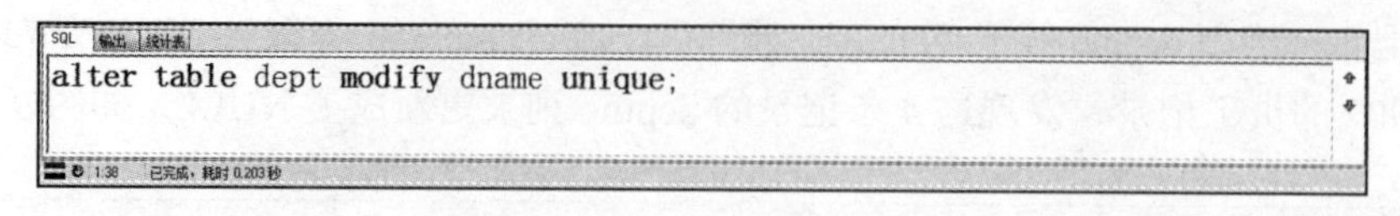

图 9-13

也可以使用增加约束的标准语法创建唯一性约束，如图 9-14 所示。

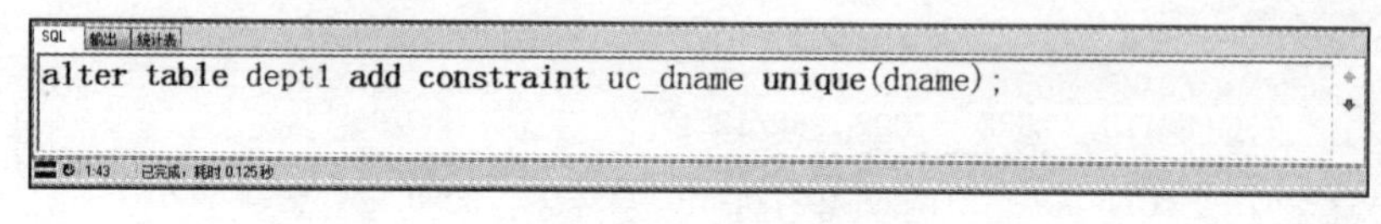

图 9-14

9.5 非空约束

当列必须包含值，不能为 NULL 时，称此列建有非空约束。

可以使用如图 9-15 所示的语法，指定 emp 表的 ename 列非空。因为前面举例的时候插入了员工姓名为空的记录，所以此处创建非空约束失败。首先将员工姓名为空的记录删除，创建成功，如图 9-16 所示。删除完成后，继续在 ename 列上创建非空约束，创建成功，如图 9-17 所示。

图 9-15

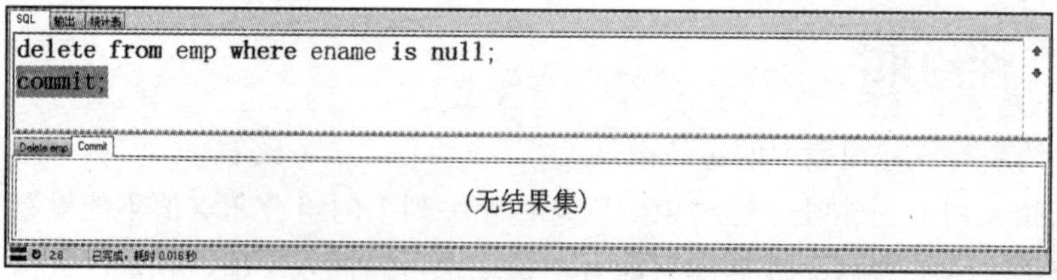

```
delete from emp where ename is null;
commit;
```

(无结果集)

图 9-16

如果想把 emp 表的 ename 列由非空修改为可为空，可以使用如图 9-18 所示的语法。

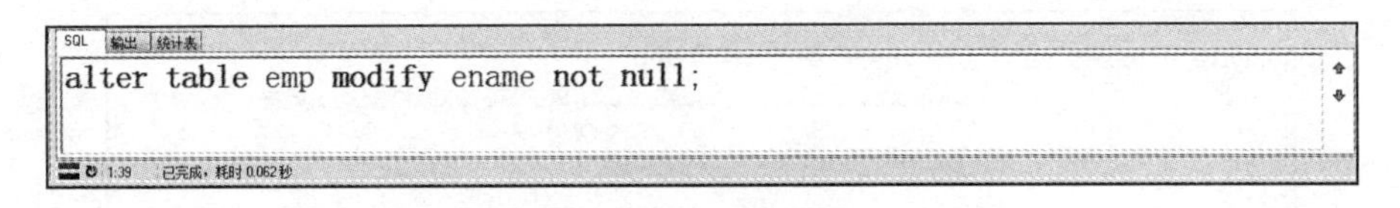

SQL 输出 统计表
alter table emp modify ename not null;
1:39 已完成，耗时 0.062秒

图 9-17

SQL 输出 统计表
alter table emp modify ename null;
1:29 已完成，耗时 0.015秒

图 9-18

使用标准的增加约束的语法，创建非空约束，如图 9-19 所示。因为此处使用了 check 关键字，所以也可以看作 check 约束，下一节详细介绍 check 约束。

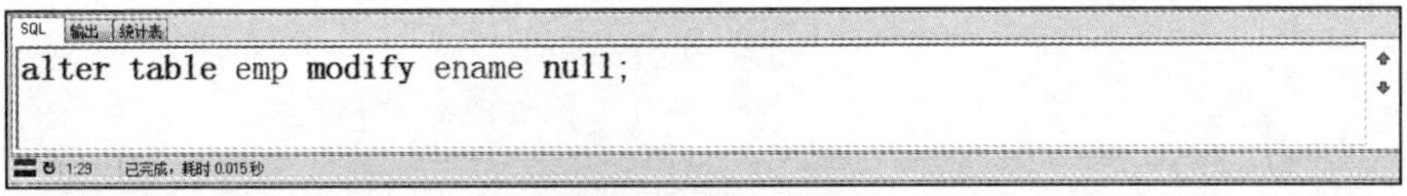

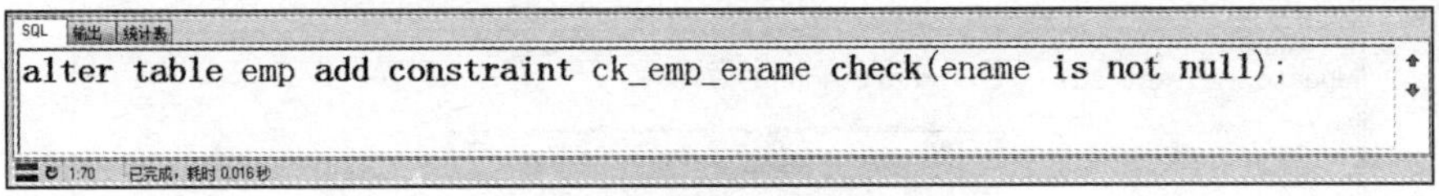

SQL 输出 统计表
alter table emp add constraint ck_emp_ename check(ename is not null);
1:70 已完成，耗时 0.016秒

图 9-19

9.6 check 约束

check 约束用于限制列的取值范围。

如图 9-20 所示的 check 约束语法同时适合 SQL Server 数据库和 Oracle 数据库。

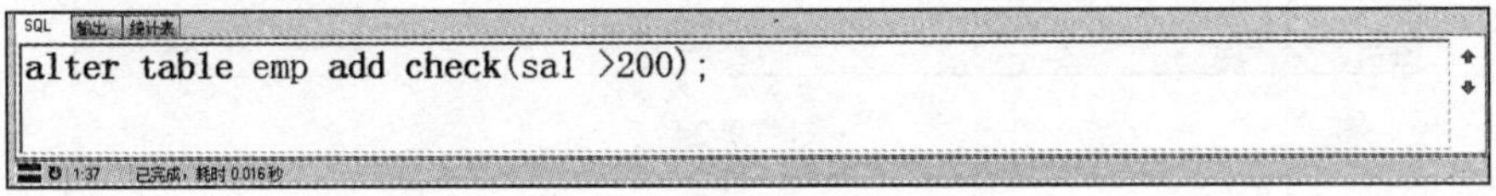

SQL 输出 统计表
alter table emp add check(sal >200);
1:37 已完成，耗时 0.016秒

图 9-20

当试图更新建有检查约束的列的值为约束外的值时，会报“违反检查约束条件”的错误，如图 9-21 所示。

可以使用标准的增加检查约束的语法增加检查约束，如图 9-22 所示。

当两个约束是包含关系时，以范围小的约束为准。由图 9-20 和图 9-22 可知，emp 表的 sal 列上既有大于 200 的约束，又有大于 300 的约束，当尝试更新 sal 值为 260 时，报“违反检查约束条件”的错误，如图 9-23 所示。

update emp set sal =100 where empno = 7788;
ORA-02290: 违反检查约束条件 (SCOTT.SYS_C0063900)

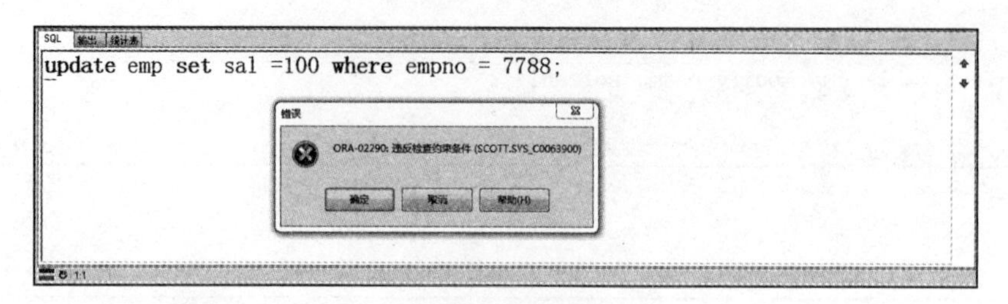

图 9-21

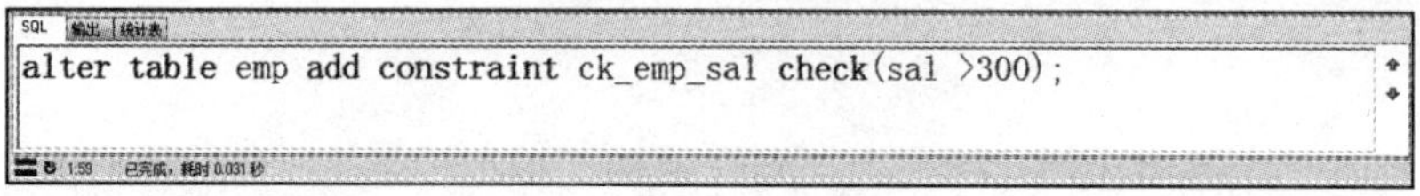

alter table emp add constraint ck_emp_sal check(sal >300);

图 9-22

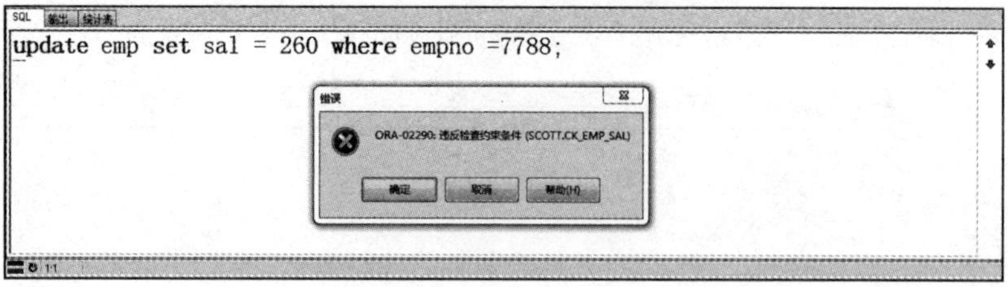

update emp set sal = 260 where empno =7788;
ORA-02290: 违反检查约束条件 (SCOTT.CK_EMP_SAL)

图 9-23

删除检查约束的语法如图 9-24 所示。

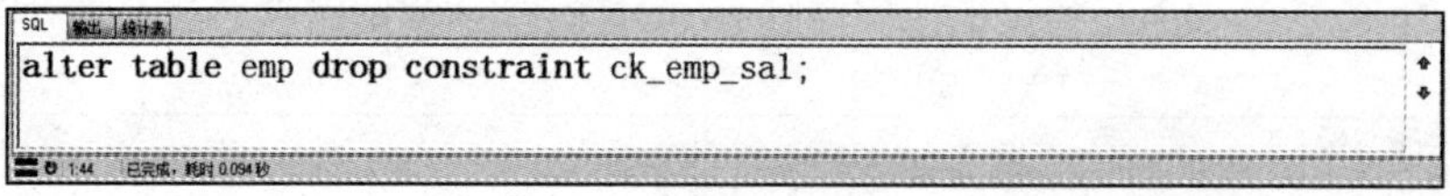

alter table emp drop constraint ck_emp_sal;

图 9-24

9.7 默认值约束

给某列指定一个默认值，当插入数据没有更新该列时，该列默认写入默认值。

对于 SQL Server 数据库来说，存在默认值约束，可以从 sys.default_constraints 中查询到。但是 Oracle 数据库中的默认值并不属于约束的一种，它是列的一个属性，从 user_constraints 视图中，只能查询到上述 5 种约束（非空约束是 check 约束的一种），所以 Oracle 数据库中约束类型只有 P、R、C、U 这 4 种，并没有默认值约束。

SQL Server 数据库，新建表的时候直接指定默认值的方法如图 9-25 所示。

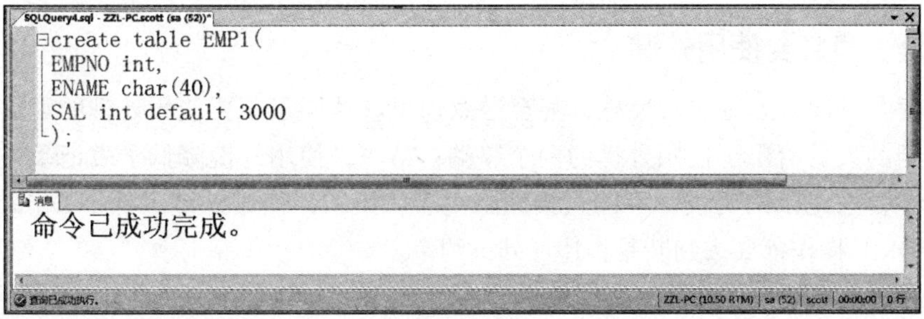

create table EMP1(
EMPNO int,
ENAME char(40),
SAL int default 3000
);
命令已成功完成。

图 9-25

新建表的时候，Oracle 数据库直接指定默认值的方法如图 9-26 所示。

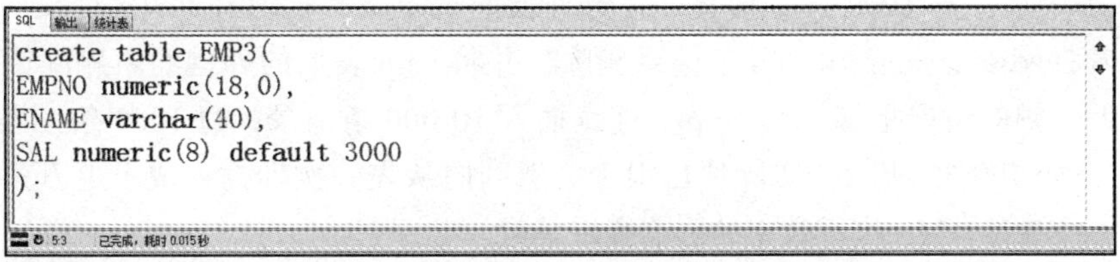

create table EMP3(
EMPNO numeric(18,0),
ENAME varchar(40),
SAL numeric(8) default 3000
);

图 9-26

给已经存在的列增加默认值约束的方法如下：

例如，将员工的默认工资修改为 3000。

SQL Server 数据库中的语法如图 9-27 所示。

alter table emp add constraint df_emp_sal default 3000 for sal;
命令已成功完成。

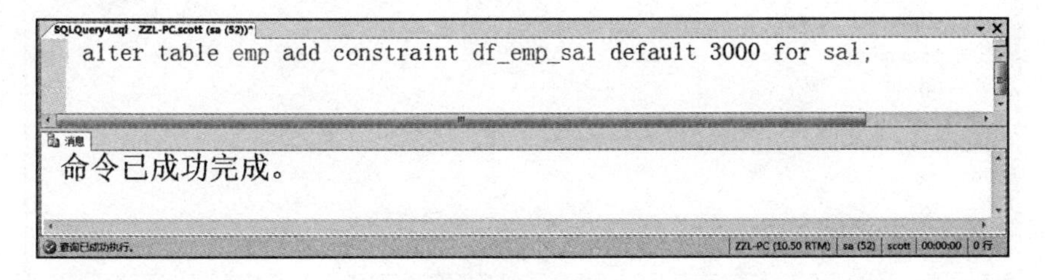

图 9-27

Oracle 数据库中的语法如图 9-28 所示。

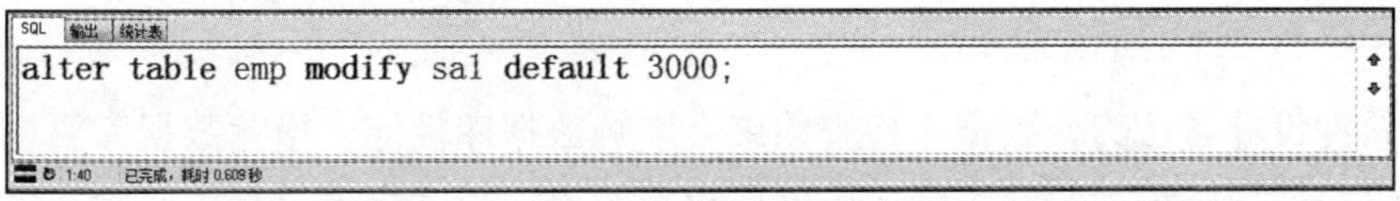

alter table emp modify sal default 3000;

图 9-28

9.8 常见误区分析

9.8.1 是否有必要使用外键

很多读者可能对外键非常反感，甚至潜意识里就认同了不要使用外键的观点。建议放弃使用外键的人员给出了使用外键的两个弊端：第一，使用外键降低了表记录更改的灵活性，从表中存在记录的时候，不能直接删除主表；第二，使用外键降低了 DML 操作的效率，每次 DML 操作都要去判断是否违反外键约束。

对于第 1 点，与其说降低了表记录更改的灵活性，不如说规范了表记录间的业务逻辑。试想如果主表记录被删除了，留下从表记录还有意义吗？

对于第 2 点，外键降低了 DML 操作的效率的问题，我们可以通过一个测试进行验证。向 dept 表中插入 10 000 行记录，每 1000 行一提交，如图 9-29 所示。向 emp 表中连续插入 10 000 条记录，每 1000 条一提交，在有外键的情况下，耗时在 0.76s 左右，如图 9-30 所示。接着将刚刚插入的 10 000 条记录删除，并将 emp 表上的外键约束删除，如图 9-31 所示。在无外键的情况下继续向 emp 表连续插入 10 000 条记录，每 1000 条一提交，耗时 0.73s 左右，如图 9-32 所示。实际项目很少会遇到向从表一次性插入成千上万条记录的情况。所以，外键对 DML 执行效率的影响微乎其微。

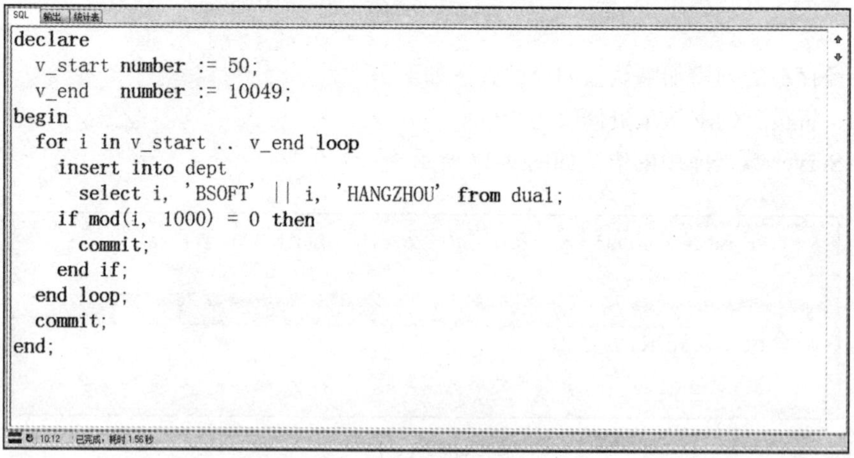

```
declare
  v_start number := 50;
  v_end   number := 10049;
begin
  for i in v_start .. v_end loop
    insert into dept
      select i, 'BSOFT' || i, 'HANGZHOU' from dual;
    if mod(i, 1000) = 0 then
      commit;
    end if;
  end loop;
  commit;
end;
```

图 9-29

9.8.2 程序校验代替检查约束

很多软件设计者认为，数据库检查约束会影响数据库性能，毕竟数据库要增加额外的检查。所以，他们坚决杜绝在数据库中创建检查约束，想完全通过程序校验来控制数据的合法性。

```
declare
  v_start number := 50;
  v_end   number := 10049;
begin
  for i in v_start .. v_end loop
    insert into emp
      (empno, ename,deptno)
      select 10000 + i,'BSOFT'||i, 50 from dual;
    if mod(i, 1000) = 0 then
      commit;
    end if;
  end loop;
  commit;
end;
```

图 9-30

```
delete from emp where empno >10000;
alter table emp drop constraint fk_emp_deptno;
```

(无结果集)

图 9-31

```
declare
  v_start number := 50;
  v_end   number := 10049;
begin
  for i in v_start .. v_end loop
    insert into emp
      (empno, ename,deptno)
      select 10000 + i,'BSOFT'||i, 50 from dual;
    if mod(i, 1000) = 0 then
      commit;
    end if;
  end loop;
  commit;
end;
```

图 9-32

前面一节中已经举例说明了外键约束基本上对数据库没有任何性能影响，检查约束就更不会存在性能问题了。

其实，通过程序校验未必是一种好的方案，毕竟数据更新的操作会出现在任何可能出现的地方，特别是对于复杂的信息管理系统，往往很多业务模块都会操作同一张业务表，而且也很可能是不同的程序员负责不同的模块，更不能保证所有的业务模块都存在数据校验。实际情况是，当程序无法控制时，很多程序员不得不选择使用触发器去检验数据的合法性。数据库的检查约束就是为了约束数据的合法性的，为什么要让触发器去代替它的工作呢？

9.9 总结

大家可能都已经习惯用主键约束了，其他一些约束用的可能很少，甚至觉得约束用起来比较麻烦，干脆就不使用约束。

其实，合理的约束可以更好地规范我们的系统。假如，表里面对某个属性建立了非空约束，以后我们在使用这个表字段的时候就完全不用再去考虑空值了，因为空值的判断有时候还是比较烦琐的。

再有，假如我们在年龄字段上面创建了检查约束，年龄就不会再出现几百甚至负数的情况了。

约束可以很好地规范我们的业务逻辑。

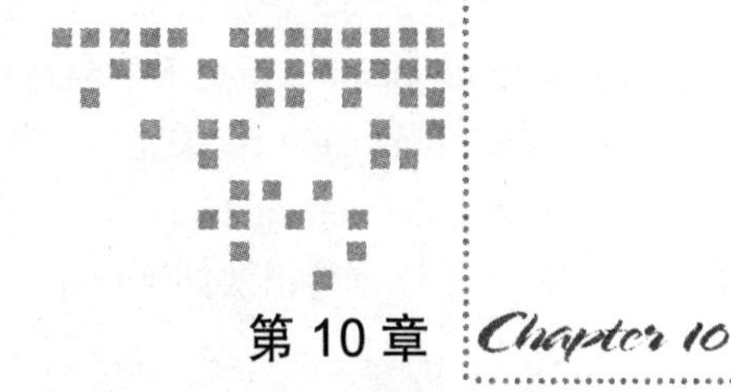

第 10 章 Chapter 10

触 发 器

触发器是由 DML 语句触发的数据库对象。它的执行不是由程序调用，也不是由手工启动，而是由事件来触发的，比如当对一个表进行 DML 操作（insert、delete、update）时就会激发它执行。在 Oracle 数据库中，可以从系统视图 user_triggers 中查看触发器；在 SQL Server 数据库中，sys.objects 的 type 为 TR 的记录，即为触发器对象。

10.1 触发器语法

触发器的语法主要包括创建语法、修改语法和删除语法。接下来，将针对这些语法给出详细的说明。

10.1.1 创建语法

SQL Server 数据库创建语法如下所示：

```
create trigger trigger_name
on table_name
for|after|instead of insert、delete、update
as
begin
end;
```

各关键字的解释如下。

- create：关键字，标识当前命令是创建对象的命令。
- trigger：关键字，标识当前命令要创建的对象类型是触发器。

- trigger_name：指定当前要创建的触发器名称。
- on table_name：指定触发器从属的表。
- for|after|instead of：关键字，用于标识触发器的触发时机。
- insert、delete、update：关键字，用于标识触发器在何种 DML 操作下触发。

Oracle 数据库创建语法如下所示：

```
create trigger trigger_name
befor|after
insert|delete|update
on table_name
for each row
begin
end;
```

各关键字的解释如下。

- create：关键字，标识当前命令是创建对象的命令。
- trigger：关键字，标识当前命令要创建的对象类型是触发器。
- trigger_name：指定当前要创建的触发器名称。
- before|after：关键字，用于标识触发器触发时机。
- insert、delete、update：关键字，用于标识触发器在何种 DML 操作下触发。
- on table_name：指定触发器从属的表。
- for each row：指定触发器为行级触发器。

10.1.2 修改语法

SQL Server 数据库修改触发器与创建触发器的区别是，用 alter 关键字替换 create 关键字。如下所示：

```
alter trigger trigger_name
on table_name
for|after|instead of insert、delete、update
as
begin
end;
```

Oracle 数据库修改触发器使用 create or replace，如下所示。它既适合新建存触发器，又适合修改触发器，触发器不存在的时候创建它，存在的时候替换它。

```
create or replace trigger trigger_name
befor|after
insert|delete|update
on table_name
for each row
begin
end;
```

10.1.3 删除语法

触发器删除语法如下所示：

```
drop trigger trigger_name;
```

各关键字解释如下。

- drop：关键字，标识当前命令是删除对象的命令。
- trigger：关键字，标识当前命令要删除的对象类型是触发器。
- trigger_name：指定当前要删除的触发器名称。

10.2 变异表

变异表是正被 DML 修改的表，也就是触发器所从属的表。在触发器中，Oracle 数据库明确规定不能修改变异表，而 SQL Server 数据库则没有这个限制。

10.3 触发器内置对象

在 SQL Server 数据库的触发器中，有两个关键的内置对象：deleted 对象和 inserted 对象。deleted 对象暂存被删除的记录，inserted 对象暂存新增的记录，update 操作会把更新前的旧记录存放到 deleted 对象中，把更新后的新记录存放到 inserted 对象中。

在 Oracle 数据库的触发器中，同样有两个关键的内置对象：old 对象和 new 对象。old 对象暂存更新前的记录，new 对象暂存更新后的记录。delete 操作只有 old 对象。insert 操作只有 new 对象。update 操作会把更新前的旧记录存放到 old 对象中，把更新后的新记录存放到 new 对象中。

10.4 行级触发器

行级触发器对 DML 语句影响的每个行执行一次。

Oracle 数据库通过关键字 for each row 指定行级触发器。

例 10-1：创建行级触发器，当插入或者更新的月薪小于等于 100 美元或者大于等于 50 000 美元的记录时，给出错误提示，如图 10-1 所示。

当尝试修改员工工号为 7788 的员工的月薪为 10 美元时，给出错误提示，如图 10-2 所示。

当尝试修改员工工号为 7788 的员工的月薪为 60 000 美元时，给出错误提示，如图 10-3 所示。

在 SQL Server 数据库中没有行级触发器，可以通过游标模拟行级触发器。

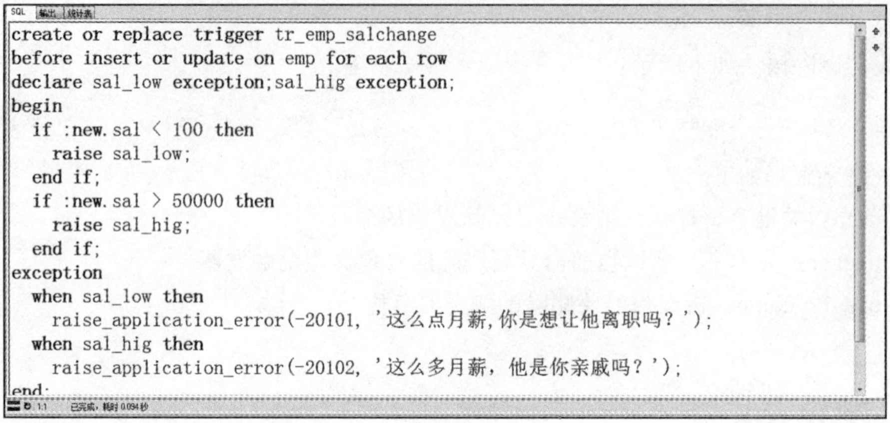

```
create or replace trigger tr_emp_salchange
before insert or update on emp for each row
declare sal_low exception;sal_hig exception;
begin
  if :new.sal < 100 then
    raise sal_low;
  end if;
  if :new.sal > 50000 then
    raise sal_hig;
  end if;
exception
  when sal_low then
    raise_application_error(-20101, '这么点月薪,你是想让他离职吗？');
  when sal_hig then
    raise_application_error(-20102, '这么多月薪，他是你亲戚吗？');
end;
```

图 10-1

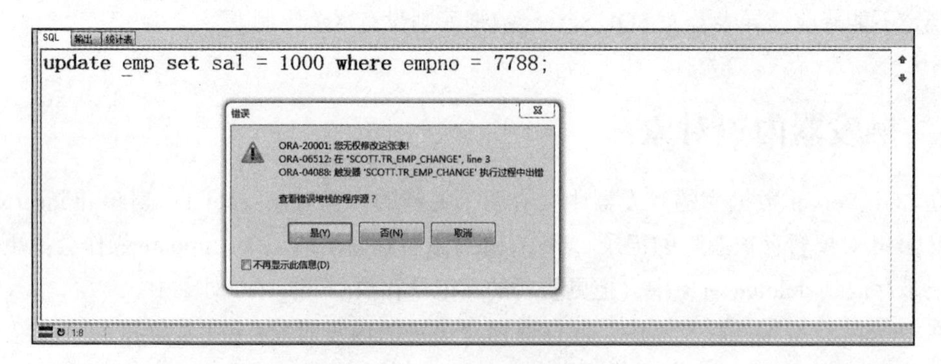

图 10-2

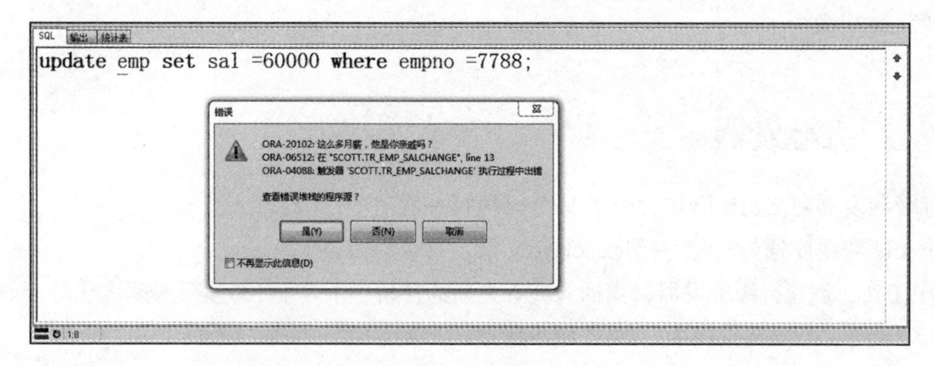

图 10-3

例 10-2：当批量更新的员工信息中，存在月薪低于 100 美元的记录时，给出提示，如图 10-4 所示。

```
create trigger tr_emp_salcheck on emp after insert,update as
begin
    declare @sal numeric(7,2),@ename varchar(10),@enames varchar(500);
    declare cur cursor for select sal,ename from inserted;set @enames='';
    open cur;fetch next from cur into @sal,@ename;
    while (@@FETCH_STATUS=0)
        begin
            if @sal < 100 set @enames = @enames + @ename +',';
            fetch next from cur into @sal,@ename;
        end;
    close cur;deallocate cur;
    if LEN(@enames)>0
        begin
            set @enames = @enames +'月薪不能低于100美元';
            rollback transaction;
            raiserror(@enames,16,0)
        end
end
```

图 10-4

尝试修改员工工号为 7788 和 7521 的员工的月薪为 1 美元时，给出如图 10-5 所示的错误提示。

```
update emp set sal = 1 where empno = 7788 or empno = 7521;
```

```
消息 50000，级别 16，状态 0，过程 tr_emp_salcheck，第 16 行
SCOTT,WARD,月薪不能低于100美元
消息 3609，级别 16，状态 1，第 1 行
事务在触发器中结束。批处理已中止。
```

图 10-5

10.5 语句级触发器

语句级触发器对每个 DML 语句执行一次。

在 Oracle 数据库中，不指定 for each row 即为语句级触发器。

例 10-3：如果用 SCOTT 用户对 emp 表进行操作，将给出无权操作的错误提示，如图 10-6 所示。

```
create or replace trigger tr_emp_change
  before insert or update or delete on emp
begin
  if user in ('SCOTT') then
    raise_application_error(-20001, '您无权修改这张表!');
  end if;
end;
```

图 10-6

如尝试更改员工工号为 7788 的月薪为 1000 美元，给出无权操作的错误提示，如图 10-7 所示。

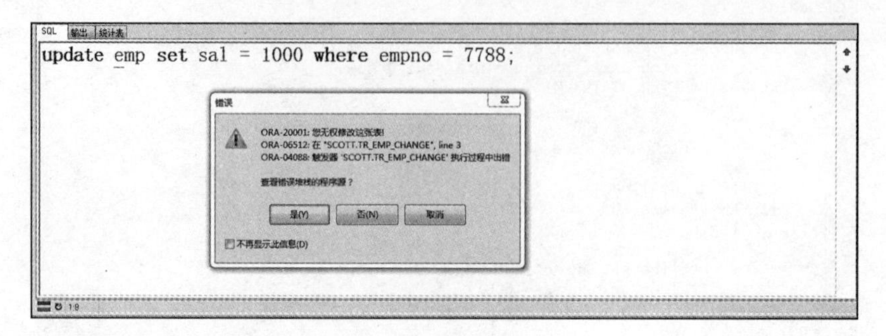

图 10-7

为了后续能够操作 emp 表，我们将触发器 tr_emp_change 删掉，如图 10-8 所示。

```
drop trigger tr_emp_change
```

图 10-8

下面演示一下在 SQL Server 数据库中，内置对象 inserted 对象和 deleted 对象的使用。

例 10-4：在 emp 表上面创建触发器，将 inserted 对象和 deleted 对象中的记录保存到 emp_his 表中，ename 列值后面增加 I 和 D，以便于区分记录从哪个内置对象而来，如图 10-9 所示。

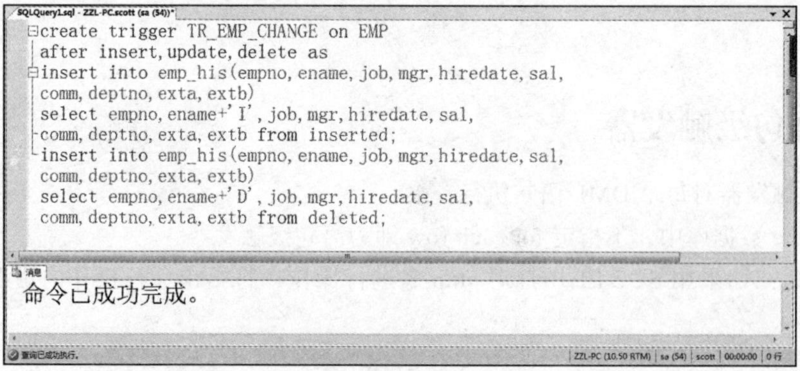

```
create trigger TR_EMP_CHANGE on EMP
after insert,update,delete as
insert into emp_his(empno,ename,job,mgr,hiredate,sal,
comm,deptno,exta,extb)
select empno,ename+'I',job,mgr,hiredate,sal,
comm,deptno,exta,extb from inserted;
insert into emp_his(empno,ename,job,mgr,hiredate,sal,
comm,deptno,exta,extb)
select empno,ename+'D',job,mgr,hiredate,sal,
comm,deptno,exta,extb from deleted;
```

命令已成功完成。

图 10-9

尝试在 emp 表中插入一条新记录，如图 10-10 所示。

查询一下 emp_his 表，发现员工工号为 6666 的员工记录成功地通过触发器插入，如图 10-11 所示。ENAME 列值中最后的 I，说明了此记录从 inserted 内置对象而来。

尝试删除员工工号为 6666 的记录，如图 10-12 所示。

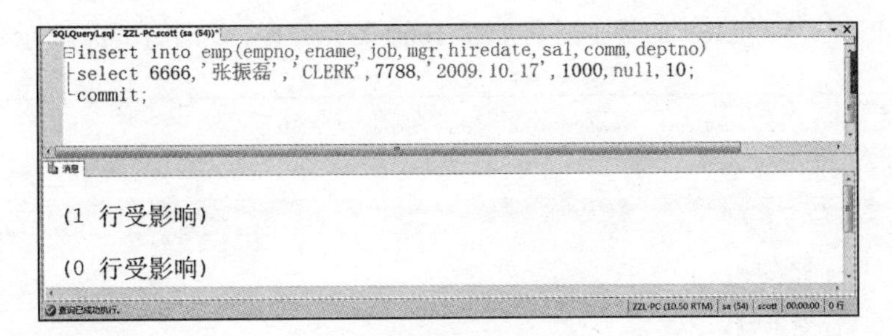

图 10-10

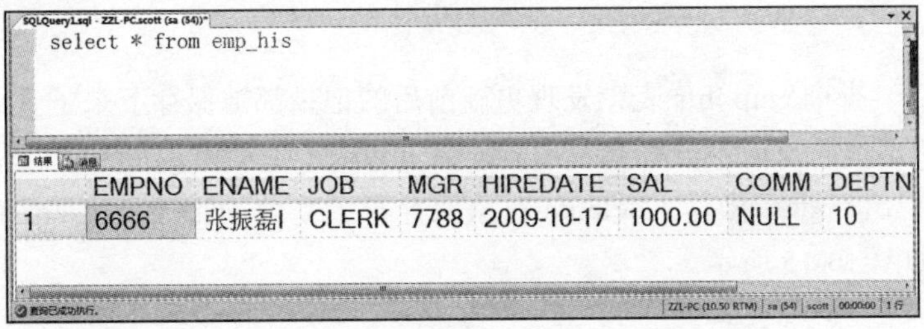

SQLQuery1.sql - ZZL-PC.scott (sa (54))*

```
select * from emp_his
```

结果 消息

	EMPNO	ENAME	JOB	MGR	HIREDATE	SAL	COMM	DEPTN
1	6666	张振磊I	CLERK	7788	2009-10-17	1000.00	NULL	10

查询已成功执行。 ZZL-PC (10.50 RTM) | sa (54) | scott | 00:00:00 | 1 行

图 10-11

SQLQuery1.sql - ZZL-PC.scott (sa (54))*

```
delete from emp where empno = 6666;
commit;
```

消息

(0 行受影响)

(1 行受影响)

查询已成功执行。 ZZL-PC (10.50 RTM) | sa (54) | scott | 00:00:00 | 0 行

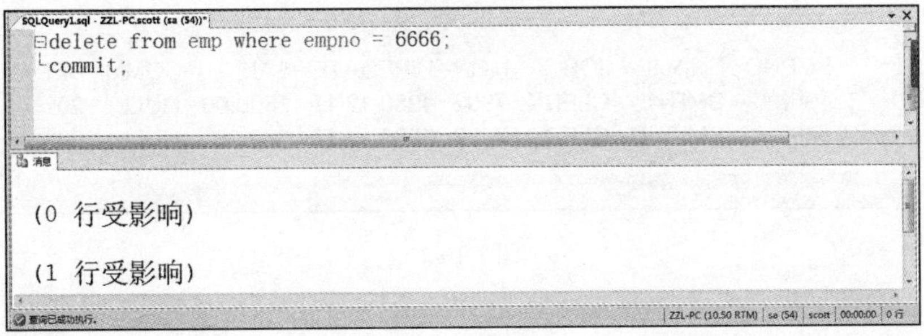

图 10-12

继续查询一下 emp_his 表，发现员工工号为 6666 的员工记录又增加一条。ENAME 列值后面的 D，说明此记录从内置对象 deleted 而来，如图 10-13 所示。

SQLQuery1.sql - ZZL-PC.scott (sa (54))*

```
select * from emp_his where empno = 6666;
```

结果 消息

	EMPNO	ENAME	JOB	MGR	HIREDATE	SAL	COMM	DEPTN
1	6666	张振磊I	CLERK	7788	2009-10-17	1000.00	NULL	10
2	6666	张振磊D	CLERK	7788	2009-10-17	1000.00	NULL	10

查询已成功执行。 ZZL-PC (10.50 RTM) | sa (54) | scott | 00:00:00 | 2 行

图 10-13

尝试对员工工号为 7369 的员工进行加薪 1000 美元处理，如图 10-14 所示。

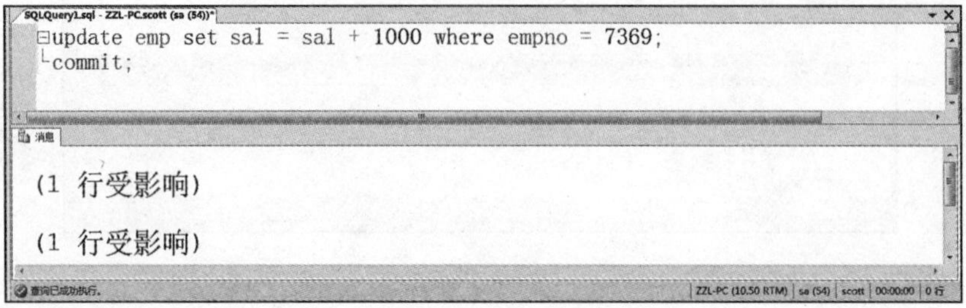

```
update emp set sal = sal + 1000 where empno = 7369;
commit;
```

(1 行受影响)

(1 行受影响)

图 10-14

更新完成后，查询 emp_his 表，发现更新前后的记录都被保存下来了。ename 列值后面的 I 和 D，说明了这两条记录分别来自内置对象 inserted 对象和 deleted 对象。通过 sal 列值的变化也可以看出 update 操作，deleted 对象保存了更新前的记录，inserted 对象保存了更新后的记录，如图 10-15 所示。

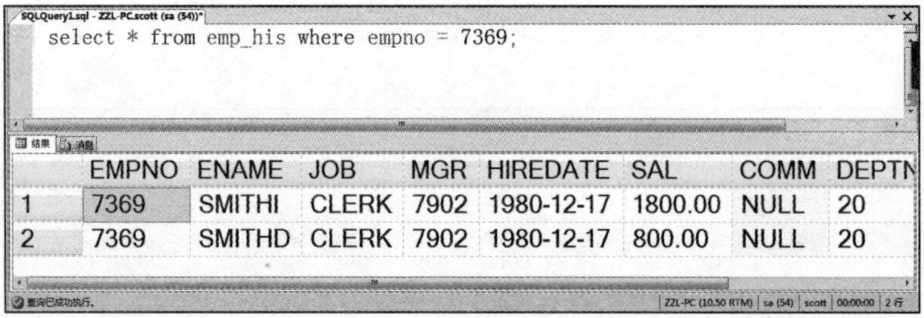

```
select * from emp_his where empno = 7369;
```

	EMPNO	ENAME	JOB	MGR	HIREDATE	SAL	COMM	DEPTN
1	7369	SMITHI	CLERK	7902	1980-12-17	1800.00	NULL	20
2	7369	SMITHD	CLERK	7902	1980-12-17	800.00	NULL	20

图 10-15

10.6 触发时间

在 Oracle 数据库中，关键字 before 和 after 用于标识触发时间。顾名思义，before 代表触发器里面的命令在 DML 修改数据之前执行；after 代表触发器里面的命令在 DML 修改数据之后执行。

在 SQL Server 数据库中，for 和 after 效果等同，代表触发器里面的命令在 DML 修改数据之后执行。instead of 触发器属于替换触发器，在后续章节详细介绍。

读者可以结合应用场景选择使用 before 或者 after。下面分别给出 before 和 after 的举例。

例 10-5：在 emp 表上创建触发器，当输入的工资小于 300 美元时，自动将工资修改为 300 美元，如图 10-16 所示。

```
create or replace trigger tr_emp_salcheck
  before insert or update on emp
  for each row
begin
  if :new.sal < 300 then
    :new.sal := 300;
  end if;
end;
```

图 10-16

执行 DML 语句，尝试将工号为 7788 的员工的月薪修改为 100 美元，如图 10-17 所示。

```
update emp set sal = 100 where empno = 7788;
```

图 10-17

执行 select 语句，发现工号为 7788 的员工的月薪被修改为 300 美元，如图 10-18 所示。说明触发器完成了对月薪列的修改。

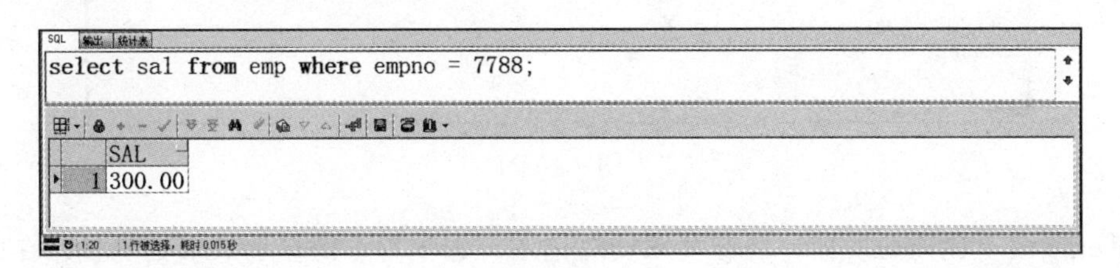

图 10-18

我们尝试将上面的触发器中的 before 修改为 after。编译的时候报错，不能通过，错误信息如图 10-19 所示。

```
create or replace trigger tr_emp_salcheck
  after insert or update on emp
  for each row
begin
  if :new.sal < 300 then
    :new.sal := 300;
  end if;
end;
```

错误

ORA-04084: 无法更改此触发器类型的 NEW 值

确定 取消 帮助(H)

图 10-19

前面已经说过，after 代表触发器里面的命令在 DML 修改数据之后执行，既然 DML 操作对数据的更改已经完成，当然不允许再修改 new 对象的属性值了，所以此处编译不通过。

为了方便后面的举例，将触发器 tr_emp_salcheck 删除，如图 10-20 所示。

```
drop trigger tr_emp_salcheck;
```

图 10-20

例 10-6：因为触发器的定义中使用了序列对象，我们首先了解一下序列对象。序列对象用于生成一序列的数值，生成的数值主要供主键值使用。创建一个序列对象 LOG_JLXH，起始值为 1，增长步长为 1，如图 10-21 所示。创建序列对象的时候，可以指定最小值、最大值、开始值、增长步长和是否缓存。如果使用缓存的话，Oracle 数据库会一次性取数个值缓存下来，供后续使用。启用缓存的弊端是，如果数据库重启，缓存会被清空，从而造成自增列出现断号现象。

```
create sequence LOG_JLXH
minvalue 1
maxvalue 9999999999999999999999999999
start with 1
increment by 1
nocache;
```

图 10-21

在 emp 表上创建触发器，当修改工资时记录日志。为了使显示效果更明显，在此触发器中使用了自治事务，如图 10-22 所示。并且在 emp 表的 sal 列上增加了 check 约束，限制 sal 的值必须大于等于 300，如图 10-23 所示。自治事务在第 13 章中有详细的介绍。

```
create or replace trigger tr_emp_salchange after update of sal on emp
for each row declare v_id number;pragma autonomous_transaction;
begin
  select log_jlxh.nextval into v_id from dual;
  insert into log(id, content, ip, computername)
  values(v_id,:new.ename || '月薪由' || :old.sal || '变更为' || :new.sal,
     sys_context('userenv', 'ip_address'),sys_context('userenv', 'terminal'));
  commit;
exception
  when others then
    begin
      raise_application_error(-20012, sqlerrm);
      rollback;
    end;
end;
```

图 10-22

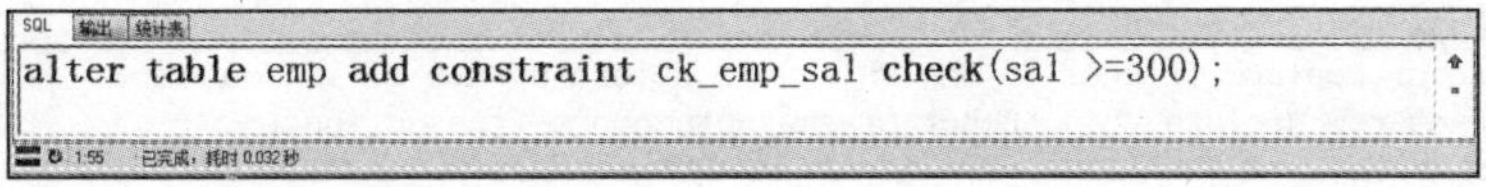

```
alter table emp add constraint ck_emp_sal check(sal >=300);
```

图 10-23

接着执行如图 10-24 所示的 update 命令，提示“违反检查约束条件”的错误。

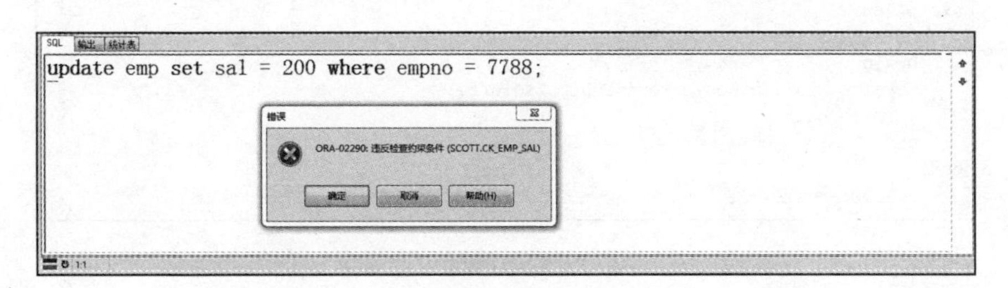

图 10-24

查看 log 表，发现 log 表为空，如图 10-25 所示。

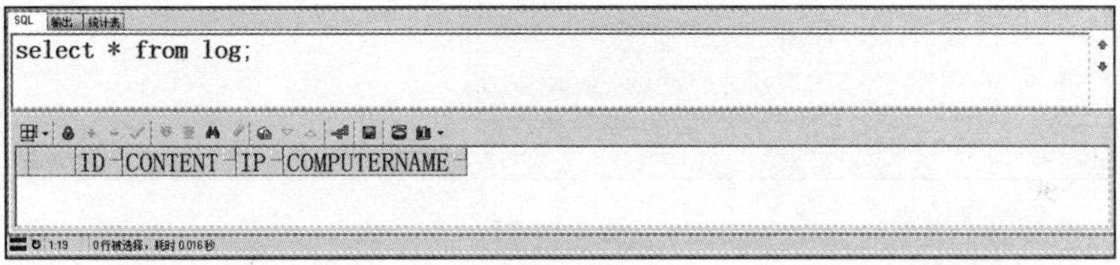

```
select * from log;
```

ID	CONTENT	IP	COMPUTERNAME

图 10-25

说明在使用 after 的情况下，触发器里面的命令在 DML 修改数据库之后执行，此时 log 中无记录，是因为 DML 修改数据库时违反检查约束条件，触发器里面的命令没有机会执行。

接着将触发器中的 after 替换成 before，如图 10-26 所示。执行相同的 update 命令，同样报“违反检查约束条件”的错误，如图 10-27 所示。接着查询 log 表，发现成功地记录了修改日志，如图 10-28 所示。

说明在使用 before 的情况下，触发器里面的命令在 DML 修改数据库之前执行。此处虽然 DML 修改数据库时违反检查约束条件，没有执行成功，但是由于触发器里面的命令先于 DML 修改数据之前执行，并且此处使用了自治事务，使得触发器里面的命令得以成功执行。

到底应该使用 before 还是 after，要根据具体情况而定。一般来说，需要更改要操作的数据时使用 before；如果记录日志要使用 after，只有使用了 after 才能确保 DML 语句成功执行，这样记录日志才有意义。

```
create or replace trigger tr_emp_salchange before update of sal on emp
for each row declare v_id number;pragma autonomous_transaction;
begin
  select log_jlxh.nextval into v_id from dual;
  insert into log(id, content, ip, computername)
  values(v_id,:new.ename || '月薪由' || :old.sal || '变更为' || :new.sal,
     sys_context('userenv', 'ip_address'),sys_context('userenv', 'terminal'));
  commit;
exception
  when others then
    begin
      raise_application_error(-20012, sqlerrm);
      rollback;
    end;
end;
```

图 10-26

图 10-27

```
select * from log;
```

	ID	CONTENT	IP	COMPUTERNAME
1	67	SCOTT月薪由300变更为200	127.0.0.1	ZZL-PC

图 10-28

10.7 instead of 触发器

instead of 触发器是 SQL Server 数据库专有的触发器。顾名思义，它是一种替换操作，它用触发器中的操作替换原来的 DML 命令。因为 instead of 充当了替换的作用，所以一张表最多只能创建一个 instead of 触发器。

例 10-7：在 EMP 表上面创建 instead of 触发器，当向 emp 表中插入数据的时候，替换为向 emp_his 表中插入数据，如图 10-29 所示。

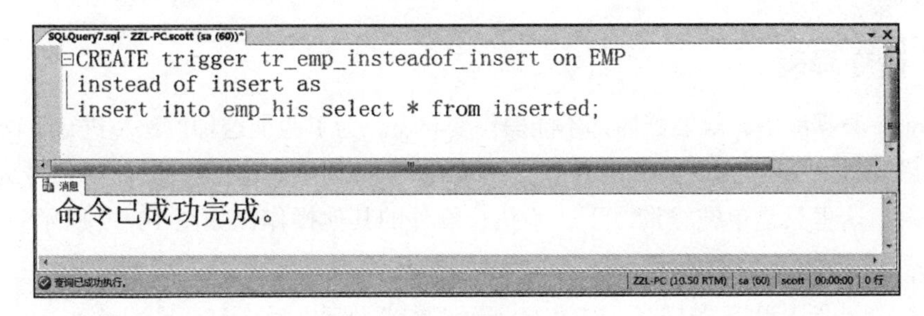

图 10-29

触发器创建完成后，执行插入命令，向 emp 表中插入员工工号为 3030 的员工记录，如图 10-30 所示。

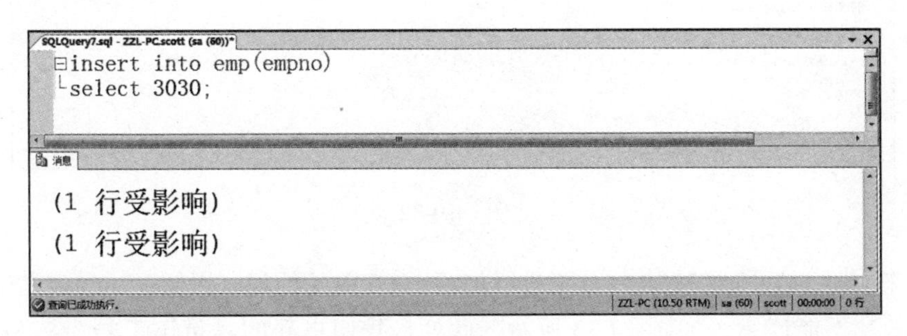

图 10-30

插入命令执行完毕后，分别查询 emp 和 emp_his 表中员工工号为 3030 的记录。发现，虽然我们执行的 SQL 语句是向 emp 表插入记录，但是，通过替换触发器的替换之后，我们要插入的员工信息插入了 emp_his 中，而 emp 表中并没有插入信息，如图 10-31 所示。

SQLQuery7.sql - ZZL-PC.scott (sa (60))*

```
select * from emp where empno = 3030;
select * from emp_his where empno = 3030;
```

结果 消息

	EMPNO	ENAME	JOB	MGR	HIREDATE	S...	COMM	DEPTN

	EMPNO	ENAME	JOB	MGR	HIREDATE	SAL	COMM	DE
1	3030	NULL	NULL	NULL	2018-01-01	NULL	NULL	NU

查询已成功执行。 ZZL-PC (10.50 RTM) | sa (60) | scott | 00:00:00 | 1 行

图 10-31

10.8 常见误区分析

10.8.1 读变异表

在 Oracle 数据库中，触发器内部不能操作变异表。为了验证这种说法，进行下面的测试。

修改触发器 tr_emp_salchange，当更改员工月薪的时候，查询一下员工工号为 3030 的员工的月薪，这里只是单纯查询一下，不执行额外的其他操作，如图 10-32 所示。

```
create or replace trigger tr_emp_salchange after update of sal on emp
for each row
declare
  v_empno number;
begin
  select empno into v_empno from emp where empno = 3030;
exception
  when others then
    begin
      raise_application_error(-20012, sqlerrm);
    end;
end;
```

图 10-32

接下来对员工工号为 7788 的员工进行加薪 1000 美元处理，报错，emp 表发生了变化，触发器 / 函数不能读它，如图 10-33 所示。此处，我们更新的是员工工号为 7788 的月薪，触发器内部查询的是员工工号为 3030 的员工的月薪，显然两边操作的不是同一条记录。但是数据库还是报错了，说明 Oracle 触发器确实不能访问变异表。

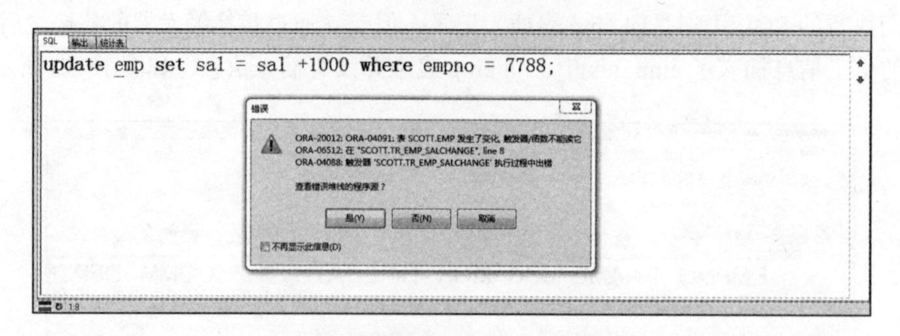

图 10-33

10.8.2 触发器死循环

在 SQL Server 数据库中，触发器是可以访问变异表的。但如果触发器创建不合适，会引起死循环。在 emp 表上创建触发器 tr_emp_dept，当执行 insert 和 update 命令时，触发这个触发器，功能是将操作的员工的部门号修改成10，如图10-34所示。

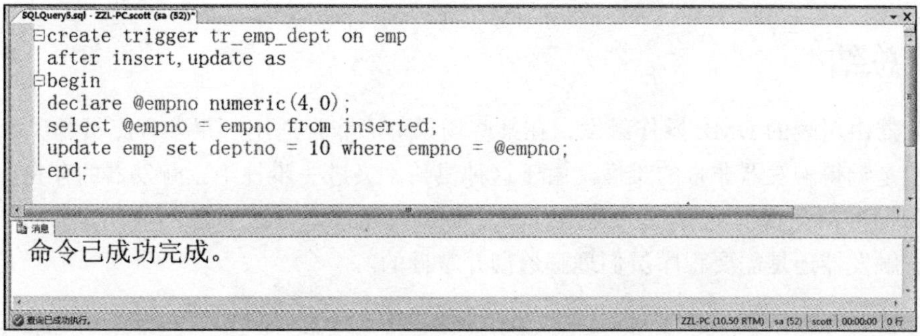

```
create trigger tr_emp_dept on emp
after insert,update as
begin
declare @empno numeric(4,0);
select @empno = empno from inserted;
update emp set deptno = 10 where empno = @empno;
end;
```

命令已成功完成。

图 10-34

接着在emp表上创建另一个触发器tr_emp_sal，当执行insert和update命令时，触发这个触发器，功能是将操作的员工的月薪修改成1000，如图10-35所示。

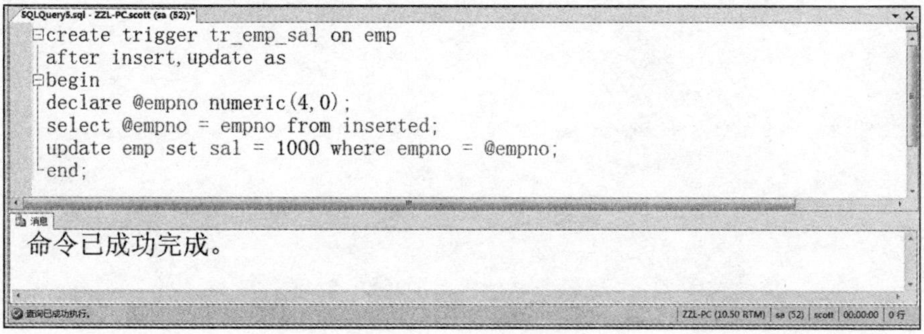

```
create trigger tr_emp_sal on emp
after insert,update as
begin
declare @empno numeric(4,0);
select @empno = empno from inserted;
update emp set sal = 1000 where empno = @empno;
end;
```

命令已成功完成。

图 10-35

尝试往emp表中插入一条记录，报超过最大嵌套层数的错误，因为此处引发了死循环，如图10-36所示。

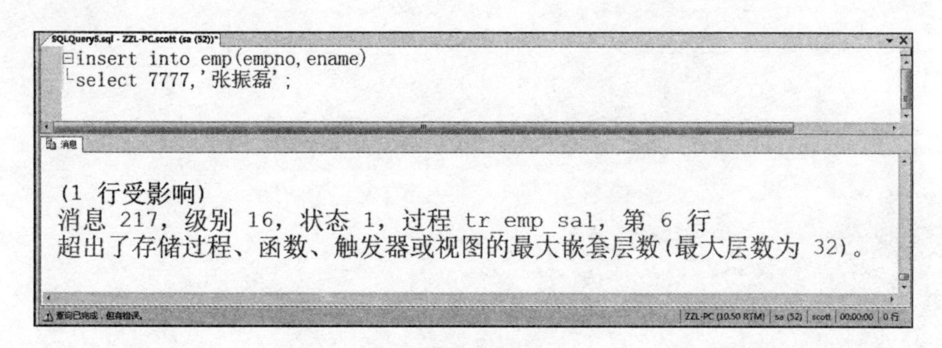
insert into emp(empno,ename)
select 7777,'张振磊';
(1 行受影响)
消息 217，级别 16，状态 1，过程 tr_emp_sal，第 6 行
超出了存储过程、函数、触发器或视图的最大嵌套层数(最大层数为 32)。

图 10-36

当向emp表中插入一条记录时，分别触发了上面两个触发器，而上面两个触发器又同时对 emp 表进行了 update，这两个触发器又进行相互调用，从而引发了死循环。

10.9 总结

触发器由对表的 DML 操作触发，在某些场景下面非常适用。很多程序员排斥触发器的原因可能是觉得触发器非常的难懂。由于这种惧怕，又进一步杜绝了触发器的存在。

任何一种对象都有它存在的理由。而且在某些场景下，该对象的应用是最好的选择。所以说，触发器还是需要程序员们理解透彻并掌握的。

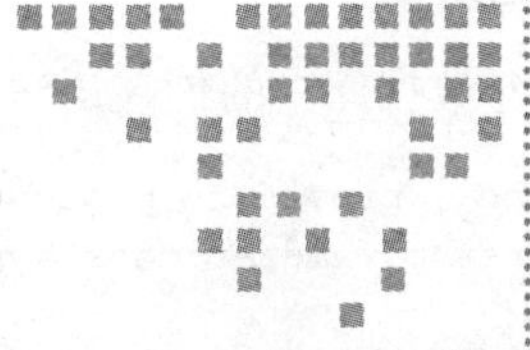

第11章 Chapter 11

存储过程

存储过程（Procedure）是一组为了完成特定功能的SQL语句集合。存储过程编译后存储在数据库中，用户通过指定存储过程的名称并给出参数来调用存储过程。由于存储过程在创建时即在数据库服务器上进行了编译并存储在数据库中，所以存储过程运行比同等功能的SQL语句集合要快。同时，由于在调用时只需要提供存储过程名和必要的参数信息，所以在一定程度上也可以减少网络流量，减轻网络负担。任何一个对象有优势就会有劣势，存储过程也有劣势，存储过程将数据的计算环境由应用服务器端挪到了数据库服务器端。对于需要资源比较多的存储过程，相对来说也占用了数据库服务器较多的资源。所以，在特定环境下是否使用存储过程，需要经过可行性分析。

编程人员在工作过程中，肯定经常碰到需要与第三方公司做接口的任务。在考虑接口方案时，首先应该考虑的是webservice，如果甲方不具备部署webservice的条件，第二选的方案就是存储过程。不建议把业务表直接开放给第三方公司操作。与第三方公司做接口的时候，往往会牵涉数张业务表的操作，直接把这些业务表开放给第三方公司，很容易造成业务数据的逻辑混乱。假如通过存储过程来实现，第三方公司只需调用存储过程，具体的业务逻辑由更熟悉业务逻辑的乙方公司来负责处理，这样，不仅能够避免业务数据的逻辑混乱，而且能够保护业务数据的安全，还能够更好地区分责任。

11.1 存储过程语法

存储过程的语法主要包括创建语法、修改语法和删除语法。接下来，将针对这些语法给出详细的说明。

11.1.1 创建语法

SQL Server 数据库中的创建语法如下所示：

```
create proc | procedure procedure_name
[{@parameter parameter_data_type} [=default_data] [output]....
] as
sql_statements
```

各关键字解释如下。

- create：关键字，标识当前命令是创建对象的命令。
- proc|procedure：关键字，标识当前命令要创建的对象类型是存储过程。
- procedure_name：指定当前要创建的存储过程名称。
- parameter：标识存储过程的参数，参数名称必须以 @ 开头。
- output：关键字，用于标识参数为出参。
- sql_statements：代表存储过程要执行的一系列 SQL 语句。

Oracle 数据库中的创建语法如下所示：

```
create procedure procedure_name[（parameter[model] datatype...）]
{as|is}
[declarationsection]
begin
executablesection
   [exception
        exceptionsection]
end [procedure_name];
```

各关键字解释如下。

- create：关键字，标识当前命令是创建对象的命令。
- procedure：关键字，标识当前命令要创建的对象类型是存储过程。
- procedure_name：指定当前要创建的存储过程名称。
- model：用于标识出入参数，IN 代表入参，OUT 代表出参。
- declarationsection：代表存储过程中变量的声明部分。
- executablesection：代表存储过程要执行的一系列 SQL 语句。
- exception：用于捕捉异常。

11.1.2 修改语法

SQL Server 数据库修改存储过程与创建存储过程的区别是，用 alter 关键字替换 create 关键字。如下所示：

```
alter proc | procedure procedure_name
[{@parameter parameter_data_type} [=default_data] [output]....
] as
```

```
sql_statements
```

Oracle 数据库修改存储过程使用 create or replace，它既适合新建存储过程，又适合修改存储过程，存储过程不存在的时候创建它，存在的时候替换它。如下所示：

```
create or replace procedure procedure_name[(parameter[model]   datatype...)]
{as|is}
[declarationsection]
begin
executablesection
    [exception
          exceptionsection]
end [procedure_name];
```

11.1.3 删除语法

SQL Server 数据库中的删除语法如下所示：

```
drop proc|procedure procedure_name;
```

各关键字解释如下。

- ❑ drop：关键字，标识当前命令是删除对象的命令。
- ❑ proc|procedure：关键字，标识当前命令要删除的对象类型是存储过程。
- ❑ procedure_name：指定当前要删除的存储过程名称。

Oracle 数据库中的删除语法如下所示：

```
drop procedure procedure_name;
```

各关键字解释如下。

- ❑ drop：关键字，标识当前命令是删除对象的命令。
- ❑ procedure：关键字，标识当前命令要删除的对象类型是存储过程。
- ❑ procedure_name：指定当前要删除的存储过程名称。

11.2 IN 模式参数

如果存储过程只是为了完成某个具体功能，而不关心返回值，则可以编写只含 IN 模式参数。接下来分别针对 SQL Server 数据库和 Oracle 数据库进行举例。

例 11-1：很多读者可能也被外键值的修改困惑过，甚至很多人因为外键修改数据比较麻烦，就拒绝使用外键。此处通过操作来看一下外键修改的限制，顺便完成一个存储过程来修改外键值。如果想把销售部门的部门号由 30 变成 90，dept 表的 deptno 列和 emp 表的 deptno 列存在主外键关系。尝试直接更改 dept 表的 deptno 值，报“违反完整性约束，已找到子记录”的错误，如图 11-1 所示。

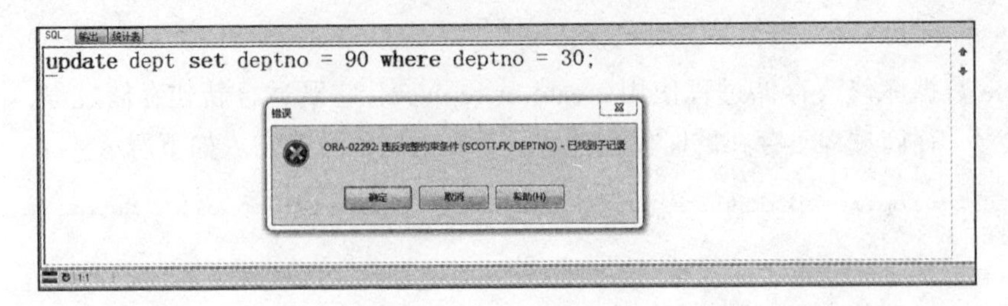

图 11-1

既然先修改父项无法修改，那么就尝试先修改子项的记录。然而报“违反完整性约束，未找到父项关键字”的错误，如图 11-2 所示。

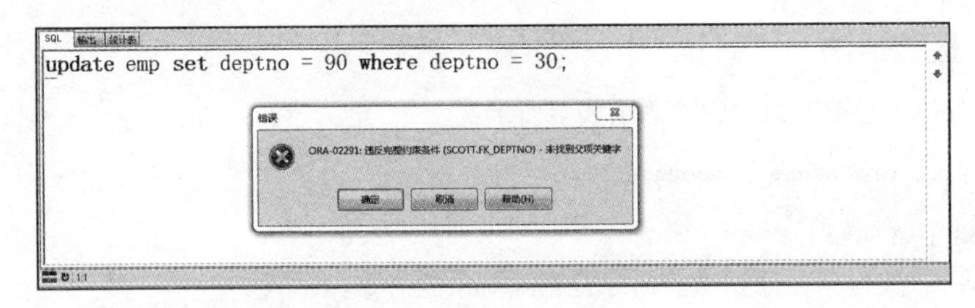

图 11-2

到这里，很多读者可能的做法就是先禁用 emp 表的外键约束，等修改完成后，再启用 emp 表的外键约束。这样的话，就需要由 DDL 操作来配合完成。还有一种处理办法是，先在主表中增加新部门号对应的记录，然后将子表中的部门号更新成新部门号，最后删除主表中旧部门号对应的记录。这样的操作包含了 3 条 DML 操作。可以通过存储过程完成这个业务逻辑。SQL Server 数据库创建存储过程语句如图 11-3 所示；Oracle 数据库创建存储过程语句如图 11-4 所示。

```
create procedure change_deptno
@olddeptno numeric(4),@newdeptno numeric(4) as
begin
    declare @msg varchar(200);
    begin try
        insert into dept(deptno,dname,loc)
        select @newdeptno,dname,loc from dept where deptno = @olddeptno;
        update emp set deptno = @newdeptno where deptno = @olddeptno;
        delete from dept where deptno = @olddeptno;
    end try
    begin catch
        select @msg=ERROR_MESSAGE();
        raiserror(@msg,16,1)
    end catch
end;
```

图 11-3

```
create or replace procedure change_deptno(old_deptno numeric,
                                          new_deptno numeric) as
begin
  insert into dept
    (deptno, dname, loc)
    select new_deptno, dname, loc from dept where deptno = old_deptno;
  update emp set deptno = new_deptno where deptno = old_deptno;
  delete from dept where deptno = old_deptno;
exception
  when others then
    raise_application_error(-20012, '更改部门号失败!' || sqlerrm);
end;
```

图　11-4

通过调用存储过程，顺利完成了部门号的更改。SQL Server 数据库执行命令如图 11-5 所示，Oracle 数据库执行命令如图 11-6 所示。

```
exec change_deptno 30, 90;
```

```
(1 行受影响)

(6 行受影响)

(1 行受影响)
```

图　11-5

```
begin
change_deptno(30, 90);
commit;
end;
```

图　11-6

11.3　OUT 模式参数

如果存储过程需要返回值，通过 OUT 模式参数来返回是个不错的选择。接下来分别针对 SQL Server 数据库和 Oracle 数据库进行举例。

例 11-2：创建存储过程 get_empsal，通过员工工号获取员工姓名及员工月薪。员工工号作为入参，员工姓名和员工月薪作为出参。在 SQL Server 数据库中的创建语句，如图 11-7

所示；在 Oracle 数据库中的创建语句，如图 11-8 所示。

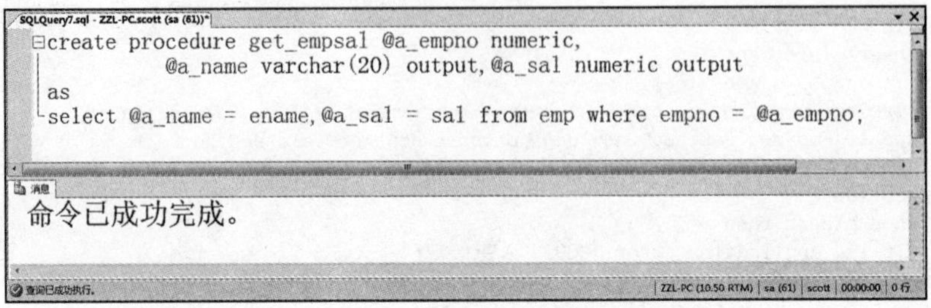
SQLQuery7.sql - ZZL-PC.scott (sa (61))*
create procedure get_empsal @a_empno numeric,
@a_name varchar(20) output,@a_sal numeric output
as
select @a_name = ename,@a_sal = sal from emp where empno = @a_empno;
消息
命令已成功完成。
查询已成功执行。
ZZL-PC (10.50 RTM) | sa (61) | scott | 00:00:00 | 0 行

图 11-7

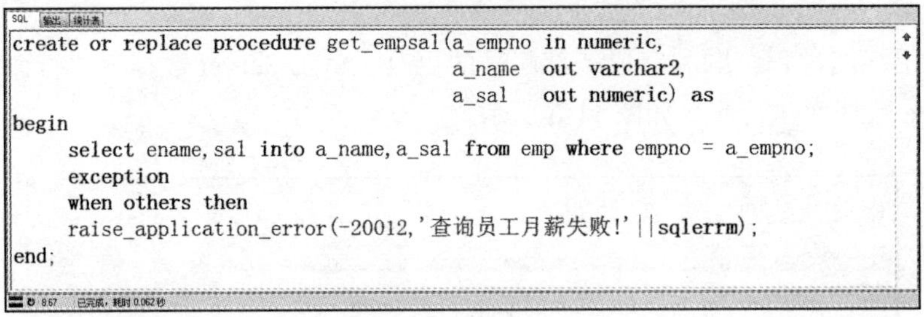
SQL 输出 统计表
create or replace procedure get_empsal(a_empno in numeric,
a_name out varchar2,
a_sal out numeric) as
begin
select ename,sal into a_name,a_sal from emp where empno = a_empno;
exception
when others then
raise_application_error(-20012,'查询员工月薪失败!'||sqlerrm);
end;
已完成，耗时 0.062 秒

图 11-8

存储过程 get_empsal 在 SQL Server 数据库中的调用及效果如图 11-9 所示；在 Oracle 数据库中的调用如图 11-10 所示；在 Oracle 数据库中的返回结果如图 11-11 所示。

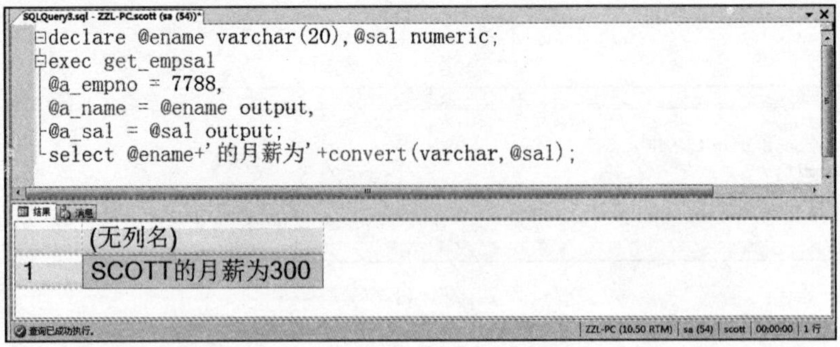
SQLQuery3.sql - ZZL-PC.scott (sa (54))*
declare @ename varchar(20),@sal numeric;
exec get_empsal
@a_empno = 7788,
@a_name = @ename output,
@a_sal = @sal output;
select @ename+'的月薪为'+convert(varchar,@sal);
结果 消息
(无列名)
1 SCOTT的月薪为300
查询已成功执行。
ZZL-PC (10.50 RTM) | sa (54) | scott | 00:00:00 | 1 行

图 11-9

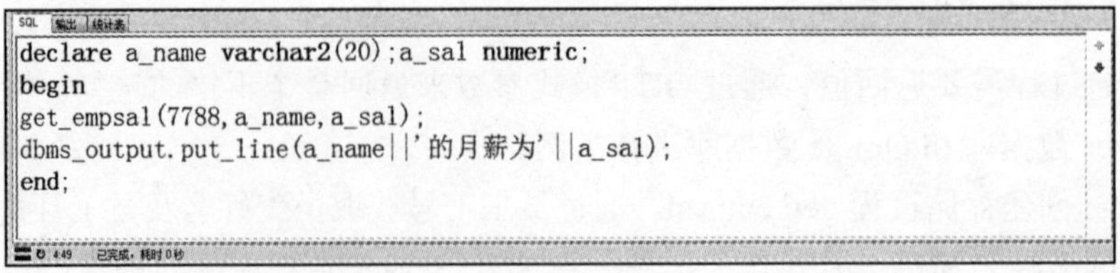
SQL 输出 统计表
declare a_name varchar2(20);a_sal numeric;
begin
get_empsal(7788,a_name,a_sal);
dbms_output.put_line(a_name||'的月薪为'||a_sal);
end;
已完成，耗时 0 秒

图 11-10

```
SCOTT的月薪为300
```

图 11-11

11.4 删除存储过程

将前面一节中创建的两个存储过程删除，如图 11-12 所示。

```
drop procedure change_deptno;
drop procedure get_empsal;
```

(无结果集)

图 11-12

11.5 常见误区分析

11.5.1 存储过程事务控制

事务知识在第 13 章会有详细的介绍。鉴于很多读者不清楚到底怎么使用存储过程内部事务和外部调用事务，此处，进行一个详细的介绍。

例 11-3：创建存储过程 pro_addsal。该存储过程根据传入的员工工号和加薪额度，对员工进行加薪处理。存储过程的实现使用了事务控制，在 SQL Server 数据库中的创建语句如图 11-13 所示；在 Oracle 数据库中的创建语句，如图 11-14 所示。

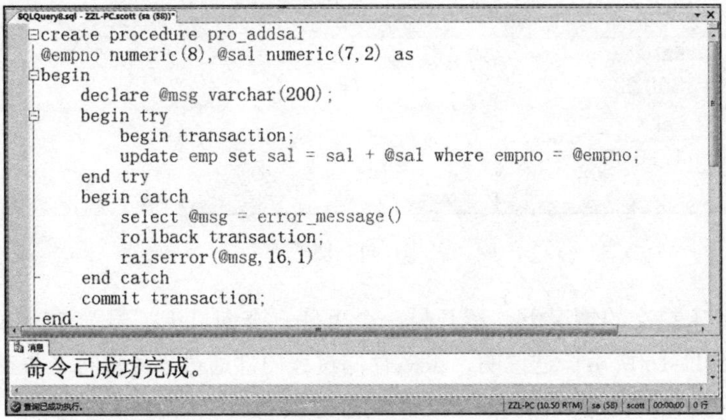

```
create procedure pro_addsal
@empno numeric(8),@sal numeric(7,2) as
begin
    declare @msg varchar(200);
    begin try
        begin transaction;
        update emp set sal = sal + @sal where empno = @empno;
    end try
    begin catch
        select @msg = error_message()
        rollback transaction;
        raiserror(@msg,16,1)
    end catch
    commit transaction;
end;
```

命令已成功完成。

图 11-13

```
create or replace procedure pro_addsal(v_empno  in number,
                                       v_addsal in number) as
begin
  update emp set sal = sal + v_addsal where empno = v_empno;
  commit;
exception
  when others then
    begin
      raise_application_error(-20012, sqlerrm);
      rollback;
      return;
    end;
end pro_addsal;
```

图 11-14

首先对 SQL Server 数据库下存储过程事务的使用进行举例。在 SQL Server 数据库中，事务可以多层嵌套，事务的嵌套层数是通过变量 @@trancount 记录的。每当开启事务的时候该变量加 1，每当提交事务的时候该变量减 1，回滚事务会直接将该变量置为 0。直到最外层事务结束，数据库才会释放所有排他锁。只有最外层的事务完成提交，所有内层事务的提交才会生效。一旦出现事务回滚，则所有事务一起回滚，不管当前回滚事务在哪个层次。事务保存点是个特例，它可以指定事务只回滚到事务保存点的位置。事务保存点的知识在第 13 章有详细的介绍。

在一个会话中模拟存储过程的调用，首先查询一下员工工号为 7788 的员工的月薪，发现为 300 美元。接着调用存储过程给员工工号为 7788 的员工加薪 1000 美元。存储过程执行完毕后，在当前会话中再次查询员工工号为 7788 的员工的月薪，发现变为 1300 美元，如图 11-15 所示。

```
select sal from emp where empno = 7788;
exec pro_addsal 7788, 1000;
select sal from emp where empno = 7788;
```

	sal
1	300.00

	sal
1	1300.00

图 11-15

当前主事务未提交的情况下，新开另一个事务，查询员工工号为 7788 的员工的月薪，发生阻塞，如图 11-16 所示。这说明，虽然存储过程内部通过事务进行了提交，在调用存储过程的主事务未提交的情况下，仍然不会释放排他锁。

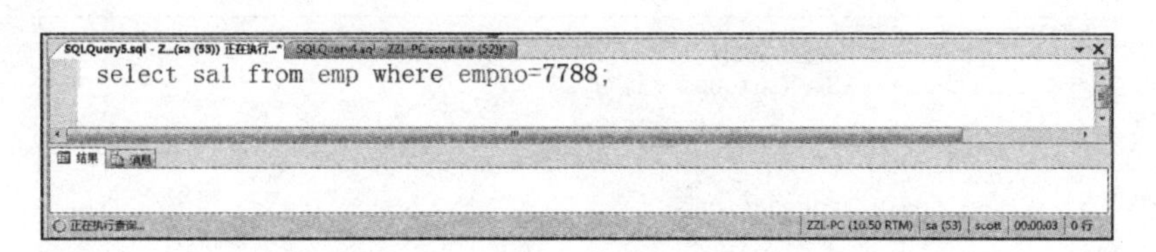
```
select sal from emp where empno=7788;
```

图 11-16

将图11-15的事务回滚，如图11-17所示。再次查询员工工号为7788的员工的月薪，发现月薪还是300美元，如图11-18所示。说明虽然存储过程内部的事务已经进行了提交，但是当调用存储过程的主事务回滚后，存储过程中已经进行提交的数据一起被回滚了。

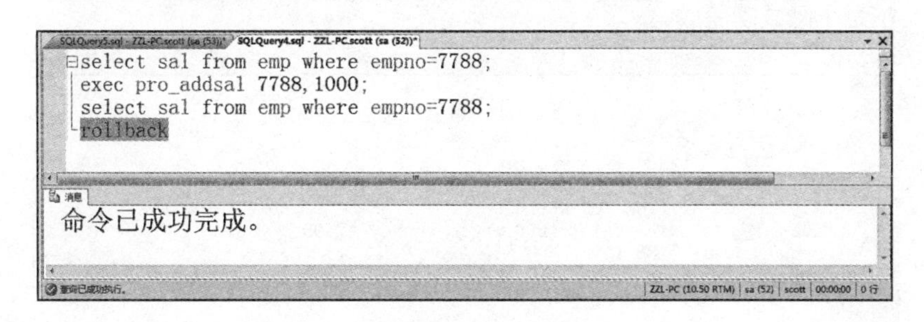
```
select sal from emp where empno=7788;
exec pro_addsal 7788,1000;
select sal from emp where empno=7788;
rollback
```
命令已成功完成。

图 11-17

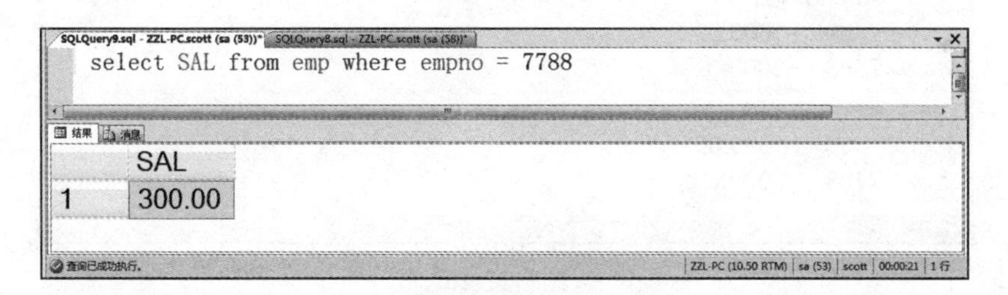
```
select SAL from emp where empno = 7788
```

	SAL
1	300.00

图 11-18

接下来，修改存储过程pro_addsal，不管加薪是否成功，都进行事务回滚，如图11-19所示。

模拟存储过程的调用，首先查询员工工号为7788和7499的员工的月薪，分别为300美元和1600美元。接着在主事务中对员工工号为7499的员工进行加薪1000美元处理，通过调用存储过程对员工工号为7788的员工进行加薪1000美元处理，然后提交主事务。主事务提交完成后，再次查询员工工号为7788和7499的员工的月薪，发现仍为300美元和1600美元，如图11-20所示，并提示主事务中的提交事务没有对应的开始事务，如图11-21所示。出现这种情况的原因是，存储过程中的回滚事务将主事务的更新一起回滚了。

```
alter procedure pro_addsal
@empno numeric(8),@sal numeric(7,2) as
begin
    declare @msg varchar(200);
    begin try
        begin transaction;
        update emp set sal = sal + @sal where empno = @empno;
    end try
    begin catch
        select @msg = error_message()
        rollback transaction;
        raiserror(@msg,16,1)
    end catch
    rollback transaction;
end;
```

消息

命令已成功完成。

查询已成功执行。 ZZL-PC (10.50 RTM) | sa (53) | scott | 00:00:00 | 0 行

图 11-19

```
select empno,sal from emp where empno = 7788 or empno = 7499;
update emp set sal = sal + 1000 where empno = 7499;
exec pro_addsal 7788,1000;
commit tran;
select empno,sal from emp where empno = 7788 or empno = 7499;
```

结果 | 消息

	empno	sal
1	7499	1600.00
2	7788	300.00

	empno	sal
1	7499	1600.00
2	7788	300.00

查询已完成，但有错误。 ZZL-PC (10.50 RTM) | sa (51) | scott | 00:00:00 | 2 行

图 11-20

```
select empno,sal from emp where empno = 7788 or empno = 7499;
update emp set sal = sal + 1000 where empno = 7499;
exec pro_addsal 7788,1000;
commit tran;
select empno,sal from emp where empno = 7788 or empno = 7499;
```

结果 | 消息

```
(1 行受影响)

(1 行受影响)
消息 3902，级别 16，状态 1，第 4 行
COMMIT TRANSACTION 请求没有对应的 BEGIN TRANSACTION。

(2 行受影响)
```

查询已完成，但有错误。 ZZL-PC (10.50 RTM) | sa (51) | scott | 00:00:00 | 4 行

图 11-21

如果想实现存储过程内部事务的单独回滚，可以使用事务保存点来控制。修改存储过程 pro_addsal，增加事务保存点 addsal，不管加薪是否成功，都回滚到事务保存点位置，如图 11-22 所示。

```
alter procedure pro_addsal @empno numeric(8),@sal numeric(7,2) as
begin
    declare @msg varchar(200);
    save tran addsal;
    begin try
        begin tran addsal;
        update emp set sal = sal + @sal where empno = @empno;
    end try
    begin catch
        select @msg = error_message()
        rollback tran addsal;
        raiserror(@msg,16,1)
    end catch
    rollback tran addsal;
end;
```

消息

命令已成功完成。

图　11-22

模拟存储过程的调用，首先查询员工工号为 7788 和 7499 的员工的月薪，分别为 300 美元和 1600 美元。接着在主事务中对员工工号为 7499 的员工进行加薪 1000 美元处理，通过调用存储过程对员工工号为 7788 的员工进行加薪 1000 美元处理，然后提交主事务。主事务提交完成后，再次查询员工工号为 7788 和 7499 的员工的月薪，发现变为 300 和 2600 美元，如图 11-23 所示。此处可以看到存储过程内部只是回滚了内部更新，主事务的更新被成功地提交。

```
select empno,sal from emp where empno = 7788 or empno = 7499;
update emp set sal = sal + 1000 where empno = 7499;
exec pro_addsal 7788,1000;
commit tran;
select empno,sal from emp where empno = 7788 or empno = 7499;
```

	empno	sal
1	7499	1600.00
2	7788	300.00

	empno	sal
1	7499	2600.00
2	7788	300.00

图　11-23

接下来，对 Oracle 数据库下存储过程事务的使用进行举例。在 Oracle 数据库中，事务是进行传递的，存储过程内部事务跟外部事务其实是同一个事务。但是，Oracle 提供了功能强大的自治事务概念，使用自治事务可以在主事务内部隔离出一个小的自治事务。自治事务将在第 13 章给出详细介绍。

首先查询一下员工工号为 7788 的员工的月薪，发现为 300 美元，如图 11-24 所示。

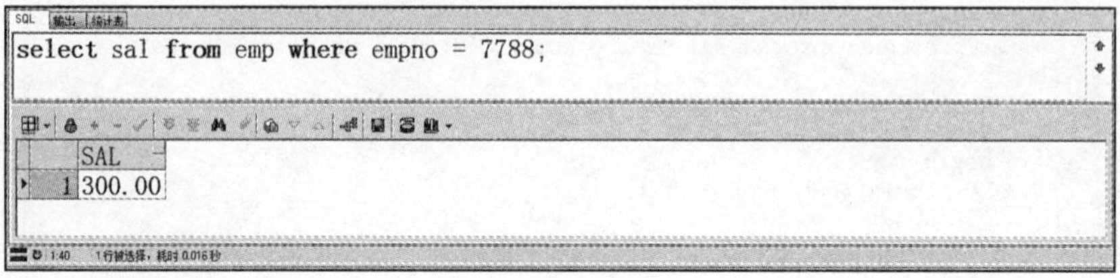

SQL 输出 统计表

```
select sal from emp where empno = 7788;
```

	SAL
1	300.00

1:40 1行被选择，耗时 0.016秒

图 11-24

调用存储过程 pro_addsal 对员工工号为 7788 的员工进行加薪 1000 美元处理，如图 11-25 所示。调用存储过程的时候无需提交事务，员工工号为 7788 的员工的月薪就变成了 1300 美元，加薪成功，如图 11-26 所示。因为存储过程定义中已经完成了事务的提交。

SQL 输出 统计表

```
begin
pro_addsal(7788,1000);
end;
```

3:5 已完成，耗时 0.094秒

图 11-25

SQL 输出 统计表

```
select sal from emp where empno = 7788;
```

	SAL
1	1300.00

1:40 1行被选择，耗时 0.016秒

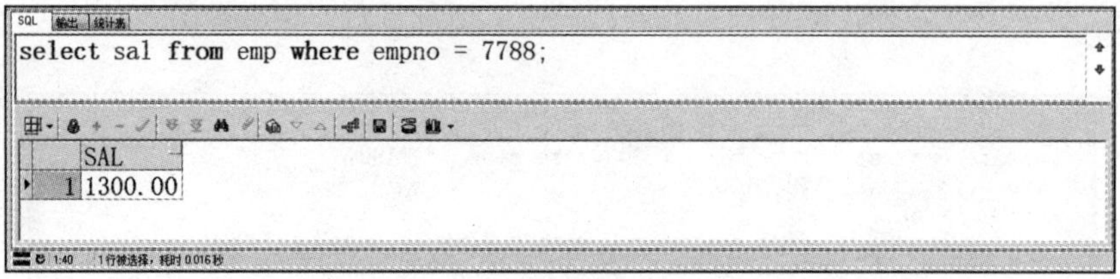

图 11-26

查询一下员工工号为 7788 和 7499 的员工的月薪，分别为 1300 美元和 1600 美元，如图 11-27 所示。

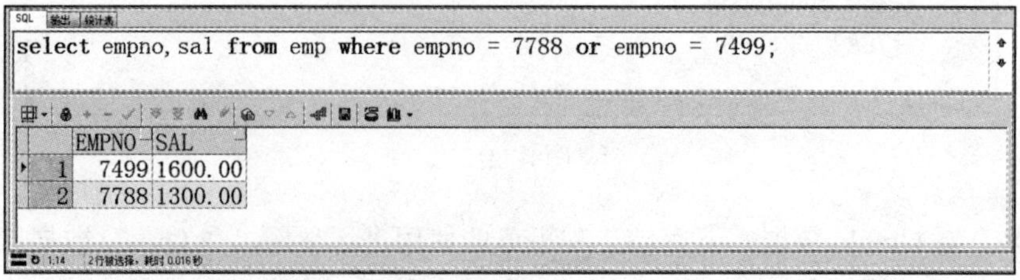

SQL 输出 统计表

```
select empno,sal from emp where empno = 7788 or empno = 7499;
```

	EMPNO	SAL
1	7499	1600.00
2	7788	1300.00

1,14 2行被选择，耗时 0.016秒

图 11-27

首先对员工工号为7499的员工加薪1000美元，接着调用存储过程pro_addsal对员工工号为7788的员工加薪1000美元，如图11-28所示。

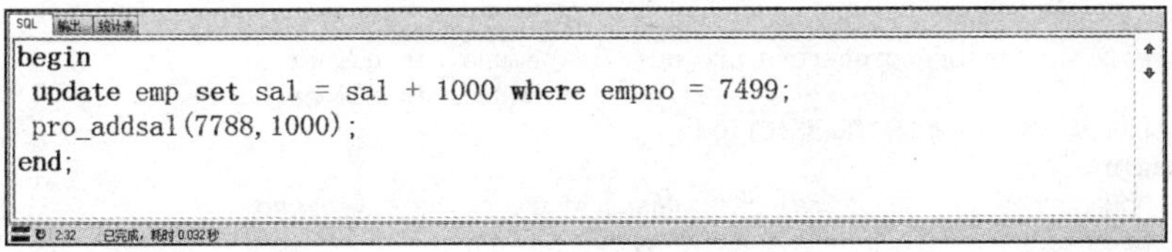

```
begin
 update emp set sal = sal + 1000 where empno = 7499;
 pro_addsal(7788,1000);
end;
```

图 11-28

执行完成后，发现对员工工号为7788和7499的员工的加薪都成功地完成，如图11-29所示。说明存储过程内部的事务与存储过程外部的事务是同一个事务。

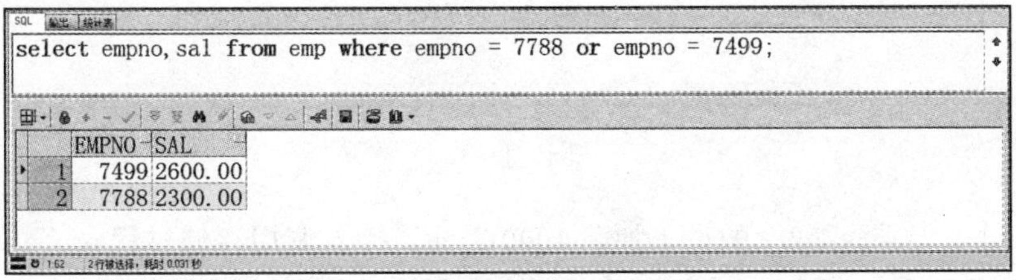

```
select empno,sal from emp where empno = 7788 or empno = 7499;
```

	EMPNO	SAL
1	7499	2600.00
2	7788	2300.00

图 11-29

首先对员工工号为7499的员工加薪1000美元，接着调用存储过程pro_addsal对员工工号为7788的员工加薪1000美元，然后对事务回滚，如图11-30所示。

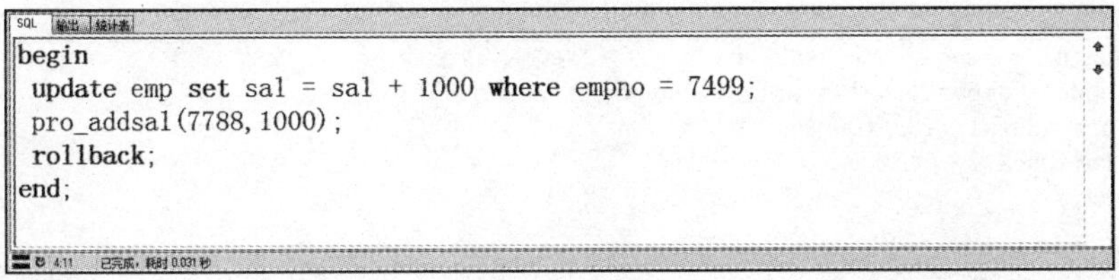

```
begin
 update emp set sal = sal + 1000 where empno = 7499;
 pro_addsal(7788,1000);
 rollback;
end;
```

图 11-30

执行完成后，发现对员工工号为7788和7499的员工的加薪都成功完成，如图11-31所示。由于存储过程内部已经对事务进行了提交，存储过程外部再回滚事务，已经不起作用了。

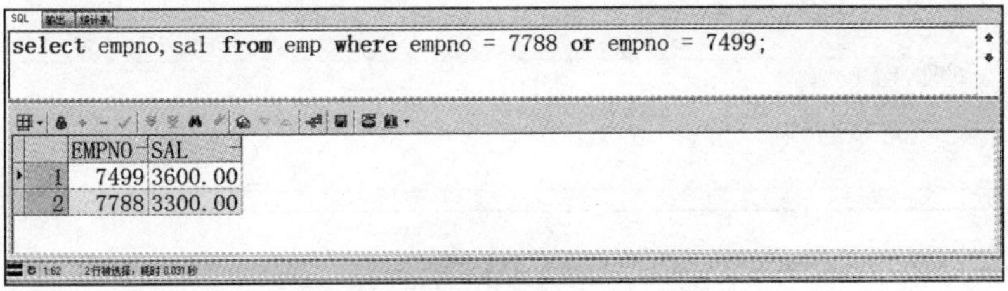

```
select empno,sal from emp where empno = 7788 or empno = 7499;
```

	EMPNO	SAL
1	7499	3600.00
2	7788	3300.00

图 11-31

接下来介绍一下自治事务的使用。自治事务的关键字为 PRAGMA AUTONOMOUS_TRANSACTION。将存储过程 pro_addsal 修改为使用自治事务控制事务，如图 11-32 所示。

```
create or replace procedure pro_addsal(v_empno  in number,
                                       v_addsal in number) as
  PRAGMA AUTONOMOUS_TRANSACTION;
begin
  update emp set sal = sal + v_addsal where empno = v_empno;
  commit;
exception
  when others then
    begin
      raise_application_error(-20012, sqlerrm);
      rollback;
      return;
    end;
end pro_addsal;
```

图 11-32

首先对员工工号为 7499 的员工加薪 1000 美元，接着调用存储过程 pro_addsal 对员工工号为 7788 的员工加薪 1000 美元，然后对事务回滚，如图 11-33 所示。此时，我们发现对员工工号为 7499 的员工的加薪未完成，而对员工工号为 7788 的员工的加薪成功完成，如图 11-34 所示。此处说明存储过程使用自治事务后，存储过程内部的事务不再受调用存储过程的主事务控制。

```
begin
 update emp set sal = sal + 1000 where empno = 7499;
 pro_addsal(7788,1000);
 rollback;
end;
```

图 11-33

```
select empno,sal from emp where empno = 7788 or empno = 7499;
```

	EMPNO	SAL
1	7499	3600.00
2	7788	4300.00

图 11-34

11.5.2 参数名称引发的事故

我们知道，在SQL Server数据库中，存储过程的参数命名必须以@开头，从而避免了参数名称与表的列名称重名的问题。而在Oracle数据库中，存储过程的参数命令规则相对比较宽松，所以很容易引起不必要的事故。

下面，通过一个举例来证明这个说法。

例11-4：修改存储过程pro_addsal，将员工工号参数修改成empno，使其与emp表的列empno同名，如图11-35所示。

```
create or replace procedure pro_addsal(empno in number, v_addsal in number)
  PRAGMA AUTONOMOUS_TRANSACTION;
begin
  update emp set sal = sal + v_addsal where empno = empno;
  commit;
exception
  when others then
    begin
      raise_application_error(-20012, sqlerrm);
      rollback;
      return;
    end;
end pro_addsal;
```

图 11-35

为了显著比较调用存储过程前后的区别，首先查询一下所有员工的员工工号与员工月薪，如图11-36所示。

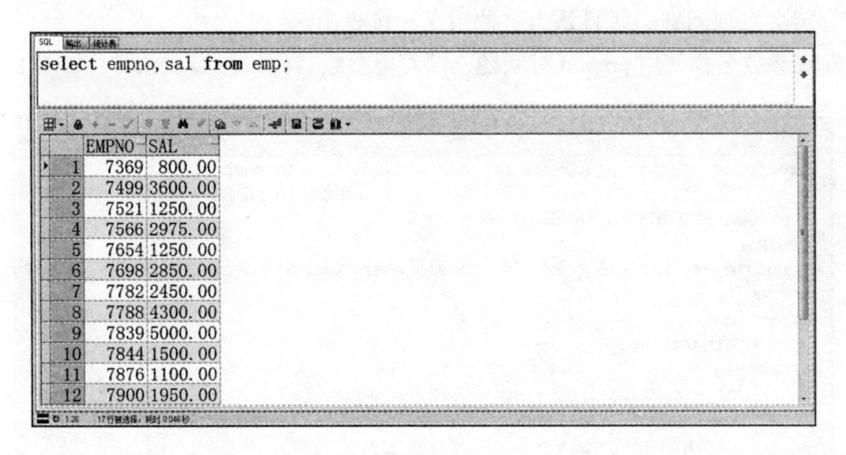

```
select empno, sal from emp;
```

	EMPNO	SAL
1	7369	800.00
2	7499	3600.00
3	7521	1250.00
4	7566	2975.00
5	7654	1250.00
6	7698	2850.00
7	7782	2450.00
8	7788	4300.00
9	7839	5000.00
10	7844	1500.00
11	7876	1100.00
12	7900	1950.00

图 11-36

接着，调用存储过程对员工工号为7788的员工进行加薪1000美元处理，如图11-37所示。

SQL 输出 统计表

```
begin
 pro_addsal(7788, 1000);
end;
```

2:24 已完成，耗时 0.032 秒

图 11-37

接着，再次查询所有员工的员工工号及员工月薪，发现所有员工的月薪都被加了 1000 美元，如图 11-38 所示。出现这种情况的原因是，存储过程的参数与表的列名相同，empno=empno 永远为真，所以不管参数传入何值，都会对所有员工进行加薪处理。

SQL 输出 统计表

```
select empno, sal from emp;
```

	EMPNO	SAL
1	7369	1800.00
2	7499	4600.00
3	7521	2250.00
4	7566	3975.00
5	7654	2250.00
6	7698	3850.00
7	7782	3450.00
8	7788	5300.00
9	7839	6000.00
10	7844	2500.00
11	7876	2100.00
12	7900	2950.00

1:26 12行被选择，耗时 0.031 秒 (更多...)

图 11-38

有的读者可能会说，这种情况，即便参数名称使用得不合理，在编码到 empno = empno 的时候，肯定会发现问题。暂且认为这种错误能排查出来。

既然发现参数名称使用 empno 有问题，试着把参数名称修改为 deptno，如图 11-39 所示。

pro_addsal

Code section | Update

```
create or replace procedure pro_addsal(deptno   in number,
                                       v_addsal in number) as
  PRAGMA AUTONOMOUS_TRANSACTION;
begin
  update emp set sal = sal + v_addsal where empno = deptno;
  commit;
exception
  when others then
    begin
      raise_application_error(-20012, sqlerrm);
      rollback;
      return;
    end;
end pro_addsal;
```

6:1 编译成功

图 11-39

首先查询一下员工工号为 7788 的员工的月薪，发现为 5300 美元，如图 11-40 所示。

select sal from emp where empno = 7788;
SAL
1 5300.00

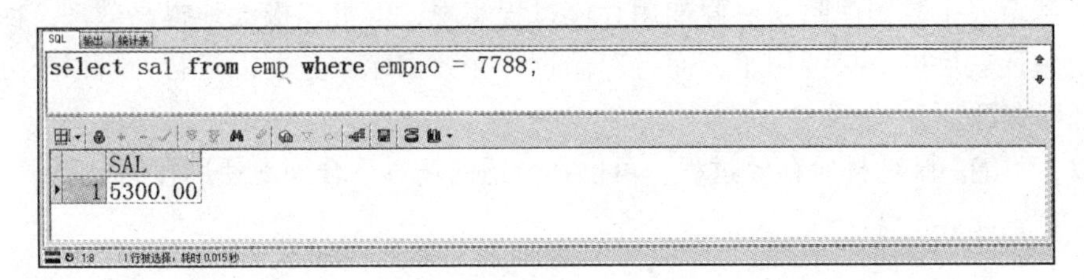

图 11-40

接着，调用存储过程对员工工号为 7788 的员工加薪 1000 美元，如图 11-41 所示。

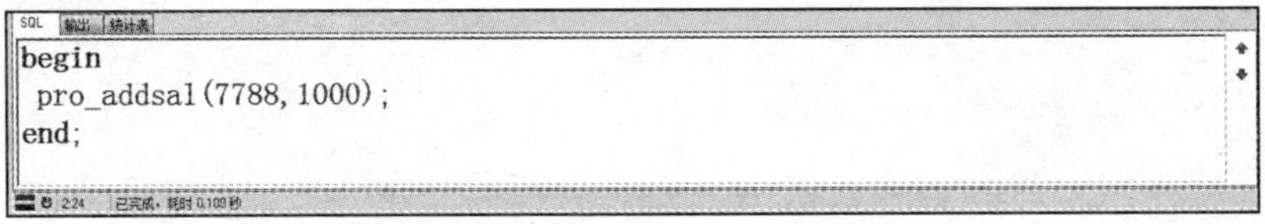

begin
pro_addsal(7788, 1000);
end;

图 11-41

继续查询员工工号为 7788 的员工的月薪，发现加薪未成功，如图 11-42 所示。因为 emp 表里面含了 deptno 列，empno= deptno 实际上是表 empno 列与 deptno 列的比较。如果 emp 表列太多，程序员在编码的时候又没有认真比对，很有可能就造成了参数名称与列名称重名的情况，从而引发事故。所以，这种问题还是需要引起大家注意的。

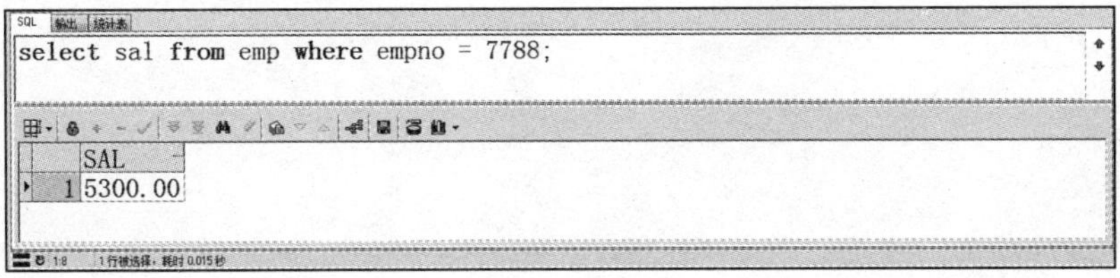

select sal from emp where empno = 7788;
SAL
1 5300.00

图 11-42

11.6 总结

很多公司不建议使用存储过程，甚至有些公司杜绝使用存储过程。其实，使用不使用存储过程要由应用场景决定。

有些人排斥存储过程，是认为存储过程难度太大，维护起来比较困难。对于程序员来说，开发语言都能学会，难道学习存储过程还有难度吗？

有些场景使用存储过程可以极大地提高效率。例如，使用表存储业务表主键最大值的话，假如信息管理系统是 C/S 程序，如果使用 SQL 语句去获取业务表的最大值并进行累加处理，这个场景放到客户端运行的话，因为 SQL 语句需要解析，频繁的操作很容易降低系统性能，甚至发生数据库阻塞。假如用存储过程实现，就可以极大地提高效率，因为存储过程一次编译就可以直接调用了。而且存储过程在数据库服务器端运行，可以充分利用数据库服务器资源。

所以，不能一味地排斥存储过程，可以在合适的场景下合理地使用存储过程。

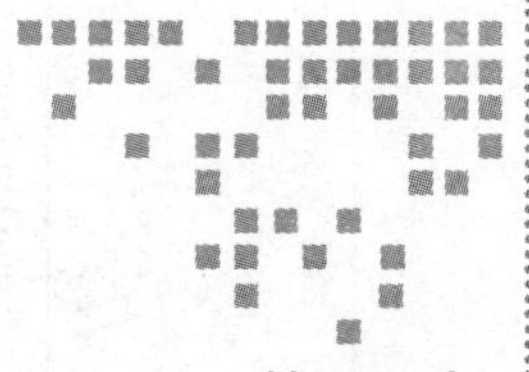

第 12 章 Chapter 12

函 数

SQL 函数的运行如下：根据调用者传入的参数，基于数据库中的数据进行一系列的运算，最后返回加工后的结果。SQL 函数在 SQL Server 数据库中用 T-SQL 进行定义，在 Oracle 数据库中用 PL/SQL 进行定义。T-SQL 和 PL/SQL 分别是 SQL Server 数据库和 Oracle 数据库对标准 SQL 的扩展。

任何关系型数据库都预定义了一系列常用的函数，称之为系统函数。用户也可以根据业务需求，定义供自己业务调用的函数，称之为自定义函数。

12.1 系统函数

为了实现常用的计算功能，所有数据库管理系统都预定义了很多常用的系统函数。按照类别这些系统函数，可以分为以下几种：

- 字符函数
- 数值函数
- 时间函数
- null 函数
- 聚合函数
- 其他函数

下面分别针对这些类别中常用的系统函数进行详细的介绍。

12.1.1 字符函数

字符函数是以字符串作为参数的函数。

常用的字符函数如表 12-1 所示。

表 12-1

函数名	格式	描述	应用场景	适用数据库	举例	代码
upper	upper（str）	将 str 转成大写	当不确定记录中某个列值到底保存的是大写还是小写时，可以通过此函数将列值转成大写，进行明确比较	SQL Server、Oracle	查询姓名为 SCOTT 的员工的信息	select * from emp where upper（ename）='SCOTT'
lower	lower（str）	将 str 转成小写	当不确定记录中某个列值到底保存的是大写还是小写时，可以通过此函数将列的值转成小写，进行明确比较	SQL Server、Oracle	查询姓名为 SCOTT 的员工的信息	select * from emp where lower（ename）='scott'
len	len（str）	返回 str 的长度	计算某列所保存的值的长度	SQL Server	查询员工的姓名，及姓名的长度	select ename,len（ename）from emp
length	length（str）	返回 str 的长度	计算某列所保存的值的长度	Oracle	查询员工的姓名，及姓名的长度	select ename, length（ename）from emp
lengthb	lengthb（str）	返回 str 的字节长度	计算某列所保存的值的字节长度	Oracle	查询员工的姓名，及姓名的字节长度	select ename, lengthb（ename）from emp
substring	substring（str, start,[length]）	返回 str 从 start 位开始，往后 length 位字符串，如果省略 length 参数，则会截取到最后一位	对字符串进行截取	SQL Server	查询所有员工的员工姓名，并从员工姓名第 2 位开始截取 4 位长度的字符串	select ename, substring（ename,2,4）from emp
substr	substr（str,start,[length]）	返回 str 从 start 位开始，往后 length 位字符串，如果省略 length 参数，则会截取到最后一位	对字符串进行截取	Oracle	查询所有员工的员工姓名，并从员工姓名第 2 位开始截取 4 位长度的字符串	select ename, substr（ename,2,4）from emp
replace	replace（str1,str2,str3）	用 str3 替换 str1 中所有的 str2	对字符串进行部分替换	SQL Server、Oracle	查询所有员工的员工姓名，并将员工姓名中的字符 'A' 用字符 '$' 替换	select ename, replace（ename,'A','$'）from emp
left	left（str,length）	返回 str 从左边开始 length 位字符串	对字符串进行靠左截取	SQL Server	查询所有员工的员工姓名，并从员工姓名左边开始截取两位字符串	select ename, left（ename,2）from emp

right	right(str,length)	返回str从右边开始length位字符串	对字符串进行靠右截取	SQL Server	查询所有员工的员工姓名，并从员工姓名右边开始截取两位字符串	select ename, right（ename,2）from emp
ltrim	ltrim（str）	去除str左边的空格	去除字符串左边的空格	SQL Server、Oracle	查询所有员工的员工姓名，并去掉员工姓名左边空格后的字符串	select ename, ltrim（ename）from emp
rtrim	rtrim（str）	去除str右边的空格	去除字符串右边的空格	SQL Server、Oracle	查询所有员工的员工姓名，并去掉员工姓名右边空格后的字符串	select ename, rtrim（ename）from emp
trim	trim（str）	去除str两边的空格	去除字符串两端的空格	Oracle	查询所有员工的员工姓名，并去掉员工姓名两端空格后的字符串	select ename, trim（ename）from emp
reverse	reverse（str）	反转str	将字符串左右反转	SQL Server、Oracle	查询所有员工的员工姓名，并将员工姓名字符串反转	select ename, reverse（ename）from emp
charindex	charindex（str1, str2 [, start] ）	从start开始查找str1在str2中出现的位置	查询一个字符串在另一个字符串中出现的位置	SQL Server	查询所有员工的员工姓名，并查询字符D在员工姓名中出现的位置	select ename, charindex（'D',ename）from emp
instr	instr（str1, str2 [, start [,number]] ）	从start开始查找str2在str1中从start位开始第number次出现的位置	查询一个字符串在另一个字符串中出现的位置	Oracle	查询所有员工的员工姓名，并查询字符L在员工姓名中从第1个位置开始第2次出现的位置	select ename, instr（ename,'L',1,2）from emp
patindex	patindex（'%pattern%' , expression）	返回pattern在expression中第1次出现的位置	返回指定表达式中某模式第1次出现的起始位置，此函数支持使用通配符搜索	SQL Server	查询所有员工的员工姓名，并查询D在员工姓名中第1次出现的位置	select ename, patindex（'%D%',ename）from emp

补充说明，Oracle 数据库还可以给 ltrim 指定第 2 个参数，用于指定要去掉的字符，如图 12-1 所示。同样，可以给 rtrim 指定第 2 个参数，用于指定要去掉的字符，如图 12-2 所示。

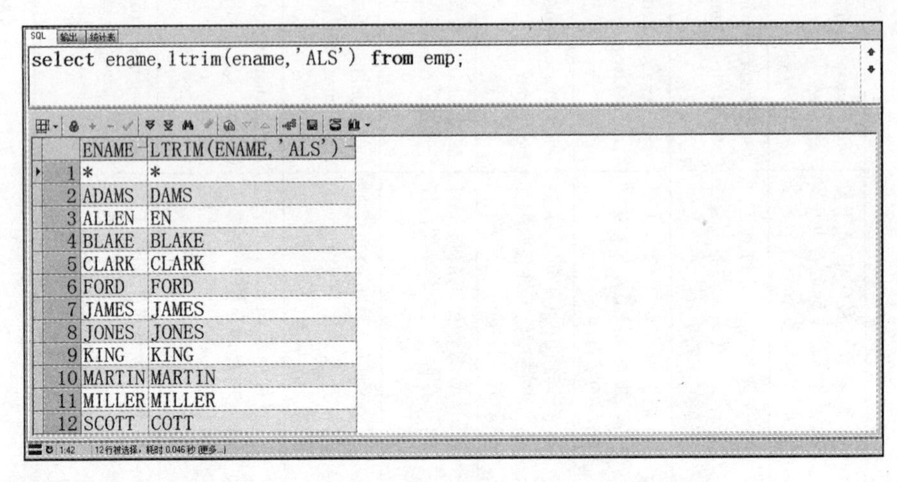

```
select ename, ltrim(ename,'ALS') from emp;
```

	ENAME	LTRIM(ENAME,'ALS')
1	*	*
2	ADAMS	DAMS
3	ALLEN	EN
4	BLAKE	BLAKE
5	CLARK	CLARK
6	FORD	FORD
7	JAMES	JAMES
8	JONES	JONES
9	KING	KING
10	MARTIN	MARTIN
11	MILLER	MILLER
12	SCOTT	COTT

图 12-1

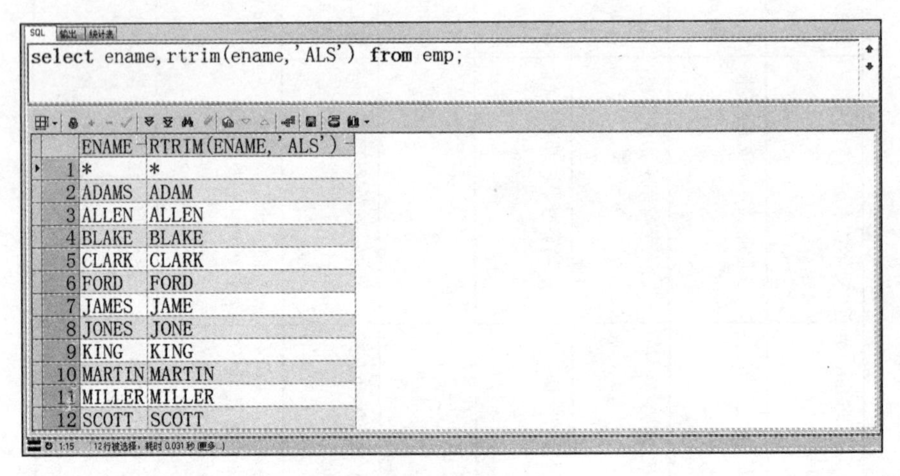

```
select ename, rtrim(ename,'ALS') from emp;
```

	ENAME	RTRIM(ENAME,'ALS')
1	*	*
2	ADAMS	ADAM
3	ALLEN	ALLEN
4	BLAKE	BLAKE
5	CLARK	CLARK
6	FORD	FORD
7	JAMES	JAME
8	JONES	JONE
9	KING	KING
10	MARTIN	MARTIN
11	MILLER	MILLER
12	SCOTT	SCOTT

图 12-2

12.1.2 数值函数

数值函数是以数值作为参数的函数。

常用的数值函数如表 12-2 所示。

12.1.3 日期函数

日期函数是与日期有关的函数。

常用的日期函数如表 12-3 所示。

表 12-2

函数名	格 式	描 述	应用场景	适用数据库	举 例	代 码
trunc	trunc（number [,decimals]）	实现数值的截取。其中 number 是待截取的数值，decimals 指明需要保留的小数点后面的位数。默认为 0，截取所有小数；为负数，表示往小数点左边截取的位数，相应的整数用 0 代替。对截取的数字进行直接截断，不考虑四舍五入	对数值进行直接截取	Oracle	对 155.77 进行多次截取，观察区别	select trunc（155.77）from dual;select trunc（155.77,1）from dual; select trunc（155.77,-1）from dual;
mod	mod（number1, number2）	实现取余操作。其中 number1 是被除数，number2 是除数，结果返回余数	对数值取余	Oracle	11 对 3 取余	select mod（11,3）from dual;
round	round（number [,decimals]）	实现数值的截取。其中 number 是待截取的数值，decimals 指明需要保留的小数点后面的位数。默认为 0，截取所有小数；为负数，表示往小数点左边截取的位数，相应的整数用 0 代替。对截取的数字进行四舍五入	对数值进行四舍五入截取	Oracle	对 155.77 进行多次截取，观察区别	select round（155.77）from dual;select round（155.77,1）from dual; select round（155.77, -1）from dual;
round	round（n1,n2[,n3]）	SQL Serve 数据库中的 round 不同于 Oracle 数据库中的 round。SQL Server 中的 round 具有 Oracle 数据库中 round 和 trunc 两个函数的功能，n1 是要截取的数字，n2 是要保留的小数位数，n3 指定要不要四舍五入，n3 为 0 要四舍五入，n3 不为 0 则直接截取	对数值进行截取	SQL Server	对 155.77 进行多次截取，观察区别	select round（155.77,1,0）; select round（155.77,1,1）;
abs	abs（number）	获取数值的绝对值	计算差距	SQL Server,Oracle	查询月薪距离 3000 美元不超过 100 美元的员工信息	select * from emp where abs（sal - 3000）<100;
ceil	ceil（number）	取大于等于数值 number 的最小整数	向上取整	Oracle	对 1000.1 进行向上取整	select ceil（1000.1）from dual;
ceiling	ceiling（number）	取大于等于数值 number 的最小整数	向上取整	SQL Server	对 1000.1 进行向上取整	select ceiling（1000.1）
floor	floor（number）	取小于等于数值 number 的最大整数	向下取整	SQL Server，Oracle	对 1000.1 进行向下取整	select floor（1000.1）from dual;
power	power（number,power）	进行幂运算，其中 number 是底数，power 是指数	幂运算	SQL Server，Oracle	计算 2 的 10 次方	select power（2,10）from dual;

表 12-3

函数名	格　式	描　述	应用场景	适用数据库	举　例	代　码
to_date	to_date（str,format）	To_date 函数属于 Oracle 中使用非常频繁的函数，它将字符型转换为日期型	把字符串类型转换成日期类型	Oracle	查询 1987 年元旦之后入职的员工	select * from emp where hiredate >to_date（'1987.01.01','yyyy.mm.dd'）
months_between	months_between（date1,date2）	计算 date1 距离 date2 的月数	计算两个日期的间隔月数	Oracle	查询员工的姓名及入职的月数	select ename, months_between（sysdate,hiredate） from emp
add_months	add_months（date, number）	计算 date 之后 number 个月之后的日期	将日期参数加上若干个月份得到新的日期	Oracle	查询 1 个月后的日期	select add_months（sysdate,1） from dual
last_day	last_day（date）	计算 date 所在月份的最后一天的日期	计算月底日期	Oracle	计算本月月底的日期	select last_day（sysdate） from dual
next_day	next_day（date,number）	计算 date 之后的下一个星期几，number 为 1 代表周日，以此类推	计算下一个星期几	Oracle	计算下一个星期日	select next_day（sysdate,1） from dual
dateadd	dateadd（interval, number, date）	在 date 的基础上增加 number 个 interval，返回得到的日期	返回已添加指定时间间隔的日期	SQL Server	计算明年的这个时候	select dateadd（year,1, getdate（））
datediff	datediff（interval, date1, date2）	计算 date1 跟 date2，相差了几个 interval	计算两个日期的间隔	SQL Server	查询所有员工的姓名及工龄	select ename, datediff（year, hiredate,getdate（）） from emp
year	year（date）	计算 date 所在的年份	计算日期年份	SQL Server	查询当前年份	select year（getdate（））
month	month（date）	计算 date 所在的月份	计算日期月份	SQL Server	查询当前月份	select month（getdate（））
day	day（date）	计算 date 是所在的月份中第几日	计算日期是月份中的第几日	SQL Server	查询当前日期是当前月份中的第几日	select day（getdate（））
isdate	isdate（p）	判断参数值是否是一个日期类型，是日期类型返回 1，不是日期类型返回 0	判断参数是否为日期类型	SQL Server	判断 getdate( ) 和 bsoft 是否是日期类型	select isdate（getdate（））, isdate（'bsoft'）

12.1.4 null 相关的函数

在 SQL 中，null 是未知的意思，它非常常用，而且对于新手也极易在此出错。针对 null，每种数据库都有一系列对应的系统函数。

null 相关的常用函数如表 12-4 所示。

表 12-4

函数名	格 式	描 述	应用场景	适用数据库	举 例	代 码
isnull	isnull（check_expression, replacement_value）	如果 check_expression 不为 null 则返回 check_expression，否则返回 replacement_value，check_expression 和 replacement_value 可以为任意数据类型，而且 check_expression 的类型可以不同于 replacement_expression 的类型	要获取明确的值，但是要获取的值中有可能存在不确定数值时，往往需要将不确定的值替换为指定的值，这种场景就需要用到 isnull 函数	SQL Server	获取员工的工号、姓名、工资。当工资为空时，用 0 代替	select empno, ename,isnull（sal,0）from emp
nvl	nvl（check_expression, replacement_value）	如果 check_expression 不为 null 则返回 check_expression，否则返回 replacement_value，check_expression 和 replacement_value 可以为任意数据类型，而且 check_expression 的类型可以不同于 replacement_expression 的类型	要获取明确的值，但是要获取的值中有可能存在不确定数值时，往往需要将不确定的值替换为指定的值，这种场景就需要用到 nvl 函数	Oracle	获取员工的工号、姓名、工资。当工资为空时，用 0 代替	select empno, ename,nvl（sal,0）from emp
nvl2	nvl2（expr1, expr2,expr3）	nvl2 是 nvl 的补充，如果 expr1 不为 null 则返回 expr2, 否则返回 expr3	根据条件是否为空，分别替换为不同的两个值	Oracle	获取员工的工号、姓名、年薪（薪资×12+ 佣金）	select empno, ename,nvl2（comm, sal*12+comm,sal*12）from emp
nullif	nullif（expr1,expr2）	如果 expr1 和 expr2 相等则返回 null, 否则返回 expr1，其中 expr1 不能为 null。isnull 是满足 null 条件时，用指定值替换 null，而 nullif 刚好相反，它是满足一定条件后，用 null 值替换非 null 值。正是因为这层含义，所以 nullif 的第 1 个参数不能为 null	当满足某个条件时，用 null 值替换非 null 值	SQL Server, Oracle	显示员工信息时，隐藏大老板的姓名	select empno, ename,nullif（ename,'KING'）from emp
coalesce	coalesce（expression [,...n]）	从左向右判断参数，返回第 1 个不为空的参数。如果都为空则返回空。参数个数最少为两个，所有参数类型必须相同或者能够隐式转型，是 isnull 的扩展	返回第 1 个不为空的参数	SQL Server, Oracle	显示员工的员工工号、员工姓名、员工年薪（年薪由工资和提成组成）	select empno, ename,coalesce（sal*12+comm, sal*12,comm）from emp

12.1.5 聚合函数

聚合函数用于分组时对组内的记录进行聚合运算。

常用的聚合函数如表 12-5 所示。

表 12-5

函数名	格式	描述	应用场景	适用数据库	举例	代码
count	count (*)	统计记录数函数	分组查询中，查询每组的记录数	SQL Server, Oracle	查询员工总数	select count (*) from emp
sum	sum (column)	求和函数	分组查询中，查询每组的某列或者某个表达式的和	SQL Server、Oracle	查询每个部门的部门号及该部门所有员工的月薪之和	select deptno,sum (sal) from emp group by deptno
avg	avg (column)	求平均值函数	分组查询中，查询每组的某列或者某个表达式的平均值	SQL Server、Oracle	查询每个部门的部门号及该部门所有员工的月薪的平均值	select deptno,avg (sal) from emp group by deptno
min	min (column)	求最小值函数	分组查询中，查询每组的某列或者某个表达式的最小值	SQL Server、Oracle	查询每个部门的部门号及该部门所有员工中的月薪的最小值	select deptno,min (sal) from emp group by deptno
max	max (column)	求最大值函数	分组查询中，查询每组的某列或者某个表达式的最大值	SQL Server、Oracle	查询每个部门的部门号及该部门所有员工中的月薪的最大值	select deptno,max (sal) from emp group by deptno

12.1.6 其他常用函数

其他常用函数如表 12-6 所示。

表 12-6

函数名	格式	描述	应用场景	适用数据库	举例	代码
sys_context	sys_context ('namespace', 'parameter' [,length])	获取环境上下文信息	C/S 架构的程序时，为了追踪偶发性的不明确的错误数据来源，往往需要通过触发器来定位出错的功能模块以及客户端信息。sys_context 函数就可以很方便地获取到所需的环境上下文信息	Oracle	获取当前会话的客户端 IP 地址、计算机名	select sys_context ('userenv','ip_address') ,sys_context('userenv', 'terminal') from dual
decode	decode (条件, 值 1, 翻译值 1, 值 2, 翻译值 2,…值 n, 翻译值 n, 默认值)	枚举条件，根据不同的值转换成不同的翻译值	当某个条件有多种取值，每种取值需要转换成不同的值时使用	Oracle	职员调薪 1.5 倍，销售人员调薪 2 倍，其他人员调薪 3 倍	update emp set sal = decode (job,'CLERK', sal*1.5,'SALESMAN',sal*2, sal*3)

12.2 自定义函数

由用户自己编写的函数称为自定义函数，自定义函数与存储过程相似，也是数据库中存储的已命名 T-SQL（SQL Server 数据库）或 PL/SQL（Oracle 数据库）程序块。自定义函数的主要特征是必须有一个返回值。通过 return 来指定函数的返回类型。在函数的任何地方可以通过 return expression 语句从函数返回，返回类型必须和声明的返回类型一致。

在 SQL Server 数据库中，自定义函数根据返回的类型可以分为标量值函数和表值函数。根据处理方式的不同，表值函数又分为内联表值函数和多语句表值函数。

12.2.1 自定义函数语法

自定义函数的语法主要包含创建语法、修改语法和删除语法。接下来，将针对这些语法给出详细的说明。

SQL Server 标量值函数创建语法如下所示：

```
create function function_name (@parameter_name parameter_data_type)
returns data_type
[with encryption]
[as]
begin
function_body
return表达式;
end
```

各关键字的解释如下。

- create：关键字，标识当前命令是创建对象的命令。
- function：关键字，标识当前命令要创建的对象类型是函数。
- function_name：指定当前要创建的函数名称。
- parameter_name：函数的参数名称，前头必须加 @。
- peturns：关键字，用于标识返回的数据类型。
- with encryption：关键字，标识函数需要加密。
- function_body：代表函数体部分。
- return：关键字，指定要返回的数值。

SQL Server 内联表值函数创建语法如下所示：

```
create function function_name (@parameter_name parameter_data_type)
returns table
as
return table
```

各关键字的解释如下。

- create：关键字，标识当前命令是创建对象的命令。
- function：关键字，标识当前命令要创建的对象类型是函数。

- ❑ function_name：指定当前要创建的函数名称。
- ❑ parameter_name：函数的参数名称，必须前头加 @。
- ❑ returns：关键字，用于标识返回的数据类型。
- ❑ return：关键字，指定要返回的结果集。

SQL Server 多语句表值函数创建语法如下所示：

```
create function function_name (@parameter_name parameter_data_type)
returns @table_name table (column_name1 data_type[,column_name2 data_type[,...]])
[with encryption]
[as]
begin
function_body
return ;
end
```

各关键字的解释如下。

- ❑ create：关键字，标识当前命令是创建对象的命令。
- ❑ function：关键字，标识当前命令要创建的对象类型是函数。
- ❑ function_name：指定当前要创建的函数名称。
- ❑ parameter_name：函数的参数名称，必须前头加 @。
- ❑ returns：关键字，用于标识返回的数据类型。
- ❑ @table_name：指定要返回表的名称。
- ❑ table：指定了表结构的定义。
- ❑ with encryption：关键字，标识函数需要加密。
- ❑ function_body：代表函数体部分。
- ❑ return：关键字，指定函数结束，不能指定任何返回值。

Oracle 自定义函数创建语法如下所示：

```
create function function_name (parametername datatype)
return datatype
is/as
begin
    function_body
    retrun expression;
end;
```

各关键字的解释如下。

- ❑ create：关键字，标识当前命令是创建对象的命令。
- ❑ function：关键字，标识当前命令要创建的对象类型是函数。
- ❑ function_name：指定当前要创建的函数名称。
- ❑ parametername：指定函数的参数名称。
- ❑ datatype：指定数据类型。

- 第 1 个 return：关键字，用于标识返回的数据类型。
- function_body：代表函数体部分。
- 第 2 个 return：关键字，指定函数返回的数值。

SQL Server 数据库中修改函数与创建函数的区别是，用 alter 关键字替换 create 关键字。

Oracle 数据库中修改函数使用 create or replace，它既适合新建函数，又适合修改函数，函数不存在的时候创建，存在的时候替换。

SQL Server 数据库与 Oracle 数据库删除函数语法如下所示：

```
drop function function_name;
```

各关键字的解释如下。

- drop：关键字，标识当前命令是删除对象的命令。
- function：关键字，标识当前命令要删除的对象类型是函数。
- function_name：指定当前要删除的函数名称。

12.2.2　SQL Server 标量值函数

标量值函数返回一个确定类型的标量值。函数体语句定义在 begin-end 内部。在 returns 语句后定义返回值的数据类型，并且函数的最后一条语句必须为 return。

根据员工的入职日期计算员工的工龄。SQL Server 数据库中，函数定义如图 12-3 所示。

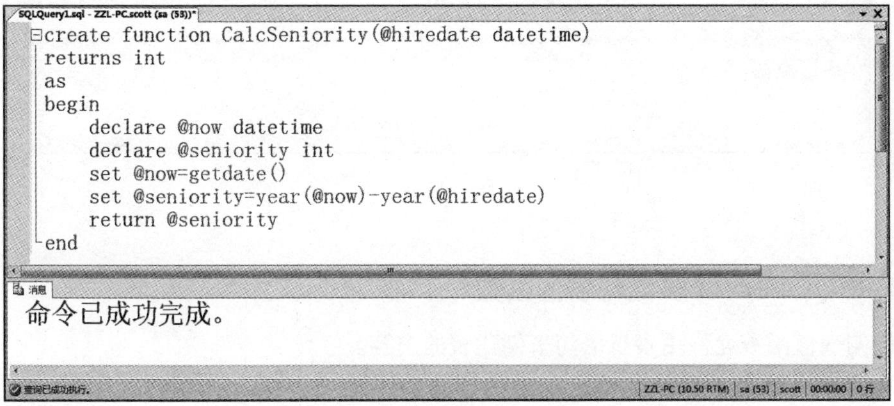

```
create function CalcSeniority(@hiredate datetime)
returns int
as
begin
    declare @now datetime
    declare @seniority int
    set @now=getdate()
    set @seniority=year(@now)-year(@hiredate)
    return @seniority
end
```

命令已成功完成。

图　12-3

基于 calcSeniority 函数，查询所有员工的姓名及工龄的 SQL 语句如图 12-4 所示。

12.2.3　SQL Server 内联表值函数

内联表值函数以表的形式返回运行结果，函数体不需要像标量值函数一样使用 begin/

end 进行包围，其返回值是由一个位于 return 子句中的 select 命令从数据库中检索出来的结果集。

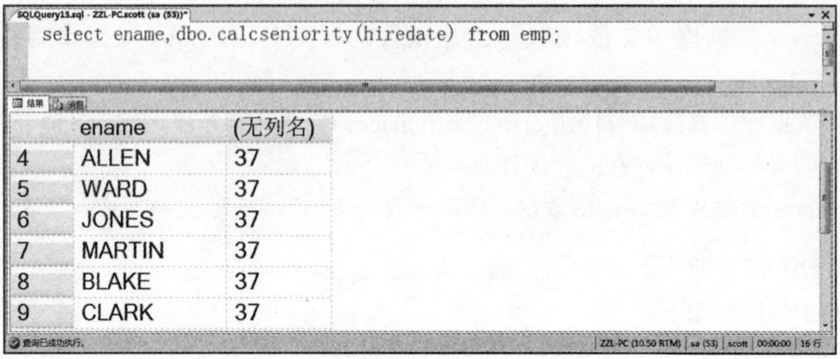
SQLQuery15.sql - ZZL-PC.scott (sa (53))*
select ename, dbo.calcseniority(hiredate) from emp;
结果
消息
ename
(无列名)
4 ALLEN 37
5 WARD 37
6 JONES 37
7 MARTIN 37
8 BLAKE 37
9 CLARK 37
查询已成功执行。
ZZL-PC (10.50 RTM) | sa (53) | scott | 00:00:00 | 16 行

图 12-4

根据员工工号获取员工信息的函数如图 12-5 所示。

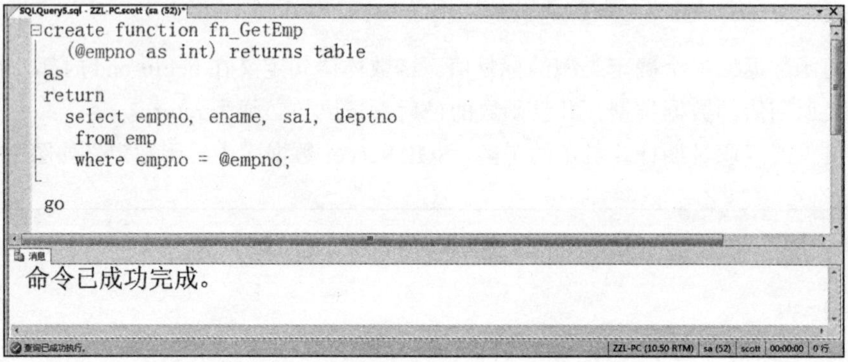
SQLQuery5.sql - ZZL-PC.scott (sa (52))*
create function fn_GetEmp
(@empno as int) returns table
as
return
select empno, ename, sal, deptno
from emp
where empno = @empno;
go
消息
命令已成功完成。
查询已成功执行。
ZZL-PC (10.50 RTM) | sa (52) | scott | 00:00:00 | 0 行

图 12-5

12.2.4 SQL Server 多语句表值函数

多语句表值函数允许用多条语句来创建表的内容。

获取月薪大于参数月薪的员工信息的函数如图 12-6 所示。该函数调用了标量值函数 calcSeniority 获取员工的工龄。

基于函数 fn_getempbysal 获取月薪大于 4000 美元的员工信息的 SQL 语句如图 12-7 所示。

12.2.5 Oracle 标量值函数

Oracle 标量值函数类似于 SQL Server 标量值函数，语法格式略有差别。

计算员工工龄的函数，在 Oracle 数据库中实现语句如图 12-8 所示。

```
create function fn_getempbysal(@sal numeric)
returns @EmpInfos table(
empno numeric(4,0),ename varchar(10),seniority int,
sal numeric(7,2)
)
as
begin
insert @EmpInfos(empno,ename,sal)
select empno,ename,sal
from emp
where sal>@sal;
update @EmpInfos set Seniority = dbo.CalcSeniority(empno);
return
end

GO
```

图　12-6

```
select * from fn_getempbysal(4000);
```

	empno	ename	seniority	sal
1	7839	KING	97	5000.00

图　12-7

```
create or replace function CalcSeniority(hiredate date) return number as
  v_seniority number(2);
begin
  select floor(months_between(sysdate, hiredate) / 12)
    into v_seniority
    from dual;
  return v_seniority;
exception
  when others then
    raise_application_error(-20012, '计算工龄失败!' || sqlerrm);
end CalcSeniority;
```

图　12-8

基于函数calcSeniority查询员工的姓名及工龄的语句如图12-9所示。

12.2.6　Oracle表值函数

Oracle表值函数实现起来比SQL Server表值函数稍微复杂一点，需要使用类型对象。举一个实际的案例。

```
select ename,calcseniority(hiredate) from emp;
```

	ENAME	CALCSENIORITY(HIREDATE)
1	SMITH	37
2	ALLEN	36
3	WARD	36
4	JONES	36
5	MARTIN	36
6	BLAKE	36
7	CLARK	36
8	SCOTT	30
9	KING	36
10	TURNER	36
11	ADAMS	30
12	JAMES	36

图 12-9

第 1 步，创建一个类型对象 o_emp, 如图 12-10 所示。

```
create type o_emp as object(
empno number(8),
ename varchar2(10),
sal   number(7,2)
)
```

图 12-10

第 2 步，基于 o_emp 类型创建表类型 t_emp, 如图 12-11 所示。

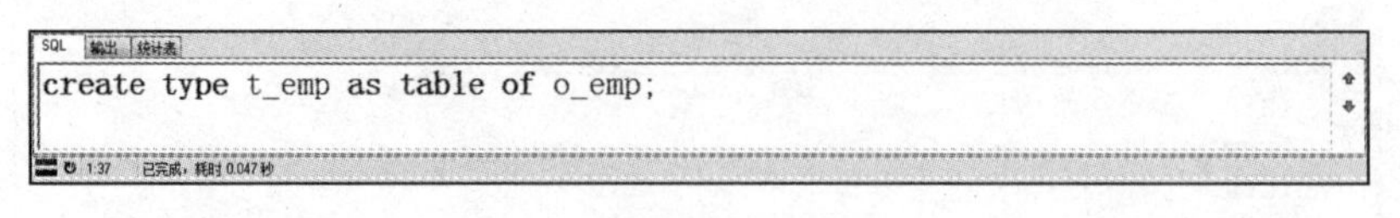

```
create type t_emp as table of o_emp;
```

图 12-11

第 3 步，创建函数 f_getemp，通过 empno 获取员工的工号、姓名及月薪，如图 12-12 所示。

第 4 步，使用 f_getemp 获取工号为 7788 的员工的工号、姓名及月薪，如图 12-13 所示。

12.3 常见误区分析

12.3.1 SQL 函数必须有返回值

SQL 函数的目的就是根据传入的参数，进行一系列的加工处理，返回所需要的结果。所以函数必须有结果返回。

SQL 输出 统计表

```
create or replace function f_getemp(p_empno in emp.empno%type)
  return t_emp as
  v_ResultSet t_emp := t_emp();
  cursor c_emp is
  select empno, ename, sal
  from emp where empno = p_empno;
begin
  for v_Rec in c_emp loop
    v_ResultSet.extend;
    v_ResultSet(v_ResultSet.last) := o_emp(v_Rec.empno, v_Rec.ename, v_Rec.sal);
  end loop;
  return v_ResultSet;
end f_getemp;
```

7:6 已完成，耗时 0.125 秒

图　12-12

SQL 输出 统计表

```
select * from table(f_getemp(7788));
```

	EMPNO	ENAME	SAL
1	7788	SCOTT	5300.00

1:37 1 行被选择，耗时 0.047 秒

图　12-13

在 SQL Server 数据库中，尝试将 return 语句注释掉，编译的时候，将直接返回错误，提示“函数中最后一条语句必须是返回语句”，如图 12-14 所示。

SQLQuery8.sql - ZZL-PC.scott (sa (52))*

```
alter function [dbo].[CalcSeniority](@hiredate datetime)
returns int
as
begin
    declare @now datetime
    declare @seniority int
    set @now=getdate()

    set @seniority=year(@now)-year(@hiredate)

    --return @seniority
end
```

消息

```
消息 455，级别 16，状态 2，过程 CalcSeniority，第 9 行
函数中最后一条语句必须是返回语句。
```

查询已完成，但有错误。 | ZZL-PC (10.50 RTM) | sa (52) | scott | 00:00:00 | 0 行

图　12-14

在 Oracle 数据库中，也尝试将 return 语句注释掉，编译的时候给出提示，函数不返回

一个值，但是能够编译成功，如图 12-15 所示。

```
create or replace function CalcSeniority(hiredate date) return number as
  v_seniority number(2);
begin
  select floor(months_between(sysdate, hiredate) / 12)
    into v_seniority
    from dual;
  --return v_seniority;
exception
  when others then
    raise_application_error(-20012, '计算工龄失败!' || sqlerrm);
end CalcSeniority;
```

图 12-15

接下来，使用这个函数，出现报错提示：“函数未返回值”，如图 12-16 所示。

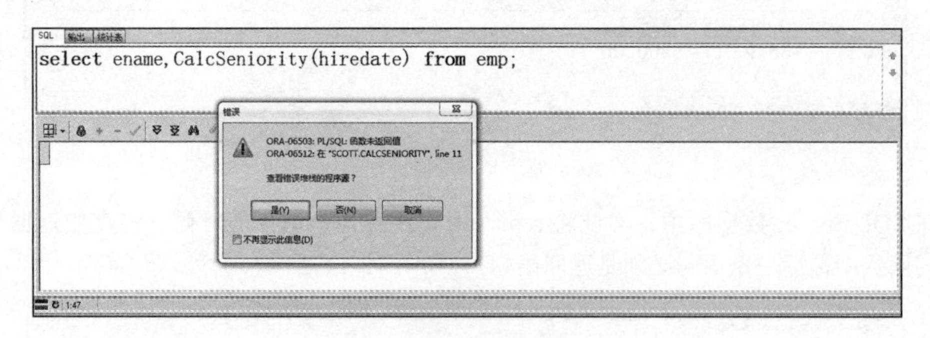

图 12-16

12.3.2 SQL 函数中不能进行 DML 操作

SQL 函数的目的是返回一个需要的结果。本节所涉及的 DML 操作是指增删改，不包含查询。函数可以出现在表达式能够出现的地方，它的调用非常灵活，但不能因为调用函数，而造成数据的更改，这样是不可控的。所以 SQL 函数中，不允许出现 DML 操作。SQL Server 数据库中的多语句表值函数例外，多语句表值函数可以进行 DML 操作，但是它更新的是要返回的结果集，不会产生副作用。

在 SQL Server 数据库中，尝试在 return 语句前面增加 update 命令，编译的时候，直接返回错误，提示“在函数内对带副作用的运算符‘UPDATE’的使用无效”，如图 12-17 所示。

在 Oracle 数据库中，也尝试在 return 语句前面增加 update 命令，能够编译成功，如图 12-18 所示。

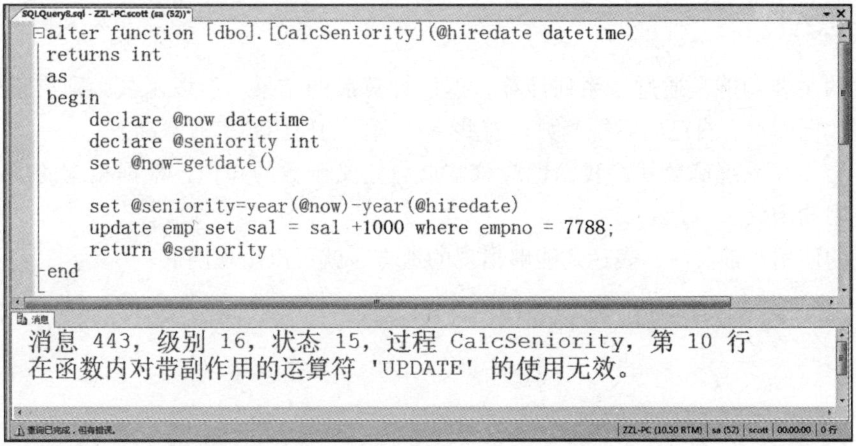

```
alter function [dbo].[CalcSeniority](@hiredate datetime)
returns int
as
begin
    declare @now datetime
    declare @seniority int
    set @now=getdate()

    set @seniority=year(@now)-year(@hiredate)
    update emp set sal = sal +1000 where empno = 7788;
    return @seniority
end
```

消息 443，级别 16，状态 15，过程 CalcSeniority，第 10 行
在函数内对带副作用的运算符 'UPDATE' 的使用无效。

图　12-17

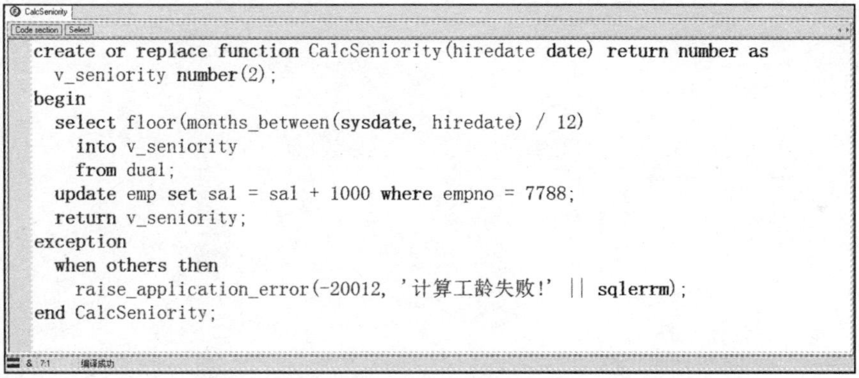

```
create or replace function CalcSeniority(hiredate date) return number as
  v_seniority number(2);
begin
  select floor(months_between(sysdate, hiredate) / 12)
    into v_seniority
    from dual;
  update emp set sal = sal + 1000 where empno = 7788;
  return v_seniority;
exception
  when others then
    raise_application_error(-20012, '计算工龄失败!' || sqlerrm);
end CalcSeniority;
```

图　12-18

接下来，使用这个函数，显示报错提示“无法在查询中执行 DML 操作”，如图 12-19 所示。

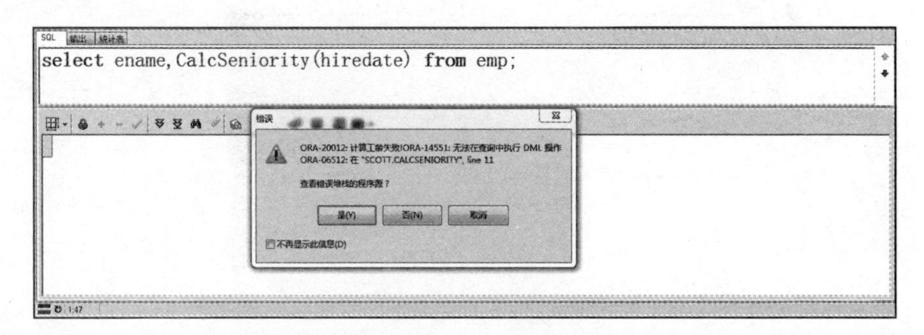

图　12-19

12.4 总结

函数的主要功能是通过一系列计算，返回计算后的结果。所以函数必须有返回值。每种关系型数据库都有自己的系统函数，有些系统函数的使用频率非常高。

除了会使用系统函数外，我们也应该掌握自定义函数的知识，根据相应的场景创建适合自己应用的函数。

函数的使用非常灵活，表达式能够出现的地方，就可以出现函数。

第 13 章 Chapter 13

事　务

事务是由一个或多个 SQL 语句组成的工作逻辑单位。在同一事务中，所有的 SQL 语句在逻辑上是一个整体，要么同时提交，要么同时回滚。

事务的正确使用不仅能保障业务数据在逻辑上的正确性，而且能够保证系统性能不会有所降低。一个功能中如果包含的事务太多，则相关的业务数据可能分布在了不同的事务中，当部分事务成功，部分事务失败时，会造成相关表的业务数据不统一。如果包含的事务太少，则一个事务内部的操作内容可能就变得非常庞大，增加了事务执行的时间，从而造成数据库阻塞，影响系统性能。所以，合理地控制事务是一门必须掌握的技巧。

13.1　银行转账案例

本章通过银行转账案例来引出事务。这个案例所有人都频繁接触到，并且非常通俗易懂。这里以父亲给儿子转账的案例来讲解。

假设银行账户表为 TB_ACCOUNT，表结构定义如表 13-1 所示。此处只是为了讲解事务的知识，所以对表结构和业务逻辑进行了精简化处理。

表　13-1

列　名	含　义	类　型
ACCOUNTNO	账号	Number（8）
BALANCE	账户余额	Number（7,2）

创建银行账户表，SQL Server 数据库如图 13-1 所示，Oracle 数据库如图 13-2 所示。

```
SQLQuery1.sql - ZZL-PC.scott (sa (53))*
create table TB_ACCOUNT(
ACCOUNTNO numeric(8) not null primary key,
BALANCE numeric(7,2)
);
commit;
```

```
消息
命令已成功完成。
查询已成功执行。  ZZL-PC (10.50 RTM) | sa (53) | scott | 00:00:00 | 0 行
```

图 13-1

```
create table TB_ACCOUNT(
ACCOUNTNO number(8) not null primary key,
BALANCE number(7,2)
);
```

图 13-2

假设父亲的账号为 1，儿子的账号为 2，父亲和儿子的初始余额都为 1000 元，则父亲和儿子账户记录插入账户表的语句，SQL Server 数据库如图 13-3 所示，Oracle 数据库如图 13-4 所示。

```
SQLQuery1.sql - ZZL-PC.scott (sa (53))*
insert into tb_account
select 1,1000
union
select 2,1000;
commit;
```

```
消息
(2 行受影响)
查询已成功执行。  ZZL-PC (10.50 RTM) | sa (53) | scott | 00:00:00 | 0 行
```

图 13-3

```
insert into tb_account
select 1,1000 from dual
union
select 2,1000 from dual;
commit;
```

```
(无结果集)
```

图 13-4

假设父亲给儿子转账 100 元。银行主要步骤如下：

第 1 步，从父亲银行账户余额中减掉 100 元。

第 2 步，儿子银行账户余额中加上 100 元。

这两步操作组成一个事务，要么同时 commit，要么同时 rollback，这是正确的选择。

假如分成两个事务，会出现两种异常情况。

第 1 种异常情况：父亲账户余额减掉 100 元成功，儿子账户余额加上 100 元失败。模拟执行过程如图 13-5 所示。产生的结果如图 13-6 所示。我们可以看到，父亲的账户减掉了 100 元变成 900 元，儿子的账户并没有加上 100 元，还是原来的 1000 元。

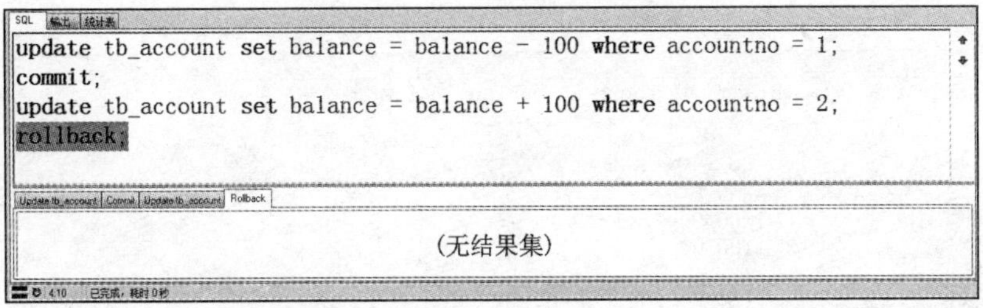

update tb_account set balance = balance - 100 where accountno = 1;
commit;
update tb_account set balance = balance + 100 where accountno = 2;
rollback;
(无结果集)

图　13-5

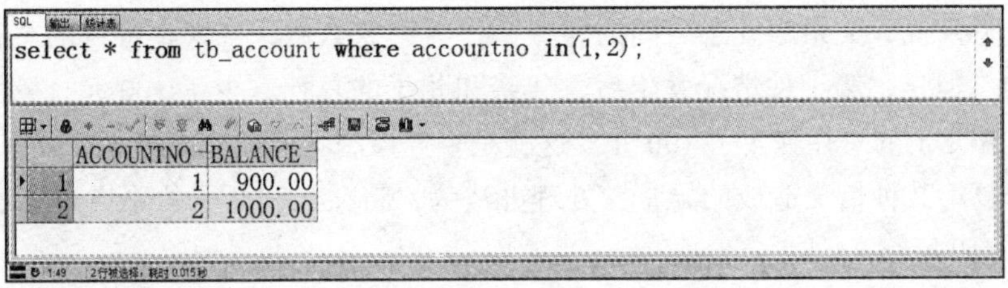

select * from tb_account where accountno in(1,2);
ACCOUNTNO
BALANCE
1　1　900.00
2　2　1000.00

图　13-6

在验证第 2 种错误情况之前，首先修复第 1 种情况造成的异常。处理办法为，将父亲和儿子的账户余额还原为 1000 元，如图 13-7 所示。

update tb_account set balance = 1000 where accountno in(1,2);
commit;
(无结果集)

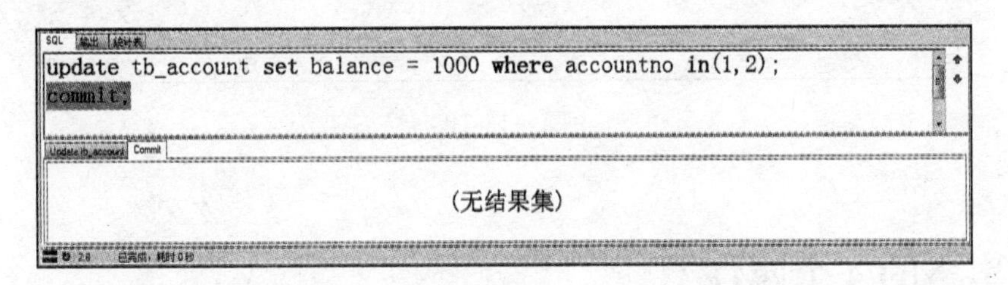

图　13-7

第 2 种异常情况：父亲账户余额减掉 100 元失败，儿子账户余额加上 100 元成功。模拟执行过程如图 13-8 所示。产生的结果如图 13-9 所示。我们可以看到，父亲的账户没有减掉 100 元，还是 1000 元，儿子的账户却加上了 100 元，变成了 1100 元。

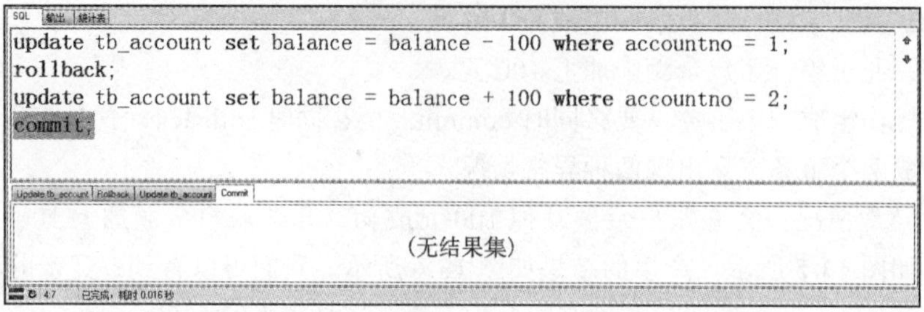

update tb_account set balance = balance - 100 where accountno = 1;
rollback;
update tb_account set balance = balance + 100 where accountno = 2;
commit;
(无结果集)

图　13-8

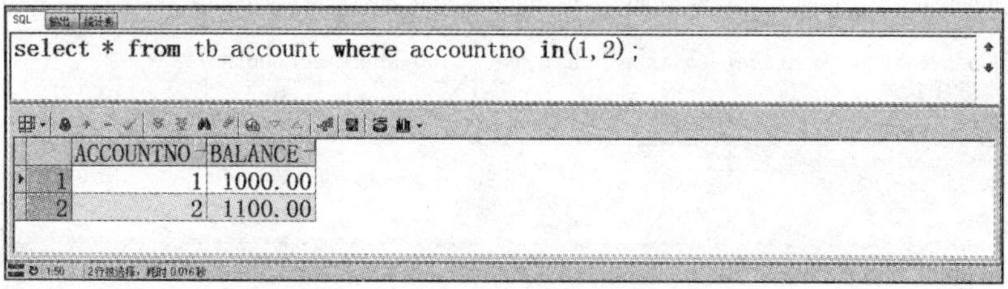

select * from tb_account where accountno in(1,2);
ACCOUNTNO
BALANCE
1
1
1000.00
2
2
1100.00

图　13-9

对于银行来说，父亲跟儿子之间的转账操作无论怎么做，二人在银行的总存款应该是前后一致的。但是，第 1 种情况发生后，父亲和儿子的总存款少了 100 元；第 2 种情况发生后，父亲和儿子的总存款多了 100 元。这就是事务控制不合理造成的业务数据逻辑错误。

继续修复第 2 种情况造成的异常。处理办法为，将父亲和儿子的账户余额还原为 1000 元，如图 13-10 所示。

update tb_account set balance = 1000 where accountno in(1,2);
commit;
(无结果集)

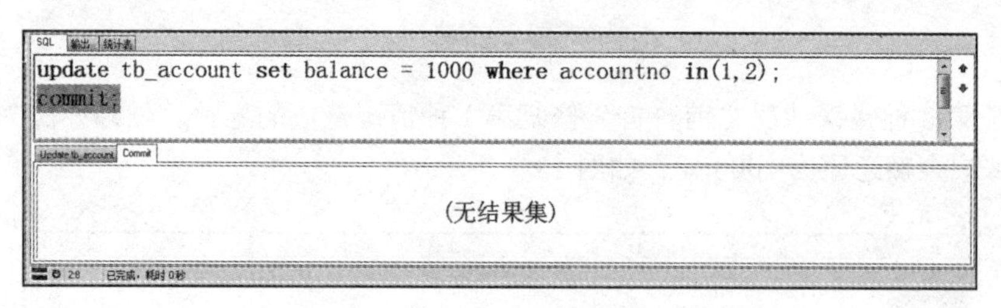

图　13-10

13.2　事务的 4 个属性

事务具有 4 个属性，分别是原子性（Atomicity）、一致性（Consistency）、隔离性（Isolation）和持久性（Durability）。这 4 个属性简称为 ACID。接下来，将详细介绍这 4 个属性，从而帮助读者更好地理解事务。

13.2.1 原子性

一个事务是一个不可分割的工作单位，事务中包括的诸操作要么都做，要么都不做。原子性，顾名思义就是不可再分解的意思。可以理解为事务是数据库交互中最小的逻辑单位，它是不能再拆分的操作。

像本章第 1 节讲解的银行转账案例，父亲的扣款与儿子的入账应该是一个事务，要保持原子性。通过前面的两种异常情况，我们也看到了破坏事务原子性的后果。

一个事务由多少条 SQL 命令组成是由程序设计人员控制的。但是为了防止发生数据库阻塞，建议读者在设计程序时，也要考虑事务精简原则，能分成多个事务的 SQL 命令就不要合并到一个事务里面执行。具体原因，看了后面的并发问题就会理解了。

13.2.2 一致性

事务必须使数据库从一个一致性状态变到另一个一致性状态。一致性与原子性是密切相关的。继续拿 13.1 节介绍的银行转账案例来看，整个转账过程完成后，对银行来说，所有客户的总存款数应该是不变的。只有父亲账户的扣款和儿子账户的入账同时完成，银行数据库才能保证前后一致。前面的两种异常情况都造成了前后状态的不一致，而这种不一致，正是由破坏了事务的原子性引起的。所以说事务的原子性保障了事务的一致性。

13.2.3 隔离性

隔离性是指一个事务的执行不能被其他事务干扰。即一个事务内部的操作及使用的数据对并发的其他事务是隔离的，并发执行的各个事务之间不能互相干扰。数据库是通过锁机制来控制隔离性的。后面会介绍数据库锁的知识。

通过举例来看一下事务的隔离性，在 Oracle 数据库中，在第 1 个事务中将父亲的账户余额直接更新成 2000 元，接着在事务内部查询父亲的账户余额，发现已经变成了 2000 元，如图 13-11 所示。第 1 个事务先不提交，紧接着新开一个事务，查询父亲的账户余额，发现查询到的结果为 1000 元，如图 13-12 所示。从而验证了第 1 个事务对数据的更改没有影响第 2 个事务的查询，这就是事务的隔离性。

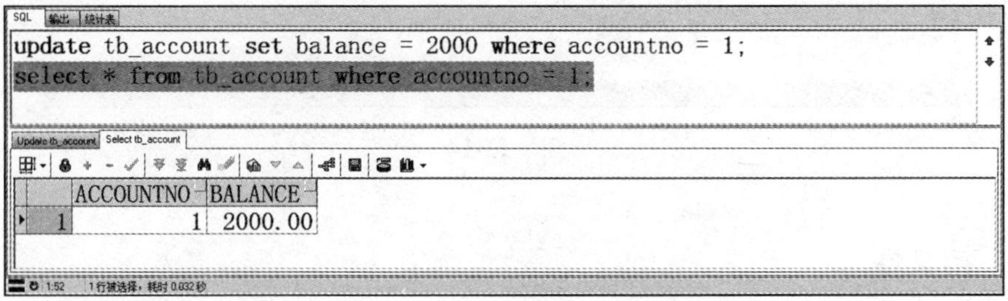
SQL
输出
统计表
update tb_account set balance = 2000 where accountno = 1;
select * from tb_account where accountno = 1;
Update tb_account
Select tb_account
ACCOUNTNO
BALANCE
1
1
2000.00
1:52
1行被选择，耗时 0.032 秒

图 13-11

```
select * from tb_account where accountno = 1;
```

	ACCOUNTNO	BALANCE
1	1	1000.00

图 13-12

再举一个破坏事务隔离性的例子，这个例子很多人在 SQL Server 数据库中都使用过，但完全没感觉到问题的严重性。

在 SQL Server 数据库中，在第 1 个事务中将父亲的账户余额直接更新成 2000 元，接着在事务内部查询父亲的账户余额，发现已经变成了 2000 元，如图 13-13 所示。第 1 个事务先不提交，紧接着新开一个事务，查询父亲的账户余额，发现查询到的结果为 2000 元，如图 13-14 所示。从而验证了第 1 个事务对数据的更改影响了第 2 个事务的查询，违背了事务的隔离性。造成这个问题的原因是查询使用了 with（nolock）。为了防止数据库阻塞，很多人喜欢使用 with（nolock）。但是，通过这个例子我们可以看到，with（nolock）会违背事务的隔离性原则。

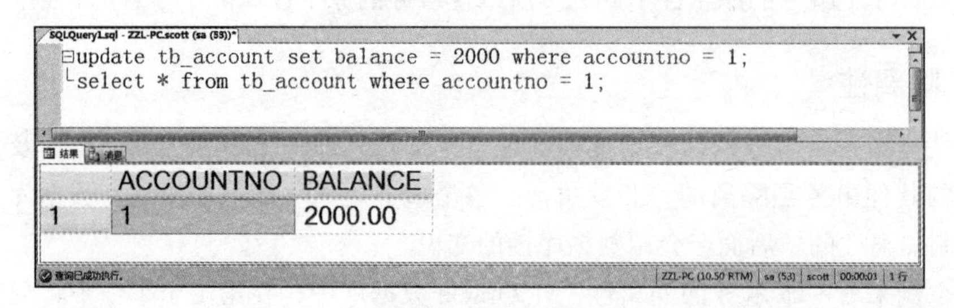

图 13-13

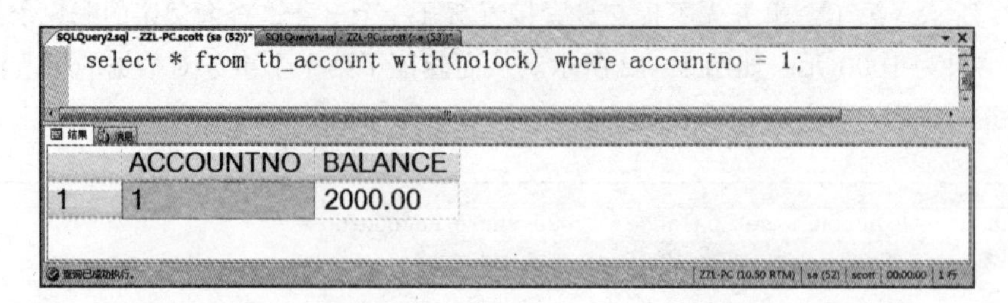

图 13-14

13.2.4 持久性

持久性也称永久性，指一个事务一旦提交，它对数据库中数据的改变就应该是永久性的，接下来的其他操作或故障不应该对其有任何影响。事务只要提交了，就要保证该事务更改的数据能够永久记入数据库，即便提交完成后，服务器突然断电，内存数据丢失，也要保证数据库下次启动后，断电前已经提交的事务对数据库的更改不能丢失。这种保证工作是由数据库管理系统通过日志机制完成的。

13.3 并发引起的问题

有些读者可能是刚毕业的大学生，对并发并没有很好的理解。大家在学校里面做的一些小程序，基本上都是单机版或者并发量很低的程序，能发现问题的概率几乎为零。

编者曾经参与过日门诊量8000人次的项目实施。在高并发的情景下，程序设计的时候，如果没有很好地考虑并发的影响，将会带来很多麻烦。

SQL并发引起的错误主要有以下几种：

- 脏读
- 不可重复读
- 幻读

接下来，详细介绍这3种并发造成的错误。

13.3.1 脏读

脏读意味着一个事务读取了另一个事务未提交的数据，而这个数据是有可能回滚的。

假如在发工资日，财务人员不小心把老板的工资打到了小张的账户中，凑巧小张正在查询账户余额，突然看到账户余额爆表，正高兴呢。但财务人员马上发现了问题，进行了打款回滚操作。小张此时看到账户余额一下子变少了，求小张的心里阴影面积。实际上，不可能出现这样的事情，因为，数据库管理系统通过锁机制，很好地避免了脏读的出现。

13.3.2 不可重复读

不可重复读意味着，在数据库访问中，一个事务范围内两个相同的查询却返回了不同数据。这是由于在查询的同时系统中其他事务提交修改而引起的。

虽然不可重复读是并发的一个问题，但是无论是Oracle数据库还是SQL Server数据库，默认隔离级别都支持不可重复读。因为如果避免不可重复读要么牺牲效率，要么增大设计难度。所以读者在程序设计的时候，一定将不可重复读考虑在内。

经常碰到程序员处理扣款的时候，先查询账户余额，再减掉消费金额，然后将计算结果更新到账户余额。在并发情况下，这种操作很容易引起账户余额错误。因为在最后执行更新余额操作的时候，账户余额很有可能已经被别的事务更新过了。这就是不可重复读造成的。

13.3.3 幻读

幻读是并发情况下出现的一种常见现象。事务处理完数据后，再次检查，发现竟然存在未处理成功的数据，就像产生了幻觉一样。例如，第 1 个事务对一个表中的数据进行了修改，这种修改涉及表中的全部数据行。同时，第 2 个事务也修改了这个表中的数据，这种修改是向表中插入一行新数据。那么，以后就会发生操作第 1 个事务的用户发现表中存在没有修改成功的数据行的现象，就好像发生了幻觉一样。

既然存在并发，幻读就是正常现象。目前为止，没有任何隔离级别能够避免幻读的出现。

13.4 事务隔离级别

大部分实际项目都存在高并发的情况，从 13.3 节我们了解到，在高并发情况下，会出现一些问题。为了避免高并发下出现这些问题，数据库管理系统增加了事务隔离级别的设置。常见的事务隔离级别主要有下列 4 种：

- 读未提交
- 读提交
- 重复读
- 序列化

事务隔离级别能够更好地帮助读者了解事务，所以在此详细介绍一下这 4 种事务的隔离级别。

13.4.1 读未提交

一个会话可以读取其他事务未提交的更新结果，如果这个事务最后以回滚结束，这时的读取结果就可能是错误的。这种情况下会出现脏读、不可重复读、幻读，所以多数的数据库应用都不会使用这种隔离级别。SQL Server 数据库支持此种隔离级别，Oracle 数据库不支持此种隔离级别。

13.4.2 读提交

这是 SQL Server 数据库与 Oracle 数据库的默认隔离级别。设置为这种隔离级别的事务只能读取其他事务已经提交的更新结果，否则发生等待，但是其他会话可以修改这个事务中被读取的记录，而不必等待事务结束。显然，在这种隔离级别下，一个事务中的两个相同的读取操作，其结果可能不同。这种隔离级别可以避免脏读的出现，但是无法避免不可重复读和幻读。

13.4.3 重复读

在一个事务中，如果在两次相同条件的读取操作之间没有添加记录的操作，也没有其他更新操作导致在这个查询条件下记录数增多，则两次读取结果相同。换句话说，就是在一个事务中第 1 次读取的记录保证不会在这个事务期间发生改变。SQL Server 数据库是通过在整个事务期间给读取的记录加锁实现这种隔离级别的。这样，在这个事务结束前，其他会话不能修改事务中读取的记录，而只能等待事务结束。但是 SQL Server 数据库不会阻碍其他会话向表中添加记录，也不阻碍其他会话修改其他记录。SQL Server 数据库支持此种隔离级别，Oracle 数据库不支持此种隔离级别。此种隔离级别可以避免脏读和不可重复读，但是不能避免幻读。

13.4.4 序列化

在一个事务中，读取操作的结果是在这个事务开始之前其他事务就已经提交的记录，SQL Server 数据库通过在整个事务期间给表加锁实现这种隔离级别。在这种隔离级别下，对这个表的所有 DML 操作都是不允许的，必须等待事务结束，这样就保证了在一个事务中的两次读取操作的结果肯定是相同的。SQL Server 数据库与 Oracle 数据库都支持此种隔离级别。但是此种隔离级别在并发情况下，会造成严重的阻塞，所以，这种隔离级别一般不会使用。此种隔离级别能够避免脏读和不可重复读，不能避免幻读。

13.5 事务保存点

事务保存点的功能是实现事务的部分回滚。它打破了事务的原子性。SQL Server 数据库与 Oracle 数据库都支持事务保存点。

SQL Server 数据库使用事务保存点的语法如下所示。

- save transaction savepoint_name：标识事务保存点的开始。
- rollback transaction savepoint_name：标识回滚到事务保存点的开始位置，期间发生的所有 DML 回滚，事务保存点开始位置之前的 DML 操作不回滚。

Oracle 数据库使用事务保存点的语法如下所示。

- savepoint savepoint_name：标识事务保存点的开始。
- rollback to savepoint savepoint_name：标识回滚到事务保存点的开始位置，期间发生的所有 DML 回滚，事务保存点开始位置之前的 DML 操作不回滚。

下面通过具体例子来帮助读者掌握事务保存点的应用。

如图 13-15 所示，SQL Server 数据库中，第 1 步查询员工工号为 3033 和 3034 的员工，发现没有记录；第 2 步将工号为 3033 的记录插入 emp 表；第 3 步设置事务保存点 zzl；第 4 步将工号为 3034 的记录插入 emp 表；第 5 步回滚到事务保存点 zzl；第 6 步提交事务；第 7 步查询员工工号为 3033 和 3034 的员工，发现只有员工工号为 3033 的记录，员工工号为 3034 的记录被回滚了。从而证明了事务保存点可以实现事务部分回滚。

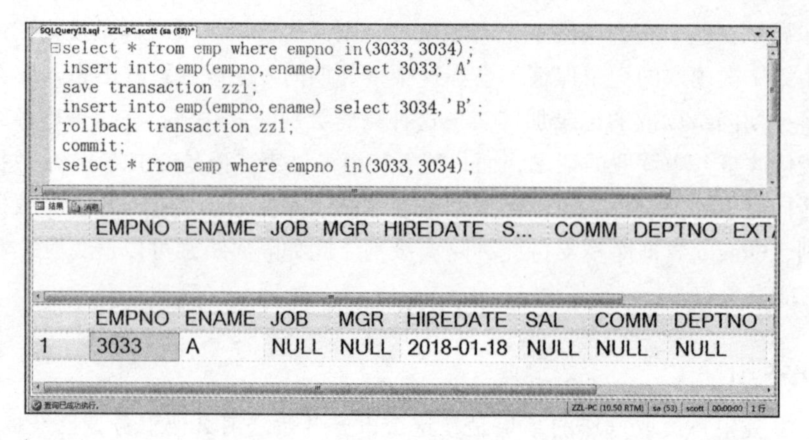

图 13-15

同样，在 Oracle 数据库中的写法如图 13-16 所示。

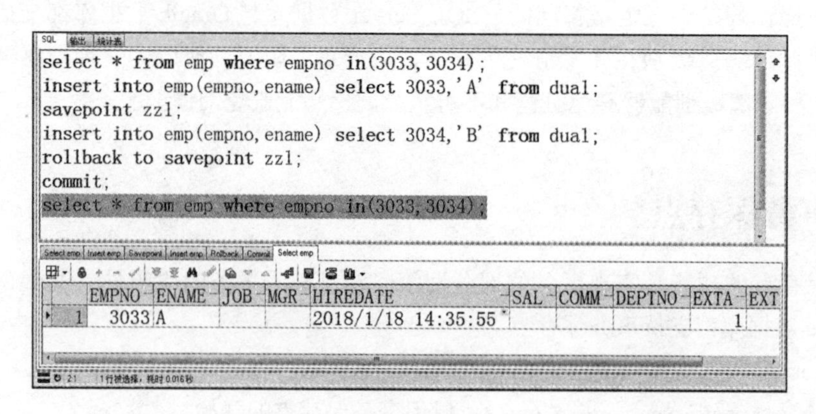

图 13-16

13.6 自治事务

自治事务是 Oracle 数据库中的概念。事务的原子性给一些特殊的场景带来了麻烦，自治事务正是为了解决这个问题而生。自治事务可以嵌套到主事务内部完成内部事务的结束。

关键字 pragma autonomous_transaction 用于标识自治事务。自治事务在存储过程及触发器中使用比较普遍。下面分别给出自治事务在存储过程和触发器中的应用举例。

13.6.1 自治事务用于存储过程

修改存储过程 pro_addsal，如图 13-17 所示。该存储过程实现员工的加薪操作。要加薪的员工工号和加薪的金额作为参数传入。从第 3 行标识中我们可以看出，此存储过程使用了自治事务。

```
create or replace procedure pro_addsal(v_empno  in number,
                                       v_addsal in number) as
  pragma autonomous_transaction;
begin
  update emp set sal = sal + v_addsal where empno = v_empno;
  commit;
exception
  when others then
    begin
      raise_application_error(-20012, sqlerrm);
      rollback;
      return;
    end;
end pro_addsal;
```

图　13-17

第1步，查询一下员工工号为7782和7788的员工的月薪，发现分别为3450美元和5300美元，如图13-18所示。

```
select * from emp where empno in(7782,7788);
```

	EMPNO	ENAME	JOB	MGR	HIREDATE	SAL	COMM	DEPTNO	EXTA	EXTB
1	7782	CLARK	MANAGER	7839	1981/6/9	3450.00		10	1	2
2	7788	SCOTT	ANALYST	7566	1987/4/19	5300.00		20	1	2

图　13-18

第2步，先给员工工号为7788的员工加薪1000美元处理。紧接着，调用存储过程pro_addsal对员工工号为7782的员工加薪1000美元处理，如图13-19所示。

```
begin
update emp set sal = sal +1000 where empno =7788;
pro_addsal(7782,1000);
end;
```

图　13-19

第3步，在图13-19的操作没有提交的前提下，再次查询员工工号为7782和7788的员工的月薪，分别为4450和5300美元，如图13-20所示。可以看出，员工工号为7782的月薪已经加了1000美元，而员工工号为7788的员工的月薪没有变动。这是因为，在图13-19所示的操作没有提交的情况下，主事务中的更新还没有提交到数据库，而存储过程中包含了自治事务，在主事务未提交的情况下，自治事务已经完成了提交。这里体现了自治事务的独立性。

```
select * from emp where empno in(7782,7788);
```

	EMPNO	ENAME	JOB	MGR	HIREDATE	SAL	COMM	DEPTNO	EXTA	EXTB
1	7782	CLARK	MANAGER	7839	1981/6/9	4450.00		10	1	2
2	7788	SCOTT	ANALYST	7566	1987/4/19	5300.00		20	1	2

图 13-20

第 4 步，将如图 13-19 所示的操作提交后，再次查询员工工号为 7782 和 7788 的员工的月薪，发现两个员工的加薪操作都体现出来了，如图 13-21 所示。

```
select * from emp where empno in(7782,7788);
```

	EMPNO	ENAME	JOB	MGR	HIREDATE	SAL	COMM	DEPTNO	EXTA	EXTB
1	7782	CLARK	MANAGER	7839	1981/6/9	4450.00		10	1	2
2	7788	SCOTT	ANALYST	7566	1987/4/19	6300.00		20	1	2

图 13-21

第 5 步，将如图 13-19 所示的语句再执行一次，执行完成后，进行回滚操作，发现员工工号为 7782 的员工的月薪未能回滚，员工工号为 7788 的员工的月薪进行了回滚，如图 13-22 所示。此处，说明了主事务的回滚不会影响自治事务的操作。

```
select * from emp where empno in(7782,7788);
```

	EMPNO	ENAME	JOB	MGR	HIREDATE	SAL	COMM	DEPTNO	EXTA	EXTB
1	7782	CLARK	MANAGER	7839	1981/6/9	5450.00		10	1	2
2	7788	SCOTT	ANALYST	7566	1987/4/19	6300.00		20	1	2

图 13-22

13.6.2 自治事务用于触发器

把任何试图更改员工月薪的客户端信息记录下来，不管对月薪的更改是否成功，只要尝试更改，就记录下来。这样为了保证能够记录下更改不成功的尝试。此处使用了自治事务。Oracle 数据库下面的创建语法如图 13-23 所示。

```
create or replace trigger tr_emp_salchange after update of sal on emp
for each row
declare v_id number;pragma autonomous_transaction;
begin
  select log_jlxh.nextval into v_id from dual;
  insert into log(id, content, ip, computername)
  values(v_id, :new.ename || '月薪由' || :old.sal || '变更为' || :new.sal,
     sys_context('userenv', 'ip_address'),sys_context('userenv', 'terminal'));
  commit;
exception
  when others then
    begin
      raise_application_error(-20012, sqlerrm);
      rollback;
    end;
end;
```

图 13-23

尝试将员工工号为 7788 的员工的月薪调整为 8888 美元。update 语句执行完毕后，执行了 rollback，进行了事务回滚，如图 13-24 所示。

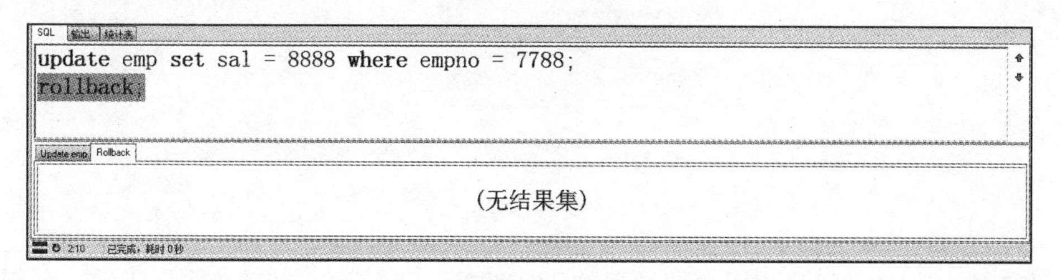

图 13-24

查询表 LOG，如图 13-25 所示。发现虽然图 13-24 所示的 update 语句回滚了，员工工号为 7788 的员工月薪没有调整成功，但是日志表还是成功地捕捉到了修改的日志。此处体现了自治事务的强大之处。

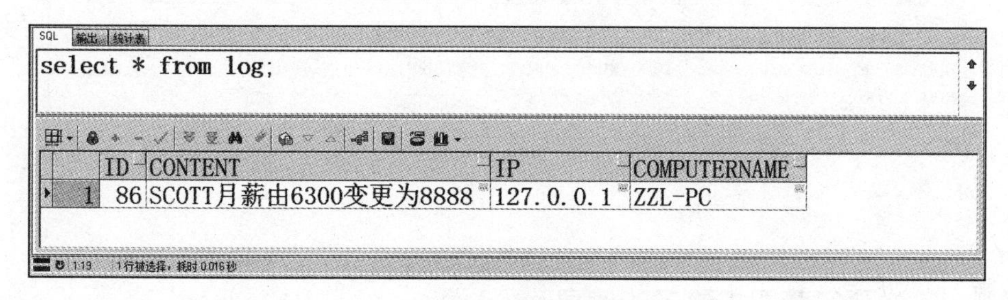

图 13-25

13.7 常见误区分析

13.7.1 自治事务死锁

13.6 节已经讲过，存储过程 pro_addsal 用于对员工进行加薪操作，并且此存储过程使用了自治事务。尝试进行如图 13-26 所示的操作。主事务中先将员工工号为 7788 员工的月薪增加 1000 美元，紧接着调用存储过程 pro_addsal，对员工工号为 7788 的员工的月薪增加 1000 美元。提示检测到死锁的错误。我们来分析一下原因：主事务对工号为 7788 的员工进行加薪处理的时候，对工号为 7788 的记录加了排他锁。因为存储过程使用了自治事务，所以存储过程中对员工为 7788 的记录再加排他锁，就造成了死锁。这也说明，自治事务独立于主事务。

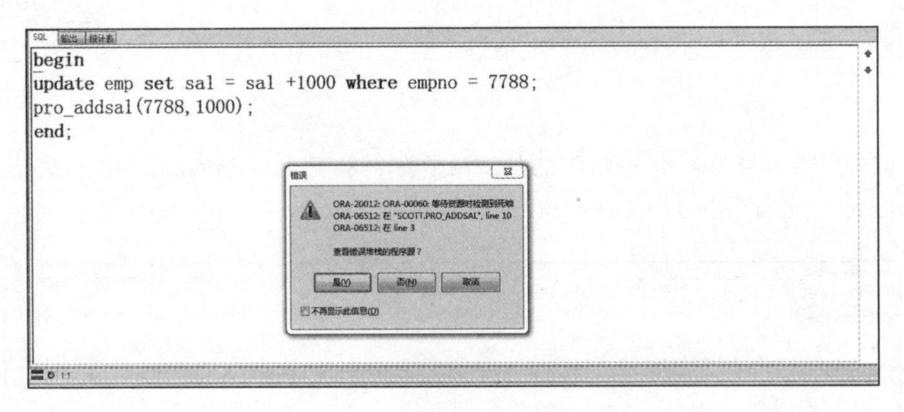

图 13-26

假如将 update 语句和调用存储过程的语句调换一下顺序，如图 13-27 所示。会得到怎样的结果呢？我们发现此时正常执行了。这里没有出现死锁的原因是，存储过程执行完毕后，自治事务结束，释放了对员工工号为 7788 的记录的排他锁。当再执行 update 对员工工号为 7788 的记录加排他锁的时候得以顺利加锁。

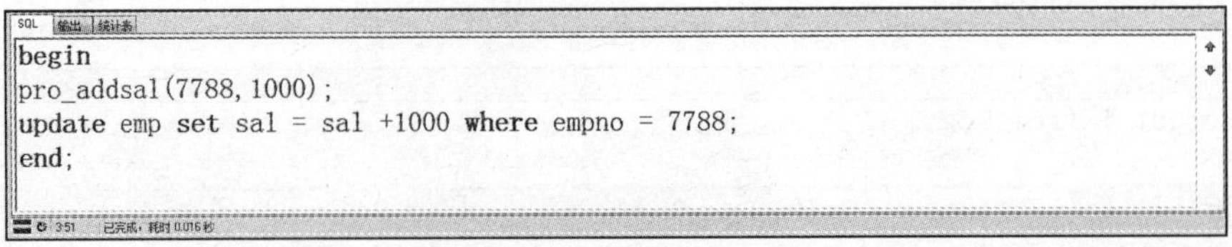

```
begin
pro_addsal(7788, 1000);
update emp set sal = sal +1000 where empno = 7788;
end;
```

图 13-27

13.7.2 自治事务获取主事务的信息

将 13.6 节讲的存储过程 pro_addsal 的功能稍微调整一下，对员工加薪操作的时候，顺便把员工工号为7788的员工的月薪一起加上，如图13-28所示。

```
create or replace procedure pro_addsal(v_empno  in number,v_addsal in number) as
  v_addsal2 number;
  pragma autonomous_transaction;
begin
  select sal into v_addsal2 from emp where empno = 7788;
  update emp set sal = sal + v_addsal + v_addsal2 where empno = v_empno;
  commit;
exception
  when others then
    begin
      raise_application_error(-20012, sqlerrm);
      rollback;
      return;
    end;
end pro_addsal;
```

图 13-28

第1步，先查询一下员工工号为7782和7788的员工的月薪，分别为5450美元和8300美元，如图13-29所示。

```
select * from emp where empno in(7782,7788);
```

	EMPNO	ENAME	JOB	MGR	HIREDATE	SAL	COMM	DEPTNO	EXTA	EXTB
1	7782	CLARK	MANAGER	7839	1981/6/9	5450.00		10	1	2
2	7788	SCOTT	ANALYST	7566	1987/4/19	8300.00		20	1	2

图 13-29

第2步，在主事务中给员工工号为7788的员工进行加薪1000美元处理。接着调用存储过程给员工工号为7782的员工进行加薪1000美元处理，如图13-30所示。

```
begin
update emp set sal = sal +1000 where empno = 7788;
pro_addsal(7782,1000);
end;
```

图 13-30

第3步，再次查询员工工号为7782和7788的员工的月薪，分别为14 750美元和9300美元，如图13-31所示。员工工号为7788的员工的月薪变成9300美元很好理解，因为我们只对他进行了一次加薪 1000 美元的处理。现在我们看一下员工工号为 7782 的员工的月薪 14 750 美元是怎么算出来的。加薪之前为 5450 美元，存储过程传参 1000 美元，还有 8300 美元是从哪里来的呢？我们修改后的存储过程在进行加薪处理的时候，会把员工工号为 7788 的员工的月薪一起加上。图 13-30 调用存储过程之前，我们先对员工工号为 7788 的员工进行了加薪 1000 美元的处理。但是存储过程中读到员工工号为 7788 的月薪却是原始月薪 8300 美元，从而说明了自治事务并不能读取到主事务中的信息。

```
select * from emp where empno in(7782,7788);
```

	EMPNO	ENAME	JOB	MGR	HIREDATE	SAL	COMM	DEPTNO	EXTA	EXTE
1	7782	CLARK	MANAGER	7839	1981/6/9	14750.00		10	1	
2	7788	SCOTT	ANALYST	7566	1987/4/19	9300.00		20	1	

图 13-31

13.7.3 主事务获取自治事务的信息

将存储过程 pro_addsal 的功能调整回 13.6 节所讲的功能，如图 13-32 所示。

```
create or replace procedure pro_addsal(v_empno  in number,
                                       v_addsal in number) as
  pragma autonomous_transaction;
begin
  update emp set sal = sal + v_addsal where empno = v_empno;
  commit;
exception
  when others then
    begin
      raise_application_error(-20012, sqlerrm);
      rollback;
      return;
    end;
end pro_addsal;
```

图 13-32

第 1 步，查询一下员工工号为 7782 和 7788 的员工的月薪，分别为 14 750 美元和 9300 美元，如图 13-33 所示。

第 2 步，在主事务中首先调用存储过程给员工工号为 7782 的员工进行加薪 1000 美元处理。接着将员工工号为 7788 的员工的月薪调整成与员工工号为 7782 的员工的月薪相同，如图 13-34 所示。

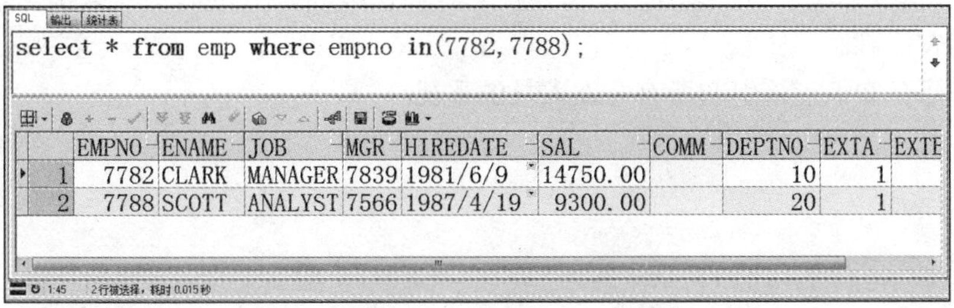

```
select * from emp where empno in(7782,7788);
```

	EMPNO	ENAME	JOB	MGR	HIREDATE	SAL	COMM	DEPTNO	EXTA	EXTE
1	7782	CLARK	MANAGER	7839	1981/6/9	14750.00		10	1	
2	7788	SCOTT	ANALYST	7566	1987/4/19	9300.00		20	1	

1:45　2行被选择，耗时 0.015 秒

图　13-33

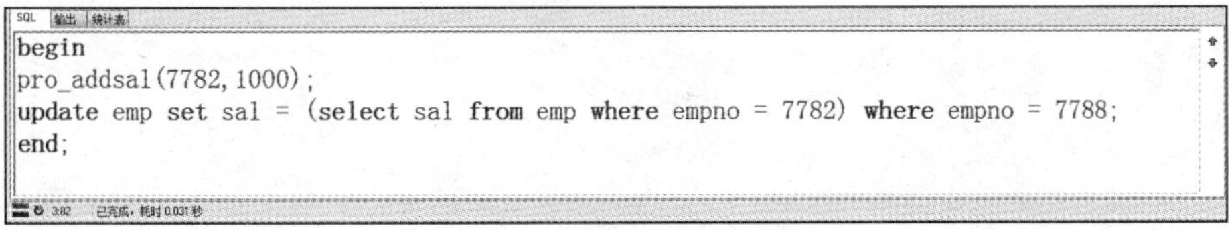

```
begin
pro_addsal(7782,1000);
update emp set sal = (select sal from emp where empno = 7782) where empno = 7788;
end;
```

3:82　已完成，耗时 0.031 秒

图　13-34

第 3 步，再次查询员工工号为 7782 和 7788 的员工的月薪，都为 15 750 美元，如图 13-35 所示。从而说明了执行如图 12-34 的操作的时候，主事务读取到了自治事务的信息。因为主事务的 update 语句在存储过程之后，而存储过程执行完毕后，自治事务已经完成了提交，所以主事务成功地读取到了自治事务的信息。

```
select * from emp where empno in(7782,7788);
```

	EMPNO	ENAME	JOB	MGR	HIREDATE	SAL	COMM	DEPTNO	EXTA	EXTE
1	7782	CLARK	MANAGER	7839	1981/6/9	15750.00		10	1	
2	7788	SCOTT	ANALYST	7566	1987/4/19	15750.00		20	1	

1:45　2行被选择，耗时 0.016 秒

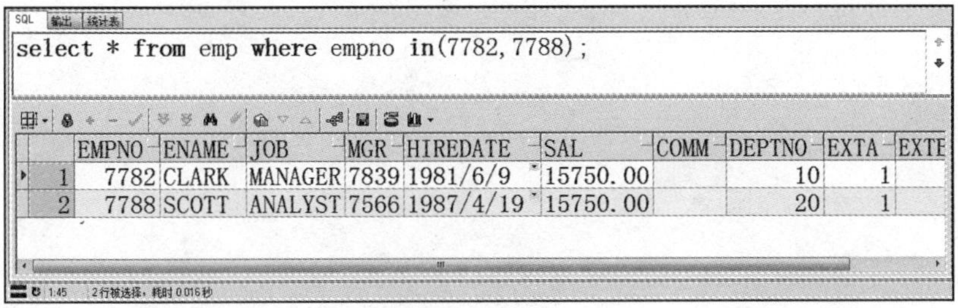

图　13-35

13.8　总结

所有程序员必须将事务理解透彻。事务控制不合理，不仅会造成数据逻辑错误，而且很容易引起系统阻塞。

很多大型项目都是现场迭代的。开发任务重，人员短缺，使得很多初级程序员甚至一些实习生，在没有将事务理解透彻之前，就参与到产品的开发中，从而容易造成事务的不

合理使用。系统阻塞与报表不平等问题时常困扰着项目干系人。对于庞大且复杂的信息系统而言，一旦出现低概率的数据业务逻辑错误，即便对经验丰富的程序员来说，排查起来也很可能非常困难。

所以，事务知识应该引起所有开发人员的重视。

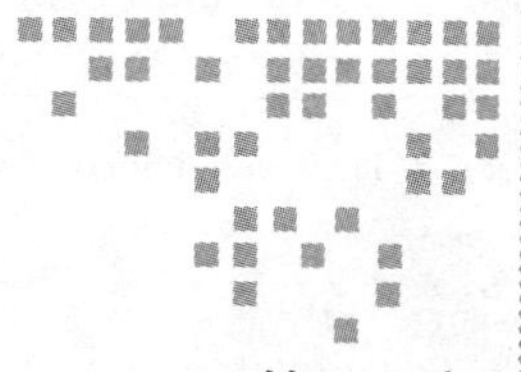

第 14 章 Chapter 14

SQL Server 与 Oracle 的差异

所有关系型数据库都采用标准的 SQL 语法，在使用上非常相似。但是它们毕竟由不同的公司开发，存在一些差异也是必然的。

对软件公司来说，并不希望针对每种关系型数据库都开发一套系统。但如果只针对一种关系型数据库开发产品，势必会影响市场的拓展。所以，绝大多数软件公司都会开发一套适应多种关系型数据库的产品。在这种市场需求下，就需要开发人员必须熟悉关系型数据之间的常见差异。

接下来，针对 SQL Server 数据库和 Oracle 数据库常见的差异进行举例比较。

14.1 前 *N* 行

SQL Server 数据库使用关键字 top 查询记录的前 5 行，如图 14-1 所示。

```
select top 5 * from emp;
```

	EMPNO	ENAME	JOB	MGR	HIREDATE	SAL	COMM	DEP
1	3030		NULL	NULL	2018-01-17	NULL	NULL	NUL
2	3031	NULL	NULL	NULL	2018-01-17	NULL	NULL	NUL
3	3033	A	NULL	NULL	2018-01-18	NULL	NULL	NUL
4	7369	SMITH	CLERK	7902	1980-12-17	800.00	NULL	20
5	7499	ALLEN	ANALYST	7698	1981-02-20	1600.00	300.00	90

图 14-1

Oracle 数据库使用 rownum 查询记录的前 5 行，如图 14-2 所示。

```
select * from emp where rownum <6;
```

	EMPNO	ENAME	JOB	MGR	HIREDATE	SAL	COMM	DEPTNO	EXTA
1	7369	SMITH	CLERK	7902	1980/12/17	1800.00		20	1
2	7499	ALLEN	ANALYST	7698	1981/2/20	4600.00	300.00	90	1
3	7521	WARD	SALESMAN	7698	1981/2/22	2250.00	500.00	90	1
4	7566	JONES	MANAGER	7839	1981/4/2	3975.00		20	1
5	7654	MARTIN	SALESMAN	7698	1981/9/28	2250.00	1400.00	90	1

图 14-2

14.2 字符串拼接

SQL Server 数据库使用操作符"+"完成字符串拼接，如图 14-3 所示。

```
select ename +' IS A '+job from emp;
```

	(无列名)
10	ALLEN IS A SALESMAN
11	WARD IS A SALESMAN
12	JONES IS A MANAGER
13	MARTIN IS A SALESMAN
14	BLAKE IS A MANAGER

图 14-3

Oracle 数据库使用操作符"||"完成字符串拼接，如图 14-4 所示。

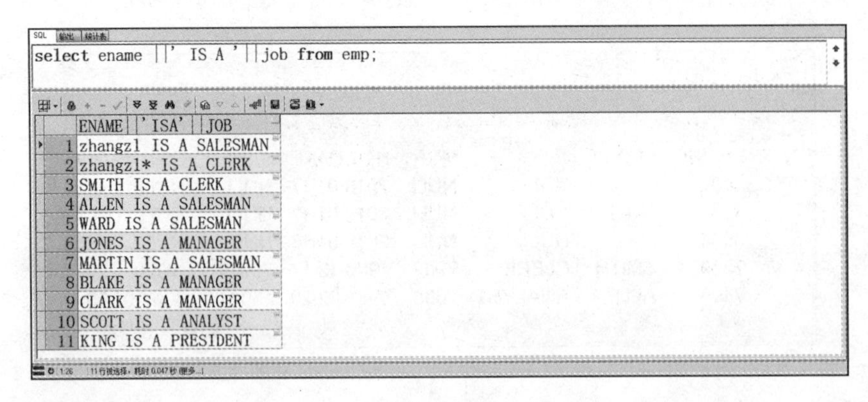

```
select ename ||' IS A '||job from emp;
```

	ENAME||'ISA'||JOB
1	zhangzl IS A SALESMAN
2	zhangzl* IS A CLERK
3	SMITH IS A CLERK
4	ALLEN IS A SALESMAN
5	WARD IS A SALESMAN
6	JONES IS A MANAGER
7	MARTIN IS A SALESMAN
8	BLAKE IS A MANAGER
9	CLARK IS A MANAGER
10	SCOTT IS A ANALYST
11	KING IS A PRESIDENT

图 14-4

14.3　获取系统时间

SQL Server 数据库使用函数 getdate() 获取系统时间，如图 14-5 所示。

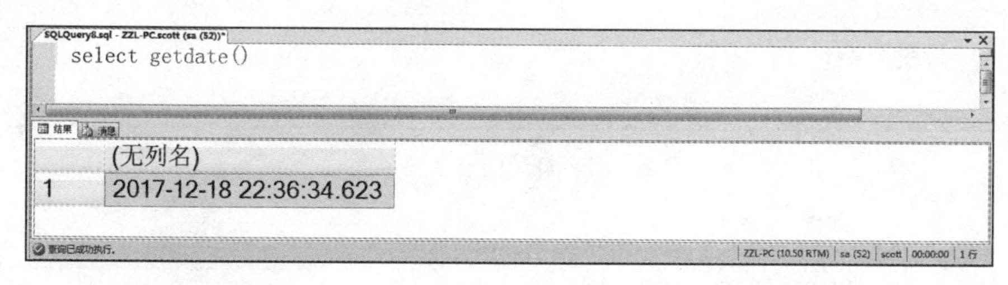

图　14-5

Oracle 数据库使用函数 sysdate 获取系统时间，如图 14-6 所示。

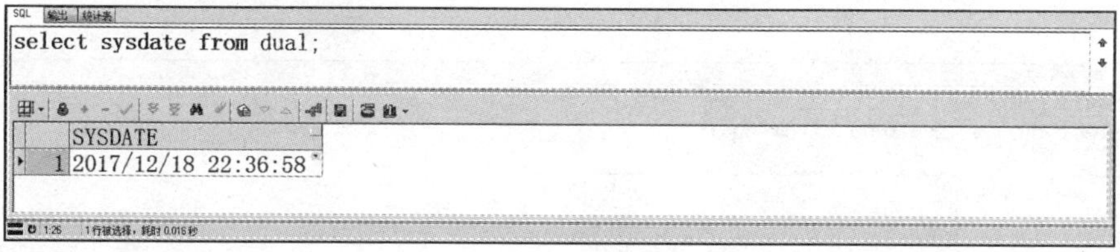

```
select sysdate from dual;
```

	SYSDATE
1	2017/12/18 22:36:58

图　14-6

14.4　空字符串

在 SQL Server 数据库中，将表 dept 的 dname 列修改成非空，如图 14-7 所示。

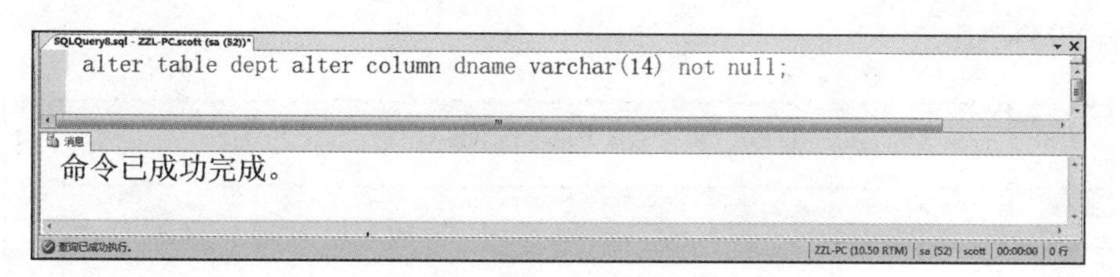

图　14-7

接着，向表 dept 中插入一条记录，dname 对应的值为空字符串 ''，插入成功如图 14-8 所示。说明在 SQL Server 数据库中，空字符串 '' 不等价于 null。

在 Oracle 数据库中，同样将表 dept 的 dname 列修改成非空，如图 14-9 所示。

接着，往表 dept 中插入一条记录，dname 对应的值为空字符串 ''，提示无法将 null 插入 dname，如图 14-10 所示。说明在 Oracle 数据库中，空字符串 '' 等价于 null。

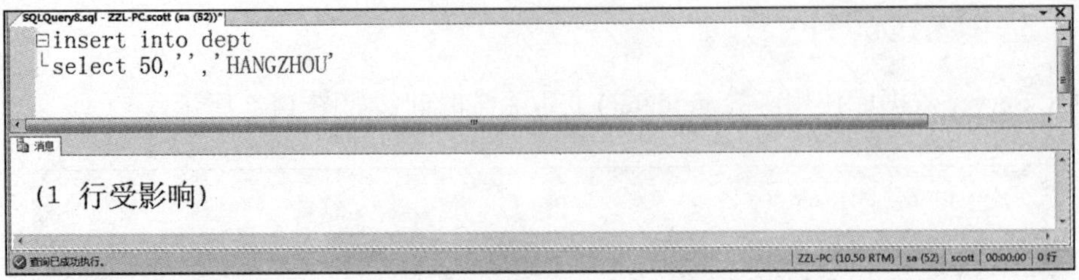

SQLQuery8.sql - ZZL-PC.scott (sa (52))*
insert into dept
select 50,'','HANGZHOU'
消息
(1 行受影响)
查询已成功执行。
ZZL-PC (10.50 RTM) | sa (52) | scott | 00:00:00 | 0 行

图 14-8

SQL 输出 统计表
alter table dept modify dname not null;
1:40 已完成，耗时 0.094 秒

图 14-9

SQL 输出 统计表
insert into dept
select 50,'','HANGZHOU' from dual;
错误
ORA-01400: 无法将 NULL 插入 ("SCOTT"."DEPT"."DNAME")
确定
取消
帮助(H)
2:11

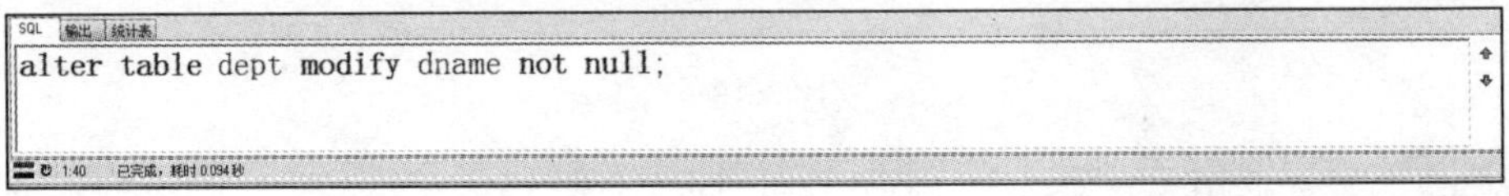

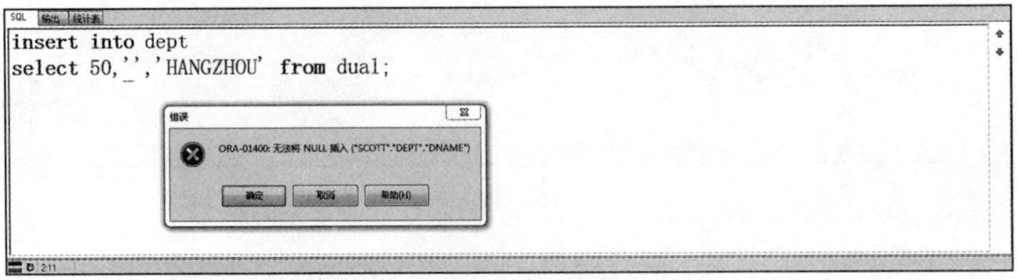

图 14-10

在 Oracle 数据库中查询“dname<>"and dname is not null”的记录，查询不到任何记录，如图 14-11 所示。因为'' 等价于 NULL，而 NULL 是无法参与直接比较运算的，“<>''”为假，所以查询不到记录。

SQL 输出 统计表
select * from dept where dname <> '' and dname is not null;
DEPTNO DNAME LOC
1:60 0 行被选择，耗时 0 秒

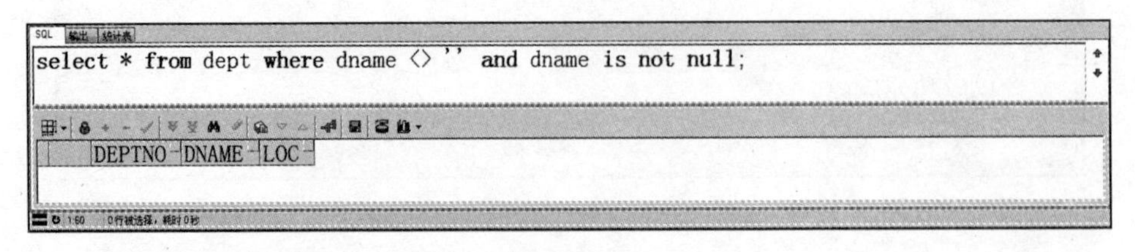

图 14-11

在 SQL Server 数据库中查询如图 14-11 所示相同的命令，能够查询到记录，如图 14-12 所示。所以在 SQL Server 数据库中，'' 不等价于 NULL。

很多读者，特别是一直用惯了 SQL Server 数据库的读者，刚刚开始使用 Oracle 数据库时，很容易就在 where 条件中使用“ <>''”，因为在 Oracle 数据库中“ <>''”永远为假，从而造成 DML 语句没有起到应起的效果。而这种疏忽又很难被发现，从而造成意想不到的影响。

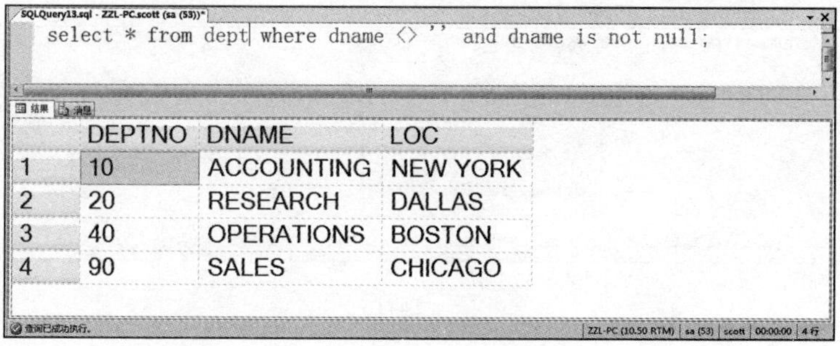

```
select * from dept where dname <> '' and dname is not null;
```

	DEPTNO	DNAME	LOC
1	10	ACCOUNTING	NEW YORK
2	20	RESEARCH	DALLAS
3	40	OPERATIONS	BOSTON
4	90	SALES	CHICAGO

图　14-12

14.5　表别名

SQL Server 数据库中表后面可以直接跟上表别名，也可以先跟上 as 关键字，再跟上表别名。但是 Oracle 数据库中表后面要直接跟上表命名，不能出现 as 关键词。

SQL Server 数据库中表名跟表别名之间无论是否存在 as，都会执行成功，如图 14-13 所示。

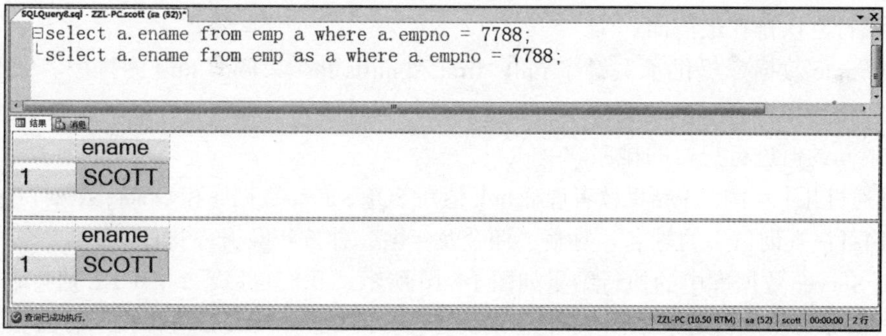

```
select a.ename from emp a where a.empno = 7788;
select a.ename from emp as a where a.empno = 7788;
```

	ename
1	SCOTT

	ename
1	SCOTT

图　14-13

Oracle 数据库中表名后面直接跟表别名的情况下执行成功，如图 14-14 所示。表名跟表别名之间一旦出现 as，则执行报错，如图 14-15 所示。

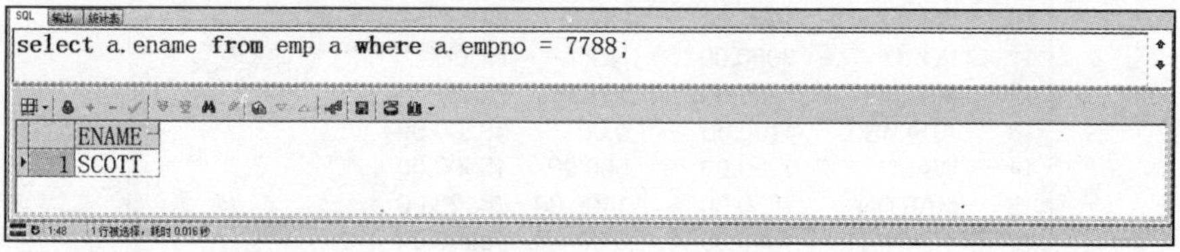

```
select a.ename from emp a where a.empno = 7788;
```

	ENAME
1	SCOTT

图　14-14

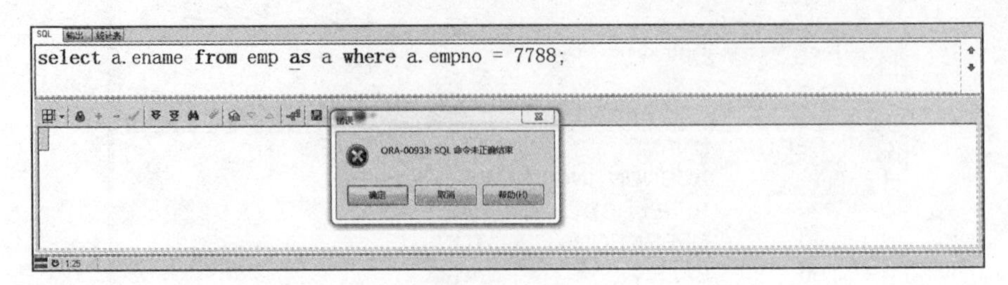

图 14-15

14.6 null 值排序

SQL Server 数据库认为 null 无穷小，Oracle 数据库认为 null 无穷大。所以 null 在两种关系型数据库中排序的差异如下：

- SQL Server 数据库里面如果按照某列进行升序排序，该列为 null 对应的记录行默认排在最前面；Oracle 数据库里面如果按照某列进行升序排序，该列为 null 对应的记录行默认排在最后面。
- SQL Server 数据库里面如果按照某列进行降序排序，该列为 null 对应的记录行默认排在最后面；Oracle 数据库里面如果按照某列进行降序排序，该列为 null 对应的记录行默认排在最前面。
- Oracle 数据库提供了关键字 nulls first 和 nulls last 来调整 null 的排序。SQL Server 数据库中没有对应的关键字，只能新增一列排序列，根据排序条件是否为 null 赋予不同的值进行想要的排序。

下面通过几个示例，来帮助读者理解 null 值在 SQL Server 数据库和 Oracle 数据库中的差异。

例 14-1：查询员工的姓名、月薪、佣金及年薪，并按年薪升序排序。

SQL Server 数据库中的执行结果如图 14-16 所示。我们可以看到 NULL 值排在了前面。Oracle 数据库中的执行结果如图 14-17 所示，我们可以看到 NULL 值排在了后面。

```
select ename,sal,comm,sal*12 +comm
from emp order by sal*12 + comm
```

	ename	sal	comm	(无列名)
10	JAMES	1950.00	NULL	NULL
11	FORD	3000.00	NULL	NULL
12	MILLER	1300.00	NULL	NULL
13	ADAMS	1100.00	0.00	13200.00
14	WARD	1250.00	500.00	15500.00
15	MARTIN	1250.00	1400.00	16400.00
16	TURNER	1500.00	0.00	18000.00
17	ALLEN	1600.00	300.00	19500.00

图 14-16

```
select ename, sal, comm, sal*12 +comm
from emp order by sal*12 + comm
```

	ENAME	SAL	COMM	SAL*12+COMM
1	WARD	2250.00	500.00	27500
2	MARTIN	2250.00	1400.00	28400
3	TURNER	2500.00	0.00	30000
4	ALLEN	4600.00	300.00	55500
5	SCOTT	15750.00		
6	A			
7	ADAMS	2100.00		
8	JAMES	2950.00		
9	FORD	4000.00		
10	MILLER	2300.00		
11	*			

图　14-17

例 14-2：在 Oracle 数据库中，查询员工的姓名、工种、年薪，并按年薪降序排序，但是 NULL 值要排在后面，如图 14-18 所示。

```
select ename, job, sal*12 +comm
from emp order by 3 desc nulls last;
```

	ENAME	JOB	SAL*12+COMM
1	ALLEN	ANALYST	55500
2	TURNER	SALESMAN	30000
3	MARTIN	SALESMAN	28400
4	WARD	SALESMAN	27500
5	SCOTT	ANALYST	
6	A		
7	ADAMS	CLERK	
8	JAMES	CLERK	
9	FORD	ANALYST	
10	MILLER	CLERK	
11	*		

图　14-18

例 14-3：在 SQL Server 数据库中，查询员工的姓名、工种、年薪，并按年薪降序排序，但是 NULL 值要排在前面，如图 14-19 所示。

14.7　update 引起 select 阻塞

SQL Server 数据库与 Oracle 数据库的默认隔离级别都是 read committed。对于同一条记录，如果有事务在进行 update 操作，在 SQL Server 数据库中，其他事务对该记录的 select 操作会发生阻塞。而在 Oracle 数据库中，其他事务对该记录的 select 操作不会发生阻塞。

```
select ename, job, sal*12 +comm
from emp order by isnull(comm,-1), 3 desc;
```

	ename	job	(无列名)
10	JAMES	CLERK	NULL
11	FORD	ANALYST	NULL
12	MILLER	CLERK	NULL
13	TURNER	SALESMAN	18000.00
14	ADAMS	CLERK	13200.00
15	ALLEN	ANALYST	19500.00
16	WARD	SALESMAN	15500.00
17	MARTIN	SALESMAN	16400.00

图 14-19

打开一个查询窗口，对员工工号为 7788 的员工的月薪进行加薪 1000 美元处理，暂时不要手动提交事务，如图 14-20 所示。

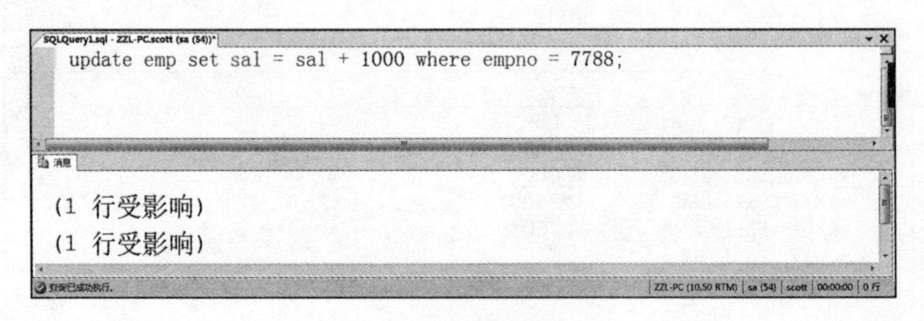

图 14-20

接着重新打开一个新的查询窗口，在另一个会话中对员工工号为 7788 的员工进行查询操作，出现阻塞的情况，如图 14-21 所示。

```
select * from emp where EMPNO = 7788;
```

图 14-21

在 Oracle 数据库中执行同样的测试，在 PL/SQL 中，打开一个 SQL 窗口，对员工工号为 7788 的员工的月薪进行同样的加薪操作，暂时不要提交事务，如图 14-22 所示。

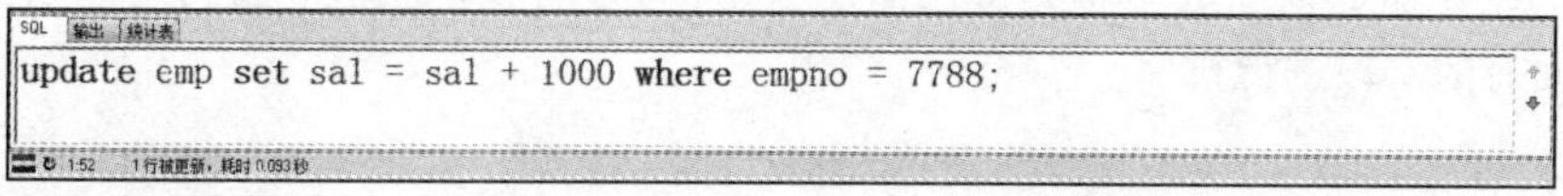

```
update emp set sal = sal + 1000 where empno = 7788;
```

图　14-22

接着重新打开一个新的 SQL 窗口，在另一个会话中，对员工工号为 7788 的员工进行查询操作，查询成功，并没有发生阻塞情况，如图 14-23 所示。

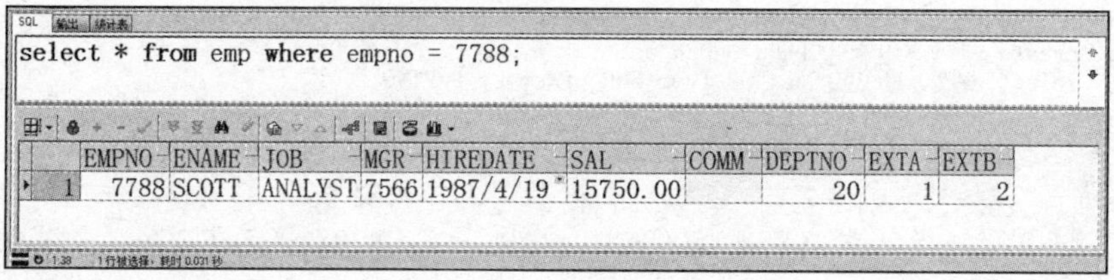

```
select * from emp where empno = 7788;
```

	EMPNO	ENAME	JOB	MGR	HIREDATE	SAL	COMM	DEPTNO	EXTA	EXTB
1	7788	SCOTT	ANALYST	7566	1987/4/19	15750.00		20	1	2

图　14-23

14.8　SQL、T-SQL 和 PL/SQL

SQL 是 Structrued Query Language 的缩写，即结构化查询语言。它是国际公认的关系型数据库的标准语言，几乎所有关系型数据库都采用 SQL 语言。SQL 语言不仅包含数据查询功能，还包括插入、删除、更新和数据定义功能。

T-SQL 即 Transact-SQL，是 SQL 在 SQL Server 上的扩展。T-SQL 提供标准 SQL 的 DDL 和 DML 功能，加上延伸的函数、系统预存程序以及程序设计结构，让程序设计更有弹性。

PL/SQL（Procedural Language/SQL）是一种过程化语言，它是 Oracle 对结构化查询语言（SQL）的扩展。PL/SQL 的基本单位叫作一个区段，由 3 个部分组成：一个声明部分，一个可运行部分和一个异常处理部分。

T-SQL 和 PL/SQL 就是 SQL Server 数据库和 Oracle 数据库各自的升级版 SQL 语言。

14.9　视图定义中出现排序

Oracle 数据库允许视图定义中按照某列进行排序，创建视图 VI_EMP_CLERK_ORDER，按照部门号排序，如图 14-24 所示。SQL Server 数据库视图定义中不允许按照某列进行排序，除非要配合 TOP 一起使用，如图 14-25 所示。

对于视图定义时要不要支持排序的问题，Oracle 数据库与 SQL Server 数据库都有自己的理由。SQL Server 数据库不支持是因为，视图本身只是个虚表，排序没有任何意义，要排序也是在查询的时候排序。但是视图查询时的排序是有局限性的，排序的字段必须是视图中包含的字段。Oracle 数据库支持视图定义时的排序，所以可以支持按照视图里面没有而基表里面有的字段进行排序。

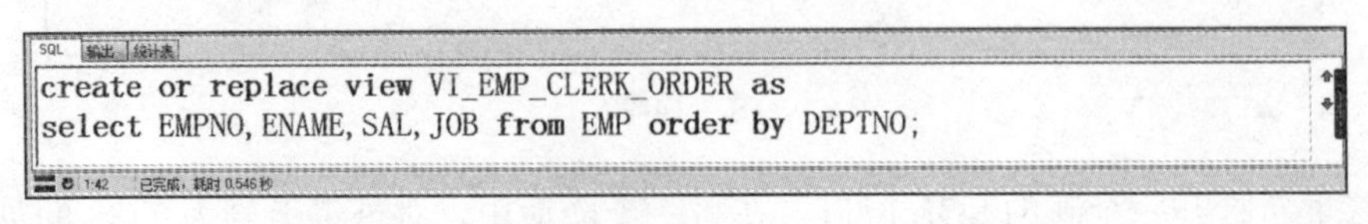

图 14-24

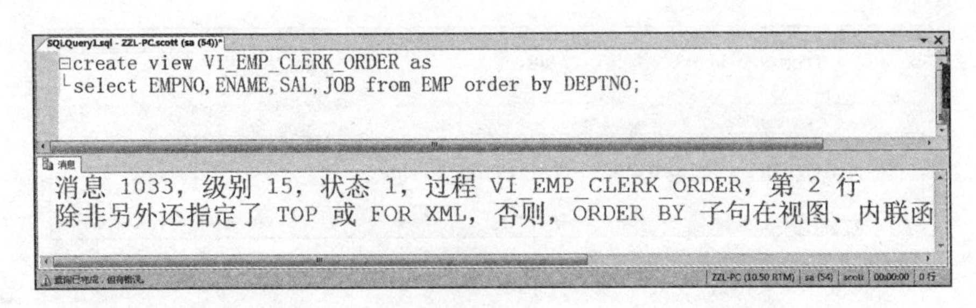

图 14-25

既然 Oracle 数据库支持视图定义时的排序，如果我们在视图定义时指定排序，视图查询时再指定排序，Oracle 数据库是否会进行两次排序呢？如果进行两次排序，这样的效率也太低了。接下来验证一下这个猜想。

为了直接查看到排序规则，首先修改视图 VI_EMP_CLERK_ORDER，增加 DEPTNO 列，如图 14-26 所示。

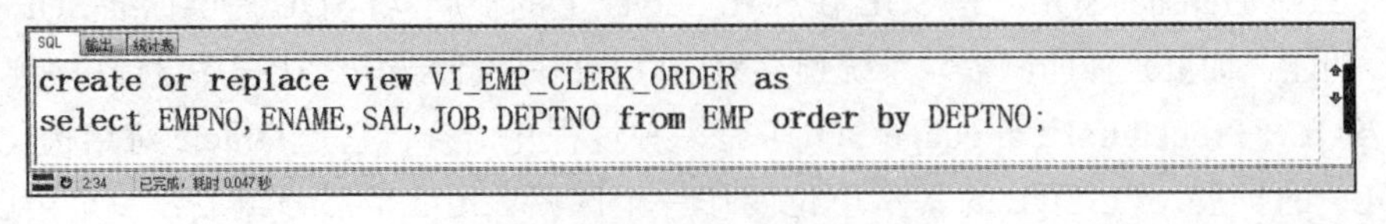

图 14-26

查询时不指定排序的前提下，通过查询结果，我们看到员工按照部门号进行了排序，如图 14-27 所示。

接下来，我们在查询的时候，让结果集按照工种进行排序，如图 14-28 所示。

我们可以看到，结果集按照工种列进行了排序。相同工种的记录并没有按照部门号进行排序。

这样的验证结果说明，当视图查询没指定排序规则时，查询结果按照视图定义的排序规则排序，当视图查询指定排序规则时，查询结果按照视图查询定义的排序规则进行排序，不存在两次排序的情况。这样的结果是比较合理的，既达到了效果，也没有降低查询的效率。

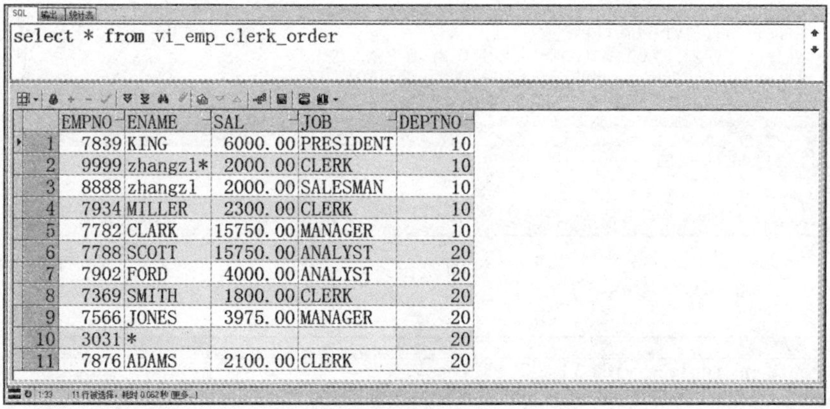

```
select * from vi_emp_clerk_order
```

	EMPNO	ENAME	SAL	JOB	DEPTNO
1	7839	KING	6000.00	PRESIDENT	10
2	9999	zhangzl*	2000.00	CLERK	10
3	8888	zhangzl	2000.00	SALESMAN	10
4	7934	MILLER	2300.00	CLERK	10
5	7782	CLARK	15750.00	MANAGER	10
6	7788	SCOTT	15750.00	ANALYST	20
7	7902	FORD	4000.00	ANALYST	20
8	7369	SMITH	1800.00	CLERK	20
9	7566	JONES	3975.00	MANAGER	20
10	3031	*			20
11	7876	ADAMS	2100.00	CLERK	20

图　14-27

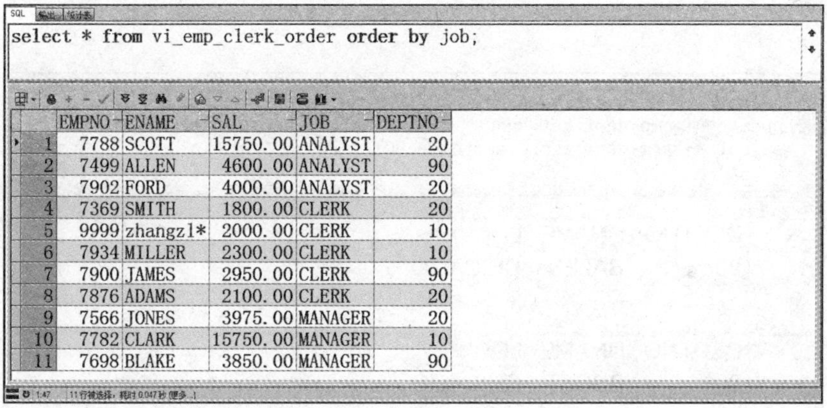

```
select * from vi_emp_clerk_order order by job;
```

	EMPNO	ENAME	SAL	JOB	DEPTNO
1	7788	SCOTT	15750.00	ANALYST	20
2	7499	ALLEN	4600.00	ANALYST	90
3	7902	FORD	4000.00	ANALYST	20
4	7369	SMITH	1800.00	CLERK	20
5	9999	zhangzl*	2000.00	CLERK	10
6	7934	MILLER	2300.00	CLERK	10
7	7900	JAMES	2950.00	CLERK	90
8	7876	ADAMS	2100.00	CLERK	20
9	7566	JONES	3975.00	MANAGER	20
10	7782	CLARK	15750.00	MANAGER	10
11	7698	BLAKE	3850.00	MANAGER	90

图　14-28

14.10　对视图非键值保存表的更新

SQL Server 数据库允许对视图中非键值保存表进行更新，Oracle 数据库则不允许对视图中非键值保存表进行更新。

通过一个例子来验证一下这种说法。创建一个视图 VI_EMP_DEPT，对两张基表 EMP 表和 DEPT 表进行关联查询。

SQL Server 数据库创建语句如图 14-29 所示。

Oracle 数据库创建语句如图 14-30 所示。

视图 VI_EMP_DEPT 创建完成后，尝试通过 VI_EMP_DEPT 更新非键值保存表 DEPT 中的 DNAME 列。

SQL Server 数据库更新 DNAME 列，更新成功，如图 14-31 所示。

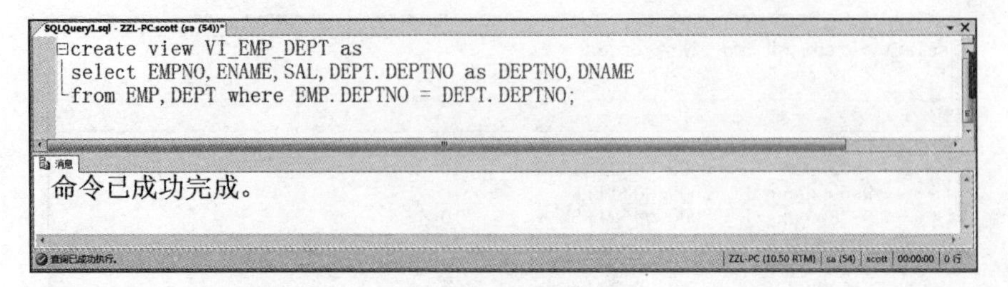

图 14-29

```sql
create or replace view VI_EMP_DEPT as
select EMPNO, ENAME, SAL, DEPT. DEPTNO as DEPTNO, DNAME
from EMP, DEPT where EMP. DEPTNO = DEPT. DEPTNO;
```

图 14-30

```sql
select * from dept where deptno = 90;
update vi_emp_dept set dname ='BSOFT' where deptno =90;
select * from dept where deptno = 90;
```

	DEPTNO	DNAME	LOC
1	90	SALES	CHICAGO

	DEPTNO	DNAME	LOC
1	90	BSOFT	CHICAGO

图 14-31

Oracle数据库更新DNAME列，报“无法修改与非键值保存表对应的列”的错误，如图14-32所示。

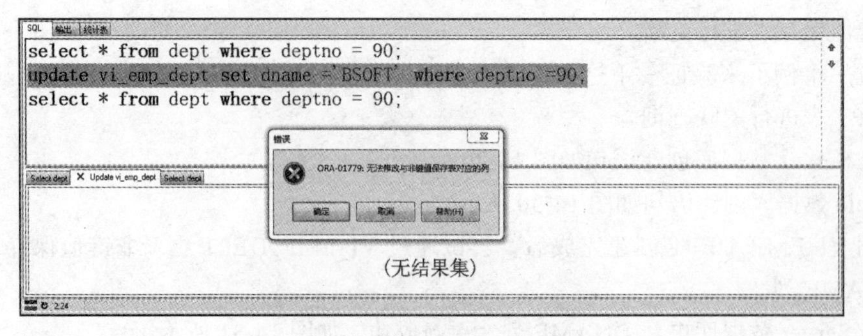

图 14-32

从结果我们不难看出，更新 DNAME 列时，SQL Server 数据库成功更新，Oracle 数据库则无法更新。此处不难看出，对多表关联成的视图进行 update 时，Oracle 数据库比较严格，只能更新键值保存表的列，而 SQL Server 数据库则比较松散，可以更新非键值保存表对应的列。Oracle 数据库的这种限制非常有必要，它能够保证通过视图进行的更新只影响要更新的记录行。图 14-32 所示的 SQL Server 数据库的更新，本来只是想更新员工工号为 7499 的部门名称，而引发的影响是所有与员工工号为 7499 的员工在同一部门的员工的部门名称全部变化了。对于不熟悉基表业务逻辑的用户来说，这种从视图上面直接体现的变化有时候是无法接受的，这也许就是 Oracle 所顾忌的地方。

14.11　分组函数嵌套

SQL Server 数据库不允许对分组函数又称聚合函数进行嵌套操作，Oracle 数据库最多只允许分组函数嵌套两层。

在 SQL Server 数据库下，执行如图 14-33 所示的分组函数嵌套命令将报错，SQL Server 数据库不允许对聚合函数再次执行聚合函数。

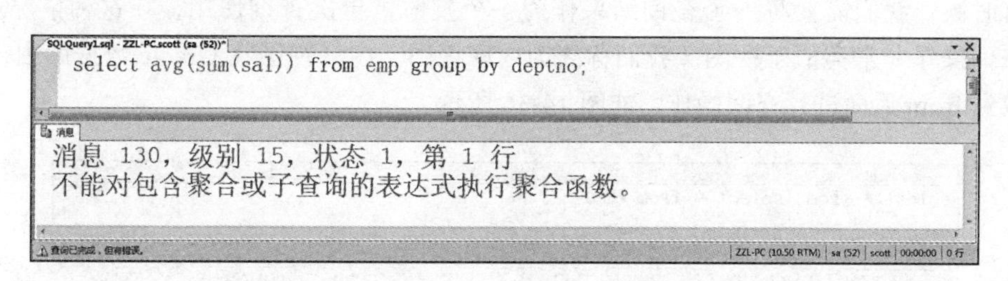

图　14-33

接下来，在 Oracle 数据库下执行同样的分组函数嵌套。很幸运，得到了预期的结果，如图 14-34 所示。

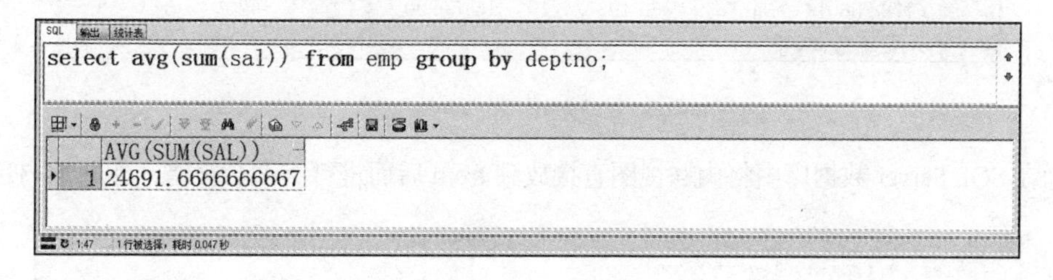

图　14-34

接着在 Oracle 数据库下尝试第 3 层的分组嵌套，如图 14-35 所示。很不幸，当嵌套到第 3 层的时候，Oracle 数据库也报错了，提示“分组函数的嵌套太深”，说明 Oracle 数据库分组函数最多嵌套两层。

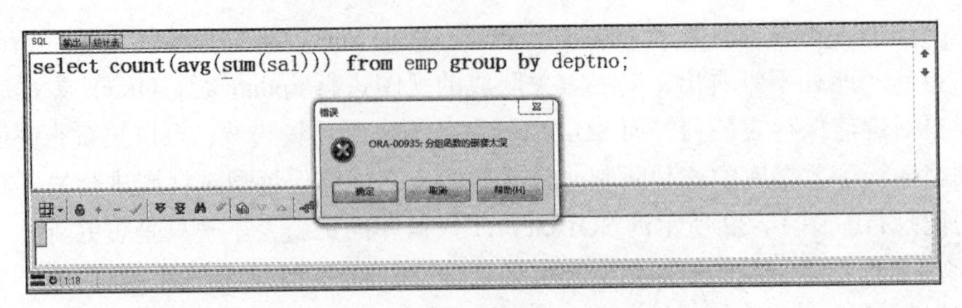

图 14-35

我们来分析一下，在 Oracle 数据库中，为什么分组函数最多只允许嵌套两层。这条查询语句是根据部门号进行分组，第 1 层分组函数是求每个部门的工资支出和，当第一层分组函数再嵌套一层分组函数求所有部门工资支出的平均值时，结果就只剩一行了，一行结果就没必要再分组了。所以当再嵌套第 3 层分组函数时，编译器就会报“分组函数的嵌套太深”的错误。

14.12 内联视图

有时候，我们需要将一个查询结果作为一个整体供再次查询使用，在这种情况下第 1 次的查询操作非常类似于视图。我们称之为内联视图。内联视图在 Oracle 数据库中，可以直接放到 from 后面进行查询操作，如图 14-36 所示。

```
select * from (select * from emp);
```

	EMPNO	ENAME	JOB	MGR	HIREDATE	SAL	COMM	DEPTNO	EXTA	EXTB
1	7369	SMITH	CLERK	7902	1980/12/17	1800.00		20	1	2
2	7499	ALLEN	ANALYST	7698	1981/2/20	4600.00	300.00	90	1	2
3	7521	WARD	SALESMAN	7698	1981/2/22	2250.00	500.00	90	1	2
4	7566	JONES	MANAGER	7839	1981/4/2	3975.00		20	1	2
5	7654	MARTIN	SALESMAN	7698	1981/9/28	2250.00	1400.00	90	1	2
6	7698	BLAKE	MANAGER	7839	1981/5/1	3850.00		90	1	2
7	7782	CLARK	MANAGER	7839	1981/6/9	15750.00		10	1	2
8	7788	SCOTT	ANALYST	7566	1987/4/19	15750.00		20	1	2

图 14-36

而在 SQL Server 数据库中将内联视图直接放到 from 后面进行查询会报错，如图 14-37 所示。

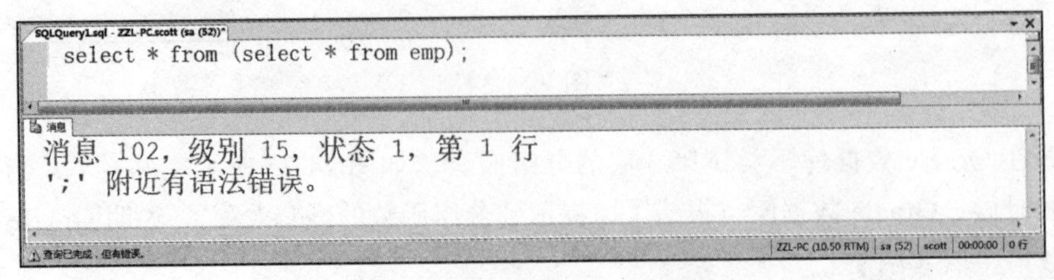

图 14-37

在 SQL Server 数据库中，将内联视图跟上别名后再放到 from 后面进行查询，执行成功，如图 14-38 所示。说明内联视图在 SQL Server 数据库中需要指定别名。

```
select * from (select * from emp) as a;
```

	EMPNO	ENAME	JOB	MGR	HIREDATE	SAL	COM
4	7369	SMITH	CLERK	7902	1980-12-17	1800.00	NULL
5	7499	ALLEN	ANALYST	7698	1981-02-20	1600.00	300.(
6	7521	WARD	SALESMAN	7698	1981-02-22	1250.00	500.(
7	7566	JONES	MANAGER	7839	1981-04-02	2975.00	NULL
8	7654	MARTIN	SALESMAN	7698	1981-09-28	1250.00	1400
9	7698	BLAKE	MANAGER	7839	1981-05-01	2850.00	NULL
10	7782	CLARK	MANAGER	7839	1981-09-06	2450.00	NULL

图　14-38

14.13　关联表删除

SQL Server 数据库可以通过关联查询，删除其中一张表中的记录，即读者经常说的多表 from 删除。删除 EMP_BAK 表中能够在 EMP 表中找到相同工号记录的记录，如图 14-39 所示。

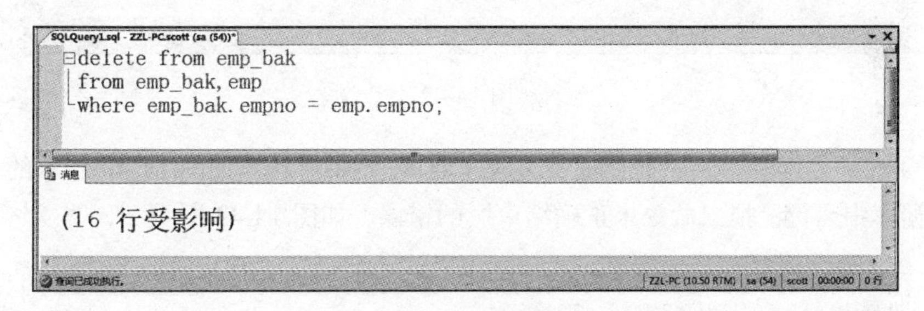

图　14-39

而在 Oracle 数据库中，则不允许进行多表 from 关联删除。如图 14-39 所示的命令在 Oracle 数据库中执行时，报“SQL 命令未正确结束”的错误，如图 14-40 所示。

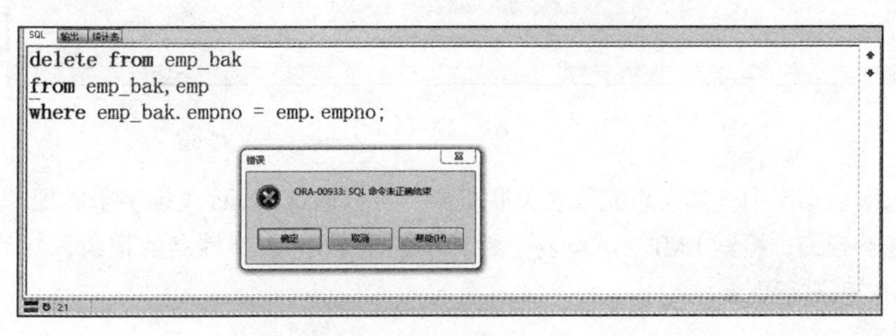

图　14-40

在 Oracle 数据库中，如果想实现关联删除，可以通过 exists 关键字来实现，如图 14-41 所示。

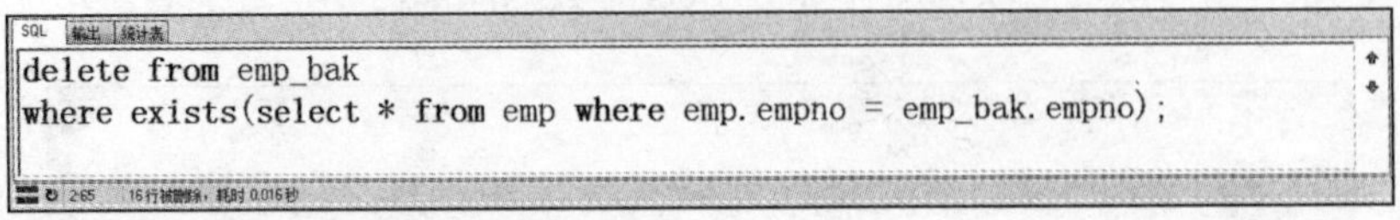

```
delete from emp_bak
where exists(select * from emp where emp.empno = emp_bak.empno);
```

图 14-41

14.14 关联表更新

SQL Server 数据库可以通过关联查询，更新其中一张表中的记录，即很多读者经常说的多表 from 更新。此处尝试将 EMP 表中改过姓名的员工的姓名同步到 EMP_BAK 表中，如图 14-42 所示。

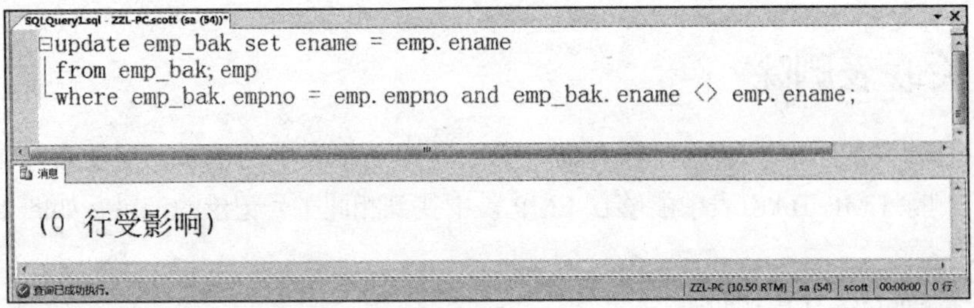

```
update emp_bak set ename = emp.ename
from emp_bak, emp
where emp_bak.empno = emp.empno and emp_bak.ename <> emp.ename;
```

```
(0 行受影响)
```

图 14-42

而在 Oracle 数据库中，不允许进行多表 FROM 关联更新，如图 14-43 所示的命令，在 Oracle 数据库中运行，报“命令未正确结束”的错误，如图 14-43 所示。

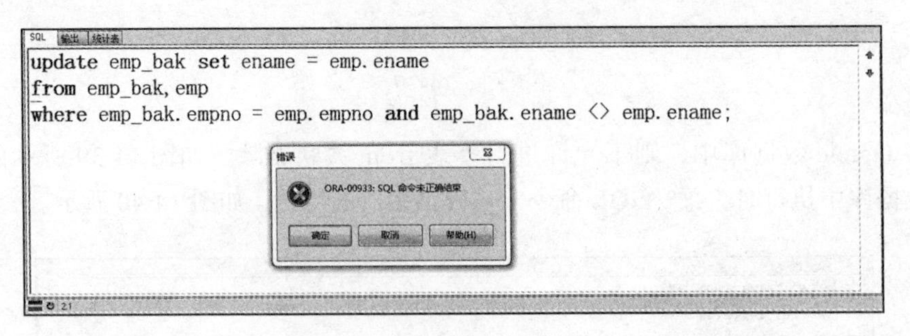

图 14-43

在 Oracle 数据库中，如果想完成表关联更新，可以通过 exists 关键字来实现，如图 14-44 所示。通过子查询，检索 EMP_BAK 表中姓名不同于 EMP 表中姓名的记录，然后通过子查询对 ENAME 列进行更新。

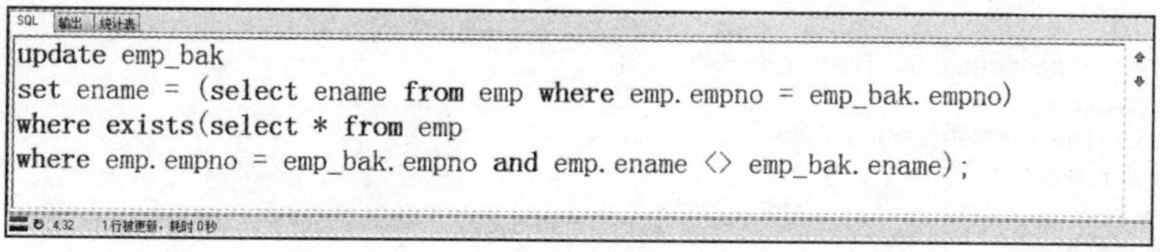

```
update emp_bak
set ename = (select ename from emp where emp.empno = emp_bak.empno)
where exists(select * from emp
where emp.empno = emp_bak.empno and emp.ename <> emp_bak.ename);
```

图　14-44

14.15　自增列

在项目中，很多业务表的主键需要保存数值类型的序列号。此种情况下，把主键列设置成自增列，由数据库管理系统自动插入自增的数值是不错的选择。

SQL Server 数据库提供了关键字 IDENTITY 用于标识表中的列为自增列，较为简单。而 Oracle 数据库则需要维护序列对象，并结合触发器来实现自增列，比 SQL Server 数据库复杂。

接下来，通过一个举例介绍自增列在 SQL Server 数据库和 Oracle 数据库下的实现方法。

例 14-4：在 SQL Server 数据库中创建表 TEST_INCREMENT，此表包含两列，其中 ID 列为自增列，用 IDENTITY 标识。IDENTITY 指定的两个参数，第 1 个参数为起始值，第 2 个参数为增长步长。此处，ID 列从 1 开始，增长步长为 1，如图 14-45 所示。

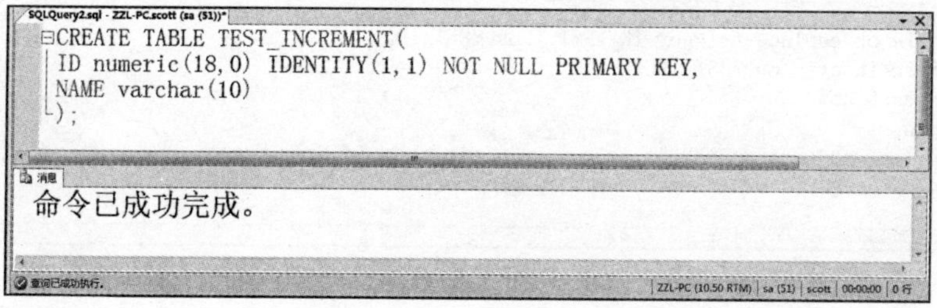

```
CREATE TABLE TEST_INCREMENT(
ID numeric(18,0) IDENTITY(1,1) NOT NULL PRIMARY KEY,
NAME varchar(10)
);
```

命令已成功完成。

图　14-45

Oracle 数据库要实现表列的自增，需要首先创建序列对象，创建一个序列对象 SQ_TEST_INCREMENT_ID，起始值为 1，增长步长为 1，如图 14-46 所示。创建序列对象的时候，可以指定最小值、最大值、开始值、增长步长、是否缓存、是否循环和是否排序。如果使用缓存的话，Oracle 数据库会一次性取数个值缓存下来，供后续使用。启用缓存的弊端是，如果数据库重启，缓存会被清空，从而造成自增列的断号。如果使用循环的话，当数值达到最大值后，重新回到开始值循环利用；如果使用排序的话，序列对象返回数值的顺序跟申请的顺序相同。

```
create sequence SQ_TEST_INCREMENT_ID
minvalue 1
maxvalue 999999999999999999
start with 1
increment by 1
nocache
nocycle
noorder;
```

图 14-46

序列对象创建完成后，在 Oracle 数据库中创建一张结构与图 14-45 所示的表一样的表，准备让 ID 列实现自增，如图 14-47 所示。

```
CREATE TABLE TEST_INCREMENT (
 ID NUMBER(18,0) NOT NULL PRIMARY KEY,
 NAME VARCHAR2(10)
);
```

图 14-47

在 Oracle 数据库中，由于实现列的自增需要使用序列对象结合触发器实现，在 TEST_INCREMENT 表上面创建触发器，实现自增列，如图 14-48 所示。

```
create or replace trigger TR_TEST_INCREMENT_ID
before insert  on TEST_INCREMENT
for each row
begin
  select sq_test_increment_id.nextval into :new.Id from dual;
end;
```

图 14-48

SQL Server 数据库默认情况下，自增列是不能指定插入值的，数据库管理系统会自己插入值。往 TEST_INCREMENT 表中插入两条记录，如图 14-49 所示。

把如图 14-49 所示的 SQL 语句，拿到 Oracle 数据库里面执行，报“没有足够的值”的错，如图 14-50 所示。在 Oracle 数据库中，是通过触发器模拟自增字段的，不能指望 Oracle 会自动给 ID 列分配列值，所以此处必须指定要插入的列名及列值。

在 Oracle 数据库中，由于触发器会自动给 ID 列赋值，所以插入的时候，可以只指定 NAME 列要插入的值，如图 14-51 所示。

在 SQL Server 数据库中，查询一下刚刚插入的两条记录，发现 ID 列已经自增了，如图 14-52 所示。

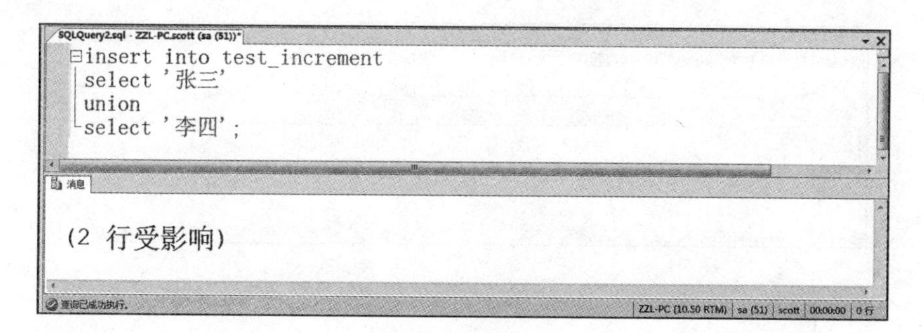

SQLQuery2.sql - ZZL-PC.scott (sa (51))*
insert into test_increment
select '张三'
union
select '李四';
消息
(2 行受影响)
查询已成功执行。
ZZL-PC (10.50 RTM) | sa (51) | scott | 00:00:00 | 0 行

图　14-49

SQL 输出 统计表
insert into test_increment
select '张三' from dual
union
select '李四' from dual;
错误
ORA-00947: 没有足够的值
确定
取消
帮助(H)
1:13

图　14-50

SQL 输出 统计表
insert into test_increment(name)
select '张三' from dual
union
select '李四' from dual;
4:25　2行被插入，耗时 2.574秒

图　14-51

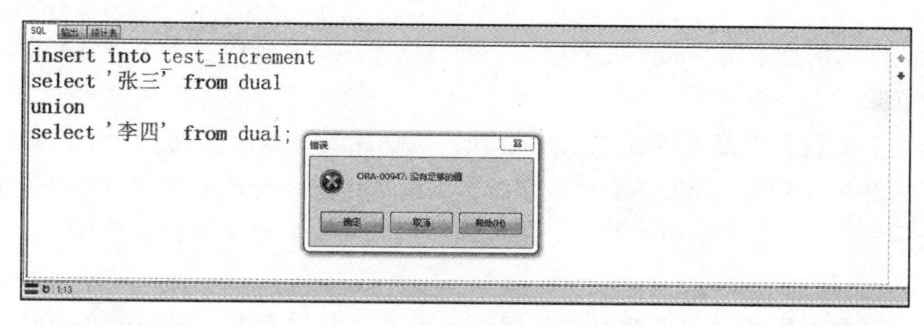

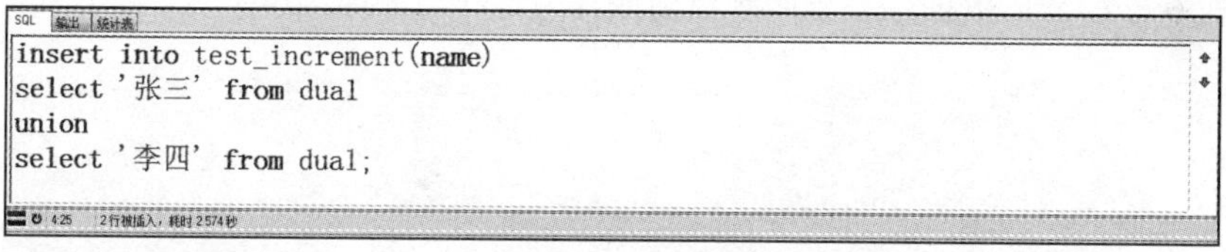

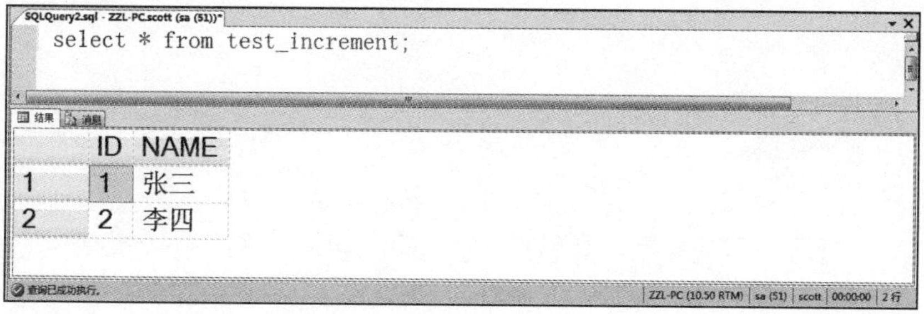

SQLQuery2.sql - ZZL-PC.scott (sa (51))*
select * from test_increment;
结果 消息
ID NAME
1 1 张三
2 2 李四
查询已成功执行。
ZZL-PC (10.50 RTM) | sa (51) | scott | 00:00:00 | 2 行

图 14-52

在 Oracle 数据库中，查询一下刚刚插入的两条记录，发现 ID 列同样已经自增了，如图 14-53 所示。

```
select * from test_increment;
```

	ID	NAME
1	1	张三
2	2	李四

图　14-53

14.16　总结

一套灵活的信息系统产品不能局限于一种数据库。只有适应多种主流数据库，才能抢占更大的市场。

鉴于关系型数据库都支持标准 SQL 语句，数据库与数据库之间使用上的差异微乎其微。对于开发人员来说，开发一套适应多种数据库的信息系统产品比针对每种数据库单独开发一套信息系统产品能够节约数百倍的成本，所以前者是绝大多数信息系统生产厂家的一致选择。

产品针对数据库的通用性势必给程序员提出了更高的要求，程序员必须对主流数据库的常见差异有所了解，只有这样才能在通用产品开发中游刃有余。这也是编者把 SQL Server 数据库与 Oracle 数据库差异问题单独成章进行介绍的原因。